모아 전기산업기사
전기자기학

 이론+과년도 7개년

모아합격전략연구소

전기산업기사 자격시험 알아보기

01 전기산업기사는 어떤 업무를 담당하는가?

A. 전기는 관련설비의 시공과 작동에 있어서 전문성이 요구되는 분야로 전기기계기구의 설계, 제작, 관리 등과 전기설비를 구성하는 모든 기자재의 규격, 크기, 용량 등을 산정하기 위한 계산 및 자료의 활용을 하며 전기설비의 설계, 도면 및 시방서 작성, 점검 및 유지, 시험작동, 운용관리 등에 전문적인 역할과 전기안전 관리 담당자로서의 업무를 수행합니다.

02 전기산업기사 자격시험은 어떻게 시행되는가?

시행기관
한국산업인력공단

시험과목(필기)
전기자기학
전력공학
전기기기
회로이론
전기설비기술기준

시행과목(실기)
전기설비설계 및 관리

검정방법(필기)
객관식 과목당 20문항
(과목당 30분)

검정방법(실기)
필답형 2시간

합격기준
필기 : 100점 만점에 과목당 40점 이상
전과목 평균 60점 이상
실기 : 100점 만점에 60점 이상

03 전기산업기사 자격시험은 언제 시행되는가?

구분	필기원서접수	필기시험	필기 합격자 발표 (예정자)	실기 원서접수	실기 시험	최종 합격자 발표일
2024년 제1회	01.23 ~ 01.26	02.15 ~ 03.07	03.13(수)	03.26 ~ 03.29	04.27 ~ 05.12	1차 : 05.29(수) 2차 : 06.18(화)
2024년 제2회	04.16 ~ 04.19	05.09 ~ 05.28	06.05(수)	06.25 ~ 06.28	07.28 ~ 08.14	1차 : 08.28(수) 2차 : 09.10(화)
2024년 제3회	06.18 ~ 06.21	07.05 ~ 07.27	08.07(수)	09.10 ~ 09.13	10.19 ~ 11.08	1차 : 11.20(수) 2차 : 12.11(수)

04 전기산업기사 최근 합격률은 어떠한가?

연도	필기			실기		
	응시	합격	합격률	응시	합격	합격률
2023	29,955명	5,607명	18.72%	11,159명	5,641명	50.55%
2022	31,121명	6,692명	21.50%	16,223명	3,917명	24.10%
2021	37,892명	6,991명	18.40%	18,416명	5,020명	27.30%
2020	34,534명	8,706명	25.20%	18,082명	4,955명	27.40%
2019	37,091명	6,629명	17.90%	13,179명	4,486명	34.04%
2018	30,920명	6,583명	21.30%	12,331명	4,820명	39.10%
2017	29,428명	5,779명	19.60%	12,159명	4,334명	35.60%

05 전기산업기사 자격시험 응시 사이트는 어디인가?

A. 큐넷(http://www.q-net.or.kr) 원서 접수는 온라인(인터넷, 모바일앱)에서만 가능합니다. 스마트폰, 태블릿PC 사용자는 모바일앱 프로그램을 설치한 후 접수 및 취소, 환불서비스를 이용하시기 바랍니다.

참 잘 만들어서 참 공부하기 쉬운
모아 전기산업기사 전기자기학 필기

이 책의 특징 살짝 엿보기

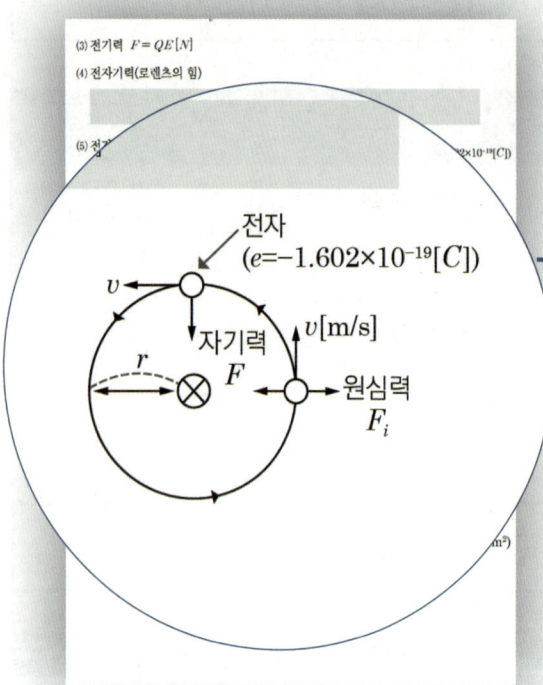

그림으로 이해하기

그림으로 이론을 **쉽게 이해**하고
외우기 쉽게 만들었습니다.

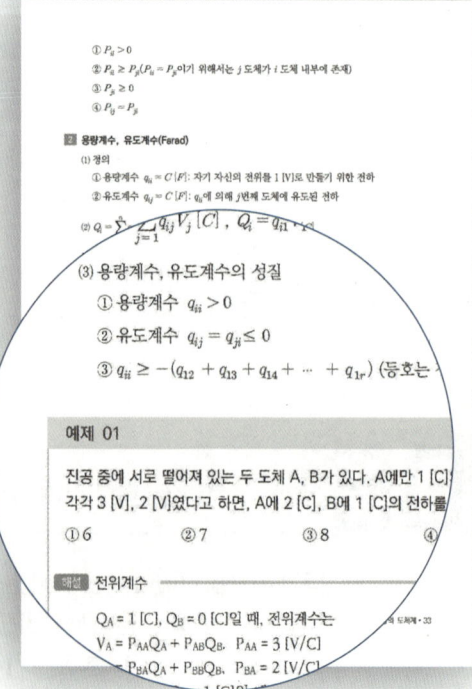

예제에 적용하기

그림으로 이론을 이해한 후
이론과 연계된 예제를 준비했습니다.
이론 이해와 문제 적용을
ONE-STEP으로 해결하세요.

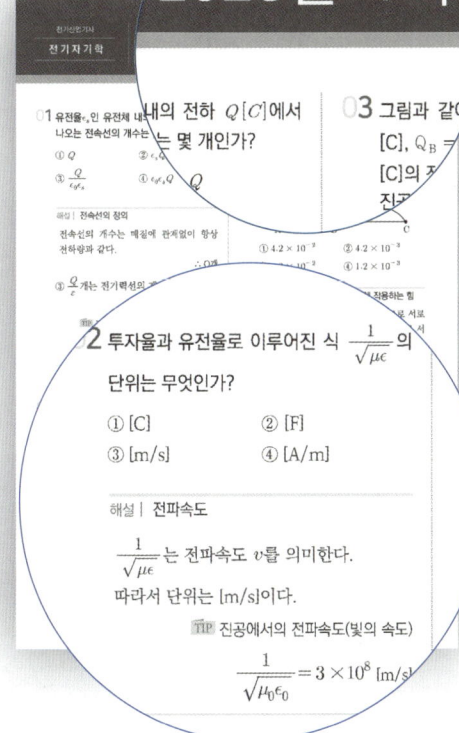

7개년 기출로 정복하기

2017년부터 2023년까지의 **최신 기출문제**를 수록했습니다.

해설까지 한번에 보기

기출문제와 해설을 한번에 배치하여 모르는 부분은 **바로 확인**할 수 있습니다.

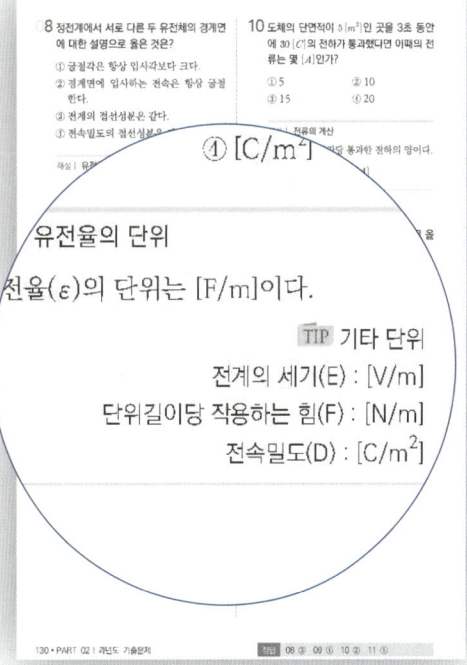

TIP으로 확실히 다지기

막히거나 **놓치기 쉬운 부분**도 잊지 않고 팁으로 안내해 드립니다.

전기산업기사 전기자기학 필기
10일만에 완성하기

하루 소요 공부예정시간
대략 평균 3시간

📝 모아 전기산업기사 전기자기학 **필기**

DAY 1
| Chapter 01 벡터 |
| Chapter 02 진공 중의 정전계 |

🖊 학습 Comment
전기자기학을 학습하기 위한 밑거름 단계입니다.

DAY 2
| 이전 내용 복습 |
| Chapter 03 진공 중의 도체계 |

🖊 학습 Comment
기초이론을 복습한 후 도체계의 학습으로 넘어가주세요.

DAY 3
| Chapter 04 유전체 |
| Chapter 05 전류와 전기효과 |

🖊 학습 Comment
유전체, 전기회로까지 전기현상 파트의 마무리입니다.

DAY 4
| 이전 내용 복습 |
| Chapter 06 정자계 |

🖊 학습 Comment
전기현상 파트를 복습한 후 자기현상 파트로 넘어가주세요.

DAY 5
| Chapter 07 자성체와 자기회로 |
| Chapter 08 전자유도 및 인덕턴스 |

🖊 학습 Comment
Chapter 05의 전기회로 내용과 비교하며 헷갈리지 않게 주의해주세요.

DAY 6
| 이전 내용 복습 |
| Chapter 09 전자계 |

🖊 학습 Comment
지금까지의 내용을 모두 활용하는 챕터입니다.

DAY 7
| 총정리 |
| 기출문제 1개년 |

DAY 8 ~ 10
기출문제 2개년씩

🖊 학습 Comment
내용을 전체적으로 확인하신 후 기출문제를 풀면서 본인이 취약한 부분을 확인하고 그 부분을 중점적으로 학습해주세요.

2024 모아 전기산업기사 시리즈

『However difficult life may seem,
there is always something you can do and succeed at.』

아무리 인생이 어려워보일지라도,
당신이 할 수 있고, 성공할 수 있는 것은 언제나 존재한다.

영국의 천재 물리학자인 스티븐 호킹이 남긴 말입니다.

호킹은 갑작스러운 루게릭 병 발병으로 신체적 장애를 얻었지만, 포기하지 않고 기계를 통해 세상과 소통하며 물리학에서 눈부신 업적을 이뤄내게 됩니다.

아무리 어렵고 불가능해 보일지라도,
자기 자신을 믿고 할 수 있는 일을 해내다 보면 반드시 성공할 날이 올 것입니다.

여러분 모두가 합격이라는 결승점에 닿을 때까지
저희가 곁에서 응원하겠습니다.
포기하지 마세요!

천은지 드림

모아 전기산업기사
전기자기학

필기 이론+과년도 7개년

이 책의 순서

PART 01 전기자기학

Ch 01 벡터

01 벡터와 스칼라 ······················· 014
02 벡터의 좌표계 ······················· 015
03 벡터의 연산 ························· 016
04 스토크스의 정리와 가우스 발산정리 ···· 021

Ch 02 진공 중의 정전계

01 물질의 구조 ························· 023
02 쿨롱의 법칙 ························· 024
03 전계와 전위 ························· 026
04 전기력선과 전속 ····················· 029
05 전계와 전위의 계산 ·················· 033
06 전기쌍극자 ·························· 039
07 포아송·라플라스 방정식 ·············· 041

Ch 03 진공 중의 도체계

01 계수 ································ 042
02 정전용량 ···························· 044
03 콘덴서의 연결 ······················· 049
04 도체의 에너지 ······················· 052
05 패러데이관 ·························· 054

Ch 04 유전체

01 유전체와 콘덴서 ····················· 055
02 콘덴서 연결 ························· 055
03 분극 ································ 058
04 경계 조건 ··························· 059
05 전기영상법 ·························· 061
06 유전체의 특수현상 ··················· 064

Ch 05 전류와 전기효과

01 전류 ································ 066
02 저항 ································ 068
03 전기효과 ···························· 073

Ch 06 정자계

01 자기현상 ···························· 076
02 자계와 자위 ························· 077
03 자기력선과 자속 ····················· 077
04 자기쌍극자(Magnetic Dipole) ······· 079
05 자기이중층 ·························· 080
06 자계의 크기 ························· 082
07 자계의 세기 계산 ···················· 084
08 전자력 ······························ 088

| 09 | 전자력현상 | 092 |

Ch 07 자성체와 자기회로

01	자성체	093
02	자화	095
03	히스테리시스 곡선	097
04	에너지	100
05	경계 조건	100
06	자기회로	102
07	전기와 자기의 상관관계	104

Ch 08 전자유도 및 인덕턴스

01	패러데이	106
02	유기기전력(플레밍의 오른손법칙)	107
03	표피효과	108
04	인덕턴스	109
05	인덕턴스의 계산	113

Ch 09 전자계

01	전도전류와 변위전류	116
02	맥스웰 방정식	119
03	전자계	121

PART 02
과년도 기출문제

전기자기학 2023년 1회	128
전기자기학 2023년 2회	134
전기자기학 2023년 3회	141
전기자기학 2022년 1회	148
전기자기학 2022년 2회	154
전기자기학 2022년 3회	160
전기자기학 2021년 1회	166
전기자기학 2021년 2회	171
전기자기학 2021년 3회	177
전기자기학 2020년 1, 2회	183
전기자기학 2020년 3회	189
전기자기학 2020년 4회	194
전기자기학 2019년 1회	199
전기자기학 2019년 2회	205
전기자기학 2019년 3회	210
전기자기학 2018년 1회	215
전기자기학 2018년 2회	221
전기자기학 2018년 3회	227
전기자기학 2017년 1회	233
전기자기학 2017년 2회	239
전기자기학 2017년 3회	245

CHAPTER 01 벡터
CHAPTER 02 진공 중의 정전계
CHAPTER 03 진공 중의 도체계
CHAPTER 04 유전체
CHAPTER 05 전류와 전기효과
CHAPTER 06 정자계
CHAPTER 07 자성체와 자기회로
CHAPTER 08 전자유도 및 인덕턴스
CHAPTER 09 전자계

PART 01

필기

모아 전기산업기사

전기자기학

CHAPTER 01 벡터

01 벡터와 스칼라

1 벡터(Vector)

(1) 벡터 : **크기**와 **방향**을 가지는 양

$$\vec{A} = |A| \cdot \vec{a_x}$$

예) 위치, 변위, 속도, 힘, 전계 등

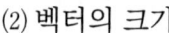

(2) 벡터의 크기

$$|\vec{A}| = \sqrt{a^2 + b^2}$$

$\vec{A} = ai + bj$

(3) 벡터의 종류

① 단위벡터 : 크기가 1이고 방향을 가지는 벡터

$$\vec{a} = \frac{\vec{A}}{|A|}$$

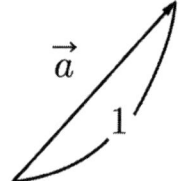

② 기본벡터 : 각 좌표축의 양의 방향을 가지는 단위벡터
- 기본벡터의 표현 : $(i,\ j,\ k),\ (a_x,\ a_y,\ a_z)$

2 스칼라(Scalar)

(1) 스칼라 : **크기**만을 가지는 양

예) 길이, 거리, 질량, 일, 에너지 등

02 벡터의 좌표계

1 직교좌표계

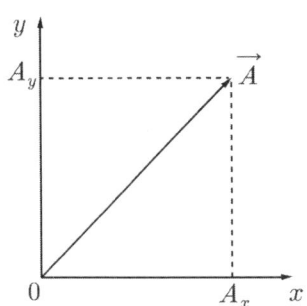

- x, y 평면상의 한 점(A_x, A_y)을 성분으로 가지는 좌표계
  $A = A_x i + A_y j$

2 직각좌표계

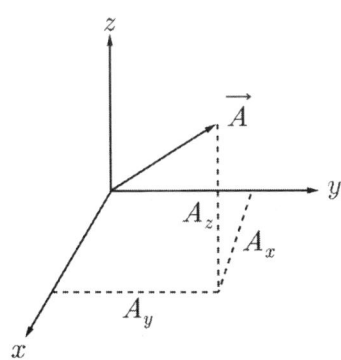

- x, y, z 공간상의 한 점(A_x, A_y, A_z)을 성분으로 가지는 좌표계
  $A = A_x i + A_y j + A_z k$

3 원통좌표계

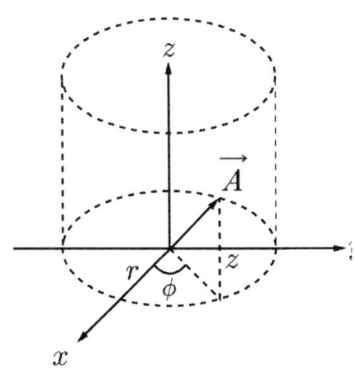

- 평면극좌표계에 높이 z를 더한 좌표계
  $$r = \sqrt{x^2 + y^2} \qquad \phi = \tan^{-1}\left(\frac{y}{x}\right) \qquad z = z$$
- 원통좌표계와 직각좌표계 사이의 변환법
  $$x = r\cos\phi \qquad y = r\sin\phi \qquad z = z$$

4 구좌표계

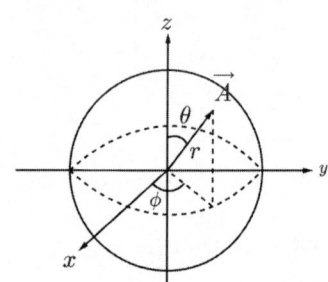

- 원점으로부터의 거리와 두 축으로부터의 각도로 나타낸 좌표계
  $r = \sqrt{x^2+y^2+z^2}$ $\theta = \cos^{-1}\left(\dfrac{z}{r}\right)$ $\phi = \tan^{-1}\left(\dfrac{y}{x}\right)$
- 구좌표계와 직각좌표계 사이의 변환법
  $x = r\sin\theta\cos\phi$ $y = r\sin\theta\sin\phi$ $z = r\cos\theta$

03 벡터의 연산

1 벡터의 덧셈과 뺄셈

$\vec{A} = A_x i + A_y j + A_z k$, $\vec{B} = B_x i + B_y j + B_z k$ 일 때,

$$\vec{A} \pm \vec{B} = (A_x \pm B_x)i + (A_y \pm B_y)j + (A_z \pm B_z)k$$

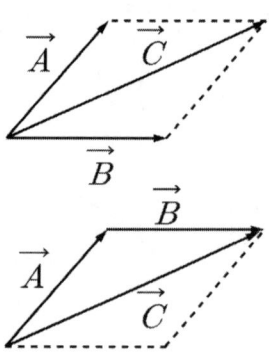

(1) 벡터 합이 0일 경우 **평형**
  $F_1 + F_2 + F_3 = 0$: 평형상태

예제 01

어떤 물체에 $F_1 = -3i + 4j - 5k$와, $F_2 = 6i + 3j - 2k$의 힘이 작용하고 있다. 이 물체에 F_3을 가하였을 때 세 힘이 평형이 되기 위한 F_3은 얼마인가?

① $F_3 = -3i - 7j + 7k$ ② $F_3 = 3i + 7j - 7k$
③ $F_3 = 3i - j - 7k$ ④ $F_3 = 3i - j + 3k$

해설 벡터의 평형

$F_1 + F_2 + F_3 = 0$, $F_3 = -(F_1 + F_2)$
$F_3 = -[(-3, 4, -5) + (6, 3, -2)] = -(3, 7, -7) = -3i - 7j + 7k$

정답 ①

2 내적(스칼라곱)

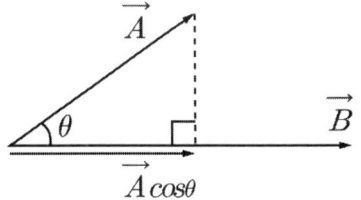

$$A \cdot B = |A||B|\cos\theta$$

$$A \cdot B = (A_x i + A_y j + A_z k) \cdot (B_x i + B_y j + B_z k)$$
$$= A_x B_x + A_y B_y + A_z B_z = |A||B|\cos\theta$$

(1) 내적의 성질

① $A \cdot B = B \cdot A$

② $(A+B) \cdot C = A \cdot C + B \cdot C$

③ 내적의 값이 0일 경우($\cos\theta = 0$), 두 벡터는 수직($\theta = 90°$)

④ $i \cdot j = j \cdot k = k \cdot i = 0$

⑤ $i \cdot i = j \cdot j = k \cdot k = 1$

⑥ 내적값은 스칼라값

예제 02

두 벡터 $A = -7i - j$, $B = -3i - 4j$가 이루는 각은 얼마인가?

① 30° ② 45° ③ 60° ④ 90°

해설 벡터의 내적 $A \cdot B = |A||B|\cos\theta$

$$\cos\theta = \frac{A \cdot B}{|A||B|} = \frac{21+4}{\sqrt{7^2+1^2} \times \sqrt{3^2+4^2}} = \frac{\sqrt{2}}{2}$$

$$\theta = \cos^{-1}\frac{\sqrt{2}}{2} = 45°$$

정답 ②

3 외적(벡터곱)

$$\vec{A} \times \vec{B} = |A||B|\sin\theta$$

$$\vec{A} \times \vec{B} = (A_x i + A_y j + A_z k) \times (B_x i + B_y j + B_z k)$$
$$= \begin{pmatrix} i & j & k \\ A_x & A_y & A_z \\ B_x & B_y & B_z \end{pmatrix}$$
$$= (A_y B_z - A_z B_y)i + (A_z B_x - A_x B_z)j + (A_x B_y - A_y B_x)k$$
$$= |A||B|\sin\theta$$

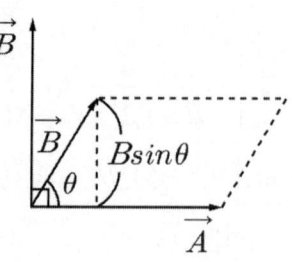

(1) 외적의 성질
   ① $A \times B \neq B \times A$ (교환법칙이 성립하지 않음)
   ② 외적의 값이 0이면($\sin\theta = 0$), 두 벡터는 수평($\theta = 0°$)
   ③ $A \times A = 0$
   ④ $i \times i = j \times j = k \times k = 0$
   ⑤ $i \times j = k$, $j \times k = i$, $k \times i = j$
   ⑥ 외적의 크기는 두 벡터가 이루는 평행사변형의 면적
   ⑦ 외적값은 벡터값

예제 03

두 벡터가 $A = 2a_x + 4a_y - 3a_z$, $B = a_x - a_y$ 일 때 $A \times B$는 얼마인가?

① 30°   ② 45°   ③ 60°   ④ 90°

해설 벡터의 외적

$$A \times B = \begin{vmatrix} a_x & a_y & a_z \\ 2 & 4 & -3 \\ 1 & -1 & 0 \end{vmatrix} = (-3)a_x - (3)a_y + (-2-4)a_z = -3a_x - 3a_y - 6a_z$$

정답 ②

4 벡터의 미분연산자 ▽(Nabla, Del)

(1) 미분연산자 ▽

$$\nabla = \frac{\partial}{\partial x}i + \frac{\partial}{\partial y}j + \frac{\partial}{\partial z}k$$

(2) 벡터의 기울기(Gradient)

$$grad\ V = \nabla V = \frac{\partial V}{\partial x}i + \frac{\partial V}{\partial y}j + \frac{\partial V}{\partial z}k$$

(3) 발산(Divergence)

$$div\ A = \nabla \cdot A = \frac{\partial A_x}{\partial x} + \frac{\partial A_y}{\partial y} + \frac{\partial A_z}{\partial z}$$

$$div\ A = \nabla \cdot A = \left(\frac{\partial}{\partial x}i + \frac{\partial}{\partial y}j + \frac{\partial}{\partial z}k\right) \cdot (A_x i + A_y j + A_z k) = \frac{\partial A_x}{\partial x} + \frac{\partial A_y}{\partial y} + \frac{\partial A_z}{\partial z}$$

예제 04

전계 $E = i3x^2 + j2xy^2 + kx^2yz$의 $div\ E$는 얼마인가?

① $-i6x + jxy + kx^2y$
② $i6x + j6xy + kx^2y$
③ $-6x - 6xy - x^2y$
④ $6x + 4xy + x^2y$

해설 전계의 발산

$$div\ E = \left(\frac{\partial}{\partial x}i + \frac{\partial}{\partial y}j + \frac{\partial}{\partial z}k\right) \times (i3x^2 + j2xy^2 + kx^2yz) = 6x + 4xy + x^2y$$

정답 ④

(4) 회전(Rotation, Curl)

$$\nabla \times A = \left(\frac{\partial A_z}{\partial y} - \frac{\partial A_y}{\partial z}\right)i + \left(\frac{\partial A_x}{\partial z} - \frac{\partial A_z}{\partial x}\right)j + \left(\frac{\partial A_y}{\partial x} - \frac{\partial A_x}{\partial y}\right)k$$

$\nabla \times A = rot\, A = curl\, A$

$\nabla \times A = rot\, A = curl\, A = \left(\dfrac{\partial}{\partial x}i + \dfrac{\partial}{\partial y}j + \dfrac{\partial}{\partial z}k\right) \times (A_x i + A_y j + A_z k)$

$= \begin{pmatrix} i & j & k \\ \dfrac{\partial}{\partial x} & \dfrac{\partial}{\partial y} & \dfrac{\partial}{\partial z} \\ A_x & A_y & A_z \end{pmatrix} = \left(\dfrac{\partial A_z}{\partial y} - \dfrac{\partial A_y}{\partial z}\right)i + \left(\dfrac{\partial A_x}{\partial z} - \dfrac{\partial A_z}{\partial x}\right)j + \left(\dfrac{\partial A_y}{\partial x} - \dfrac{\partial A_x}{\partial y}\right)k$

(5) 라플라시안(Laplacian)

$$\nabla \cdot \nabla = \nabla^2 = \frac{\partial^2}{\partial x^2} + \frac{\partial^2}{\partial y^2} + \frac{\partial^2}{\partial z^2}$$

$\nabla \cdot \nabla = \nabla^2 = \left(\dfrac{\partial}{\partial x}i + \dfrac{\partial}{\partial y}j + \dfrac{\partial}{\partial z}k\right) \cdot \left(\dfrac{\partial}{\partial x}i + \dfrac{\partial}{\partial y}j + \dfrac{\partial}{\partial z}k\right) = \dfrac{\partial^2}{\partial x^2} + \dfrac{\partial^2}{\partial y^2} + \dfrac{\partial^2}{\partial z^2}$

5 원통좌표계 계산

(1) 외적(회전)

$$\nabla \times V = \begin{vmatrix} a_r & a_\phi & a_z \\ \dfrac{\partial}{\partial r} & \dfrac{1}{r}\dfrac{\partial}{\partial \phi} & \dfrac{\partial}{\partial z} \\ V_r & V_\phi & V_z \end{vmatrix}$$

(2) 발산

$$\nabla \cdot V = \frac{1}{r}\frac{\partial(rA_r)}{\partial r} + \frac{1}{r}\frac{\partial A_\phi}{\partial \phi} + \frac{\partial A_z}{\partial z}$$

예제 05

벡터 $A = 5r\sin\phi a_z$가 원기둥 좌표계로 주어졌다. 점 $(2, \pi, 0)$에서의 $\nabla \times A$를 구한 값은 얼마인가?

① $5a_r$　　　　② $-5a_r$　　　　③ $5a_\phi$　　　　④ $-5a_\phi$

해설 원통좌표계의 외적

z성분만 있기 때문에 이 벡터의 외적은

$\nabla \times A = \dfrac{1}{r}\dfrac{\partial}{\partial \phi}(5r\sin\phi)a_r - \dfrac{\partial}{\partial r}(5r\sin\phi)a_\phi = 5\cos\phi a_r - 5\sin\phi a_\phi$ 이므로 $(2, \pi, 0)$ 대입

$= -5a_r$

정답 ②

04 스토크스의 정리와 가우스 발산 정리

1 스토크스의 정리

$$\oint_c A \cdot dl = \int_s (\nabla \times A) \cdot ds$$

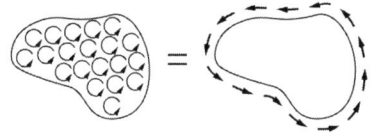

- 폐곡선에서 벡터를 선적분한 값은 벡터의 회전을 적분한 값과 같음
- 선적분값과 면적분값을 서로 변환하는 방법

2 가우스 발산 정리(Gauss' Theorem)

$$\oint_s \vec{A} \cdot ds = \int_v \nabla \cdot \vec{A}\, dv$$

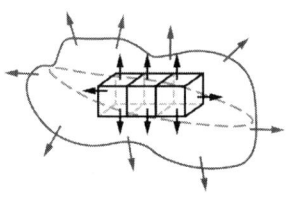

- 임의의 체적(V)에서 발산되는 총량은 그 체적을 둘러싸고 있는 폐곡면 S를 통해 나가는 벡터량과 같음
- 면적분값과 체적적분값을 서로 변환하는 방법

예제 06

다음 중 스토크스(Stokes)의 정리는 어느 것인가?

① $\oint H \cdot ds = \iint_s (\nabla \cdot H) \cdot ds$
② $\int B \cdot ds = \int_s (\nabla \cdot H) \cdot ds$
③ $\oint_c H \cdot ds = \int (\nabla \cdot H) \cdot dl$
④ $\oint_c H \cdot dl = \int_s (\nabla \times H) \cdot ds$

해설 스토크스 정리

선적분 값을 면적분 값으로 변환하는 방법 $\oint_c H \cdot dl = \int_s (\nabla \times H) \cdot ds$

정답 ④

CHAPTER 02 진공 중의 정전계

01 물질의 구조

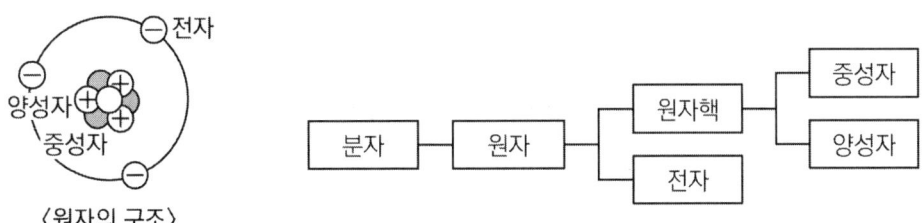
〈원자의 구조〉

1 정전계와 전하

(1) 정전계 : 전계의 에너지가 **최소**로 되는 전하 분포의 전계

(2) 원자 내의 전하

① 양성자의 전하 $e = 1.602 \times 10^{-19} [C]$

② 전자의 전하 $e = -1.602 \times 10^{-19} [C]$

- 1 [C] 속 전자의 개수 $n = \dfrac{1}{e} = 6.25 \times 10^{18}$ [개]

- 전자 하나당 질량 $m = 9.1 \times 10^{-31} [kg]$ ※ 전자의 전하량은 암기!

(3) 전하량 Q [C] : 전하가 가지고 있는 전기적인 양

$$Q = ne = It [C]$$

예제 01

1 [μA]의 전류가 흐르고 있을 때 1초 동안 통과하는 전자 수는 약 몇 개인가? (단, 전자 1개의 전하는 $1.602 \times 10^{-19} [C]$이다)

① 6.25×10^{10} ② 6.25×10^{11} ③ 6.25×10^{12} ④ 6.25×10^{13}

해설 전하량 Q

$Q = It = ne [C]$ $n = \dfrac{It}{e} = \dfrac{10^{-6} \times 1}{1.602 \times 10^{-19}} = 6.25 \times 10^{12}$ [개]

정답 ③

2 대전

물체가 전기를 띠는 현상

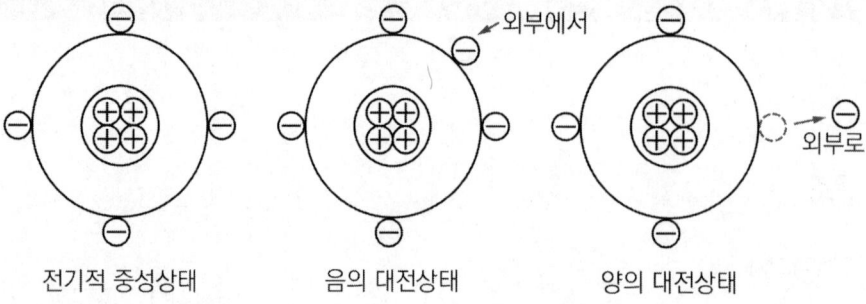

전기적 중성상태   음의 대전상태   양의 대전상태

① 음의 대전 상태 : 전자의 개수가 양성자보다 많아지면 음전하를 띰
② 양의 대전 상태 : 전자의 개수가 양성자보다 적어지면 양전하를 띰

3 도체

(1) 물질의 종류
  ① 도체 : 전하의 이동을 자유로이 허용하는 물질
  ② 부도체 : 전하의 이동을 허용하지 않는 물질
  ③ 반도체 : 도체와 부도체의 중간의 성질을 갖는 물질

(2) 도체의 성질
  ① **도체 표면에만 전하가 존재**하고 도체 내에는 전하가 분포하지 않음
  ② 도체 표면 및 내부전위는 등전위
  ③ 도체 내부의 전계는 0
  ④ 도체 표면에 수직으로 전기력선(전계)이 출입함
  ⑤ 도체 표면의 곡률 반지름이 작은 곳에 전하가 많이 분포

02 쿨롱의 법칙

1 유전율 ε [F/m]

유전체가 전기장 안에 있을 때 **전기장이 줄어드는 비율** $\varepsilon = \varepsilon_0 \varepsilon_s$

(1) 진공, 공기에서의 유전율 ε_0

$$\varepsilon_0 = \frac{10^{-9}}{36\pi} = \frac{1}{4\pi \times 9 \times 10^9} = 8.855 \times 10^{-12} \, [F/m]$$

※ ε_0값은 암기하자!

(2) 비유전율 ε_s

① 어느 물체의 유전율과 진공 중의 유전율과의 상대적인 비율

② 유전체에 따라 다름

2 쿨롱의 법칙

(1) 쿨롱힘 F

$$F = QE = \frac{Q_1 Q_2}{4\pi\varepsilon_0 r^2} \ [N]$$

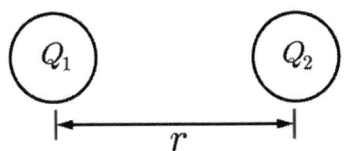

① 전하의 부호가 반대인 경우 **흡인력**이 발생함

② 전하의 부호가 같을 경우 **반발력**이 발생함

(2) 쿨롱상수 $k = \dfrac{1}{4\pi\varepsilon}$

(3) 공기(진공) 중의 쿨롱상수 $k = \dfrac{1}{4\pi\varepsilon_0} = 9 \times 10^9$

예제 02

진공 중에 같은 전기량 +1 [C]의 대전체 두 개가 약 몇 [m] 떨어져 있을 때 각 대전체에 작용하는 반발력이 1 [N]인가?

① 3.2×10^{-3} ② 3.2×10^3 ③ 9.5×10^{-4} ④ 9.5×10^4

해설 쿨롱의 법칙

$$F = 9 \times 10^9 \times \frac{Q_1 Q_2}{r^2}$$

$$r = \sqrt{9 \times 10^9 \times \frac{Q_1 Q_2}{F}} = \sqrt{9 \times 10^9 \times \frac{1 \times 1}{1}} \fallingdotseq 9.5 \times 10^4 \ [m]$$

정답 ④

03 전계와 전위

1 전계 E [V/m] (전기장, 전위 경로, 전위의 기울기)

임의의 한 점에 **단위전하** $1[C]$를 놓았을 때 이에 **작용하는 힘**

(1) 전계의 세기

$$E = \frac{Q}{4\pi\varepsilon_0 r^2} \ [V/m]$$

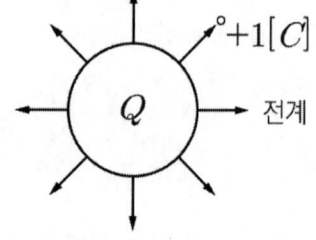

$$E = -\nabla V = -grad\,V \ [V/m]$$

(2) F와 Q의 관계

$$F = QE\,[N], \quad E = \frac{F}{Q}\ [V/m]$$

$$F = \frac{Q_1 Q_2}{4\pi\varepsilon_0 r^2}\ [N], \quad E = \frac{Q}{4\pi\varepsilon_0 r^2}\ [V/m]$$

(3) **보존장**

임의의 폐경로에 대한 **선적분값이 0**이 되는 장

① 모든 점에서 회전이 0벡터인 벡터장

$\nabla \times E = 0$

② 임의의 계에서 **폐회로**를 일주할 때 하는 일

$$W = \oint_c QE\,dl = Q\oint_c E\,dl = 0$$

③ 보존계의 예시
- 보존장 : 전기장, 중력장
- 비보존장 : 자기장

2 전위 V [V]

무한 원점을 영전위로 하고, 무한 원점에서 **단위점전하를 임의의 점까지 이동시키는 데 필요한 일**

(1) 전위의 세기

$$V = E \cdot r = \frac{Q}{4\pi\varepsilon_0 r^2} \times r = \frac{Q}{4\pi\varepsilon_0 r} \, [V]$$

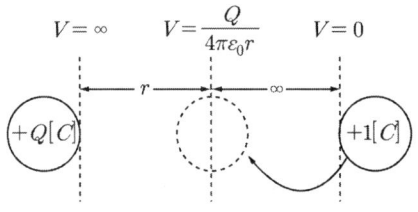

$$V = -\int_{\infty}^{r} E \cdot dr = \int_{r}^{\infty} E \cdot dr$$

(2) **전하 Q가 이동하는 데 필요한 일의 양**

$$\vec{W} = Q\vec{V} = Q\vec{E} \cdot \vec{r} \, [J]$$

예제 03

두 점전하 q, $\frac{1}{2}q$가 a만큼 떨어져 놓여 있다. 이 두 점전하를 연결하는 선상에서 전계의 세기가 영(0)이 되는 점은 q가 놓여 있는 점으로부터 얼마나 떨어진 곳인가?

① $\sqrt{2}\,a$ ② $(2-\sqrt{2})a$ ③ $\frac{\sqrt{3}}{2}a$ ④ $\frac{(1+\sqrt{2})}{2}a$

해설 전계가 0이 되는 위치

- P 지점에서 전계가 0이 된다고 할 때

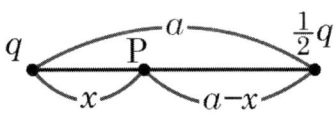

$$E_q = E_{\frac{1}{2}q}, \quad \frac{q}{4\pi\varepsilon_0 x^2} = \frac{\frac{1}{2}q}{4\pi\varepsilon_0 (a-x)^2}, \quad \frac{1}{x^2} = \frac{1}{2(a-x)^2}, \quad 2(a-x)^2 = x^2$$

- $2(a^2 - 2ax + x^2) = x^2$
- $x^2 - 4ax + 2a^2 + 2a^2 = 0 + 2a^2$
- $(x-2a)^2 = 2a^2$ 양변에 제곱근을 취하면
- $x - 2a = \pm a\sqrt{2}$ ∴ $x = (2 \pm \sqrt{2})a$
  $x = (2 - \sqrt{2})a$

정답 ②

예제 04

어느 점전하에 의하여 생기는 전위를 처음 전위의 1/2이 되게 하려면 전하로부터의 거리를 어떻게 해야 하는가?

① $\frac{1}{2}$로 감소시킨다. 　　② $\frac{1}{\sqrt{2}}$로 감소시킨다.

③ 2배 증가시킨다. 　　④ $\frac{1}{\sqrt{2}}$배 증가시킨다.

해설 점전하로부터의 전위

$V = \frac{Q}{4\pi\varepsilon_0 r}$, $V \propto \frac{1}{r}$ 이므로 처음 전위의 $\frac{1}{2}$이 되기 위해서는 거리는 2배로 늘어나야 한다.

정답 ③

예제 05

자유공간에서 정육각형의 꼭짓점에 동량, 동질의 점전하 Q가 각각 놓여 있을 때 정육각형 한 변의 길이가 a라 하면 정육각형 중심의 전계의 세기는 얼마인가?

① $\frac{Q}{4\pi\varepsilon_o a^2}$　　② $\frac{3Q}{2\pi\varepsilon_o a^2}$　　③ $6Q$　　④ 0

해설 정n각형 중심 전계의 세기

정n각형의 중심의 전계의 세기는 0이다

정답 ④

04 전기력선과 전속

1 전기력선

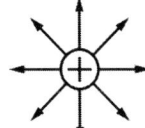 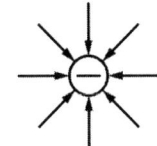 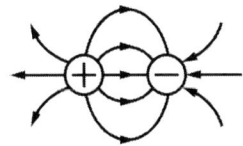 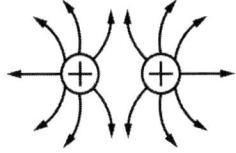

전계의 **방향**과 **크기**를 나타낸 가상의 선

(1) 전기력선의 수 : $N = \dfrac{Q}{\varepsilon} = \dfrac{Q}{\varepsilon_0 \varepsilon_s}$ [개]

(2) 전기력선의 성질
  ① 유전율이 큰 쪽에서 작은 쪽으로 가려는 성질을 띰
  ② (+)에서 (-)방향으로 진행
  ③ 전하가 없는 곳에서 발생, 소멸이 없음
  ④ 전하가 없는 곳에서 전기력선은 연속적
  ⑤ 고전위에서 저전위로 향함
  ⑥ 전계의 방향이 곧 전기력선의 방향
  ⑦ 서로 교차하지 않으며 등전위면과 직교
  ⑧ 전기력선 자신만으로 폐곡선을 만들 수 없음

(3) **전기력선의 방정식** : 전계와 전기력선은 서로 수평(외적의 값 = 0)

$$\dfrac{dx}{E_x} = \dfrac{dy}{E_y} = \dfrac{dz}{E_z}$$

$\vec{E} \times dl = \begin{pmatrix} i & j & k \\ E_x & E_y & E_z \\ dx & dy & dz \end{pmatrix} = i(E_y dz - E_z dy) + j(E_z dx - E_x dz) + k(E_x dy - E_y dx) = 0$

예제 06

그림과 같이 도체구 내부 공동의 중심에 점전하 Q [C]가 있을 때 이 도체구의 외부로 발산되어 나오는 전기력선의 수는 얼마인가? (단, 도체 내외의 공간은 진공이라 한다)

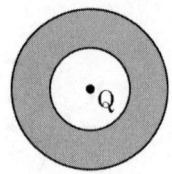

① 4π ② $\dfrac{Q}{\varepsilon_0}$ ③ Q ④ $\varepsilon_0 Q$

해설 폐곡면을 관통하는 전기력선의 총 수

$\dfrac{Q}{\varepsilon_0}$ [개]

정답 ②

2 등전위면

(1) **전위가 같은 점**끼리 이어서 만들어진 면

(2) 성질

① 등전위면은 전위차가 없음

② 전기력선은 등전위면과 항상 직교

③ 두 개의 서로 다른 등전위면은 서로 교차하지 않음

④ 등전위면에서 행하는 일은 "0"의 값을 가짐

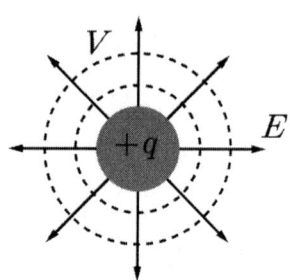

3 전속 ψ [C]과 전속밀도 D [C/m²]

(1) 전속

① 전하에서 나오는 **선속**
- 전하량이 Q일 때, 매질에 관계없이 전속도 Q

  TIP 전속선과 전기력선을 잘 구분하자

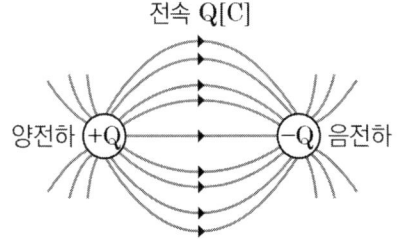

(2) 전속밀도 D [C/m²]

① 단위면적당 전속선 개수

$$D = \frac{\psi}{S} = \frac{Q}{S} \ [C/m^2]$$

- 전계 내의 전속밀도

$$D = \varepsilon E = \frac{\varepsilon Q}{4\pi \varepsilon r^2} = \frac{Q}{4\pi r^2} \ [C/m^2]$$

(3) 전하밀도

① 체적전하밀도 $\rho = \dfrac{Q}{V} \ [C/m^3]$, $Q = \displaystyle\int_v \rho_v \cdot dv$

② 면전하밀도 $\sigma = \dfrac{Q}{S} \ [C/m^2]$, $Q = \displaystyle\int_s \rho_s \cdot ds$

③ 선전하밀도 $\lambda = \dfrac{Q}{l} \ [C/m]$, $Q = \displaystyle\int_l \rho_l \cdot dl = \int_l \lambda \cdot dl$

예제 07

어떤 대전체가 진공 중에서 전속이 Q [C] 이었다. 이 대전체를 비유전율 10인 유전체 속으로 가져갈 경우에 전속은 얼마인가?

① Q   ② 10Q   ③ Q/10   ④ $10\varepsilon_0 Q$

해설 대전체의 전속

전속은 매질에 상관없이 Q [C]이다

정답 ①

4 가우스 정리

(1) 적분형

폐곡면을 통과하는 전기력선의 수는 폐곡면 내부의 진전하량과 같음

$$\oint_S D \cdot dS = Q$$

(2) 폐곡면을 관통하는 전기력선의 총 수 : $\dfrac{Q}{\varepsilon_0}$ [개]

$$\int E \cdot ds = N = \dfrac{Q}{\varepsilon_0} \text{ [개]}$$

(3) 미분형

임의의 점에서 전속선의 발산량은 그 점에서의 체적전하밀도의 크기와 같음

$$div D = \nabla \cdot D = \rho$$

예제 08

점전하에 의한 전계는 쿨롱의 법칙을 사용하면 되지만 분포되어 있는 전하에 의한 전계를 구할 때는 무엇을 이용하는가?

① 렌츠의 법칙   ② 가우스의 정리
③ 라플라스 방정식   ④ 스토크스의 정리

해설 가우스 정리

$$\int Dds = Q \text{ (전속 수)} \quad \int Eds = \dfrac{Q}{\epsilon} \text{ (전기력선 수)}$$

정답 ②

예제 09

전속밀도 $D = x^2 i + y^2 j + z^2 k \, [C/m^2]$를 발생시키는 점 (1,2,3)에서의 체적전하밀도는 몇 $[C/m^3]$인가?

① 12   ② 13   ③ 14   ④ 15

해설 가우스 정리

$$\nabla \cdot D = \rho_v = \left(\dfrac{\partial}{\partial x}i + \dfrac{\partial}{\partial y}j + \dfrac{\partial}{\partial z}k\right) \cdot (x^2 i + y^2 j + z^2 k) = 2x + 2y + 2z = 12 \, [C/m^3]$$

정답 ①

05 전계와 전위의 계산

1 무한평면도체

(1) 무한평면도체

① 전계

$$E = \frac{\sigma}{2\varepsilon_0} \, [V/m]$$

② 전위

$$V = -\int_{\infty}^{0} \frac{\sigma}{2\varepsilon_0} dl = \infty \, [V]$$

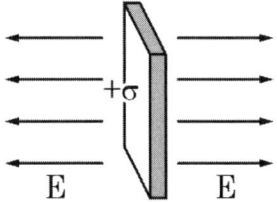

(2) 두 무한평면도체 사이

① 전계

$$E = \frac{\sigma}{\varepsilon_0} \, [V/m]$$

② 전위

$$V = -\int_{d}^{0} \frac{\sigma}{\varepsilon_0} dl = \frac{\sigma}{\varepsilon_0} d \, [V]$$

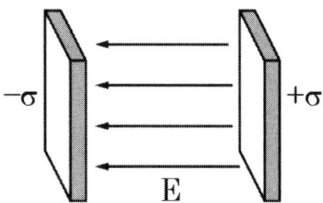

2 구도체

(1) 구 외부($r > a$) : 점전하와 동일

① 전계

$$E = \frac{Q}{4\pi\varepsilon_0 r^2} \, [V/m]$$

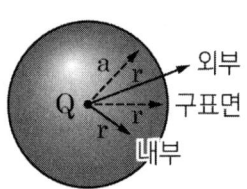

② 전위

$$V = \frac{Q}{4\pi\varepsilon_0 r} \,[V]$$

$$V = -\int_{\infty}^{r} \frac{Q}{4\pi\varepsilon_0 r^2} dr = \frac{Q}{4\pi\varepsilon_0 r} \,[V]$$

(2) 구 표면($r = a$) : **표면**에만 전하가 존재하는 경우

① 전계

$$E = \frac{Q}{4\pi\varepsilon_0 a^2} \,[V/m]$$

② 전위

$$V = \frac{Q}{4\pi\varepsilon_0 a} \,[V]$$

$$V = -\int_{\infty}^{r} \frac{Q}{4\pi\varepsilon_0 a^2} dr = \frac{Q}{4\pi\varepsilon_0 a} \,[V]$$

(3) 구 내부($r < a$) : 내부에 전하가 **균일**하게 분포하는 경우

① 전계

$$E = \frac{rQ}{4\pi\varepsilon_0 a^3} \,[V/m]$$

② 전위

$$V = \frac{Q}{4\pi\varepsilon_0 a} \left(\frac{3}{2} - \frac{r^2}{2a^2} \right) [V]$$

$$V = -\int_{\infty}^{a} \frac{Q}{4\pi\varepsilon_0 a^2} dr - \int_{a}^{r} \frac{rQ}{4\pi\varepsilon_0 a^3} dr = \frac{Q}{4\pi\varepsilon_0 a} \left(\frac{3}{2} - \frac{r^2}{2a^2} \right) [V]$$

전하량은 체적에 비례하므로 $E = \dfrac{\left(\dfrac{r}{a}\right)^3 Q}{4\pi\varepsilon_0 r^2} = \dfrac{rQ}{4\pi\varepsilon_0 a^3}\,[V/m]$

$$V = -\int_\infty^a \dfrac{Q}{4\pi\varepsilon_0 a^2}\,dr - \int_a^r \dfrac{rQ}{4\pi\varepsilon_0 a^3}\,dr = \dfrac{Q}{4\pi\varepsilon_0 a} + \dfrac{Q}{8\pi\varepsilon_0 a^3}(a^2 - r^2)$$

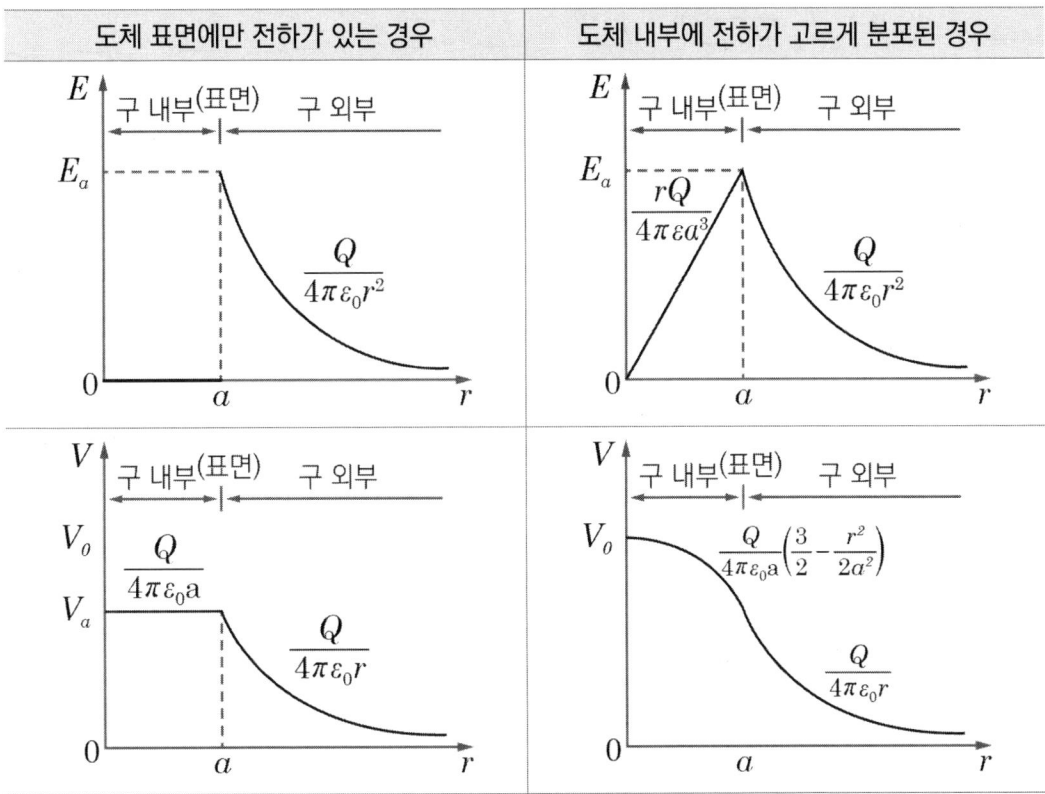

3 동심구도체

(1) 도체 A의 전하 $+Q$, 도체 B의 전하 $-Q$ 일 때
도체 A의 표면전위(V_a)

$$V_a = \dfrac{Q}{4\pi\varepsilon_0}\left(\dfrac{1}{a} - \dfrac{1}{b}\right)[V]$$

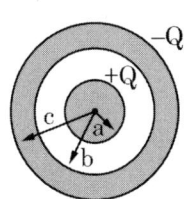

$$V_a = -\int_b^a \dfrac{Q}{4\pi\varepsilon_0 r^2}\,dr = \dfrac{Q}{4\pi\varepsilon_0}\left(\dfrac{1}{a} - \dfrac{1}{b}\right)[V]$$

(2) 도체 A의 전하 $+Q$, 도체 B의 전하 0일 때
   도체 A의 표면전위(V_a)

$$V_a = \frac{Q}{4\pi\varepsilon_0}\left(\frac{1}{a} - \frac{1}{b} + \frac{1}{c}\right)[V]$$

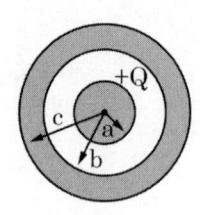

$$V_a = -\int_b^a \frac{Q}{4\pi\varepsilon_0 r^2}dr - \int_c^b 0\,dr - \int_\infty^c \frac{Q}{4\pi\varepsilon_0 r^2}dr$$
$$= \frac{Q}{4\pi\varepsilon_0}\left(\frac{1}{a} - \frac{1}{b} + \frac{1}{c}\right)[V]$$

TIP $\int x^a dx = \frac{n+1}{x^{n+1}}(a \neq 1)$

4 동축 원주 도체

(1) B도체 외부($b < r$)

① 전계

$$E = 0\,[V/m]$$

② 전위

$$V = 0\,[V]$$

(2) A도체와 B도체 사이($a < r < b$)

① 전계

$$E = \frac{\lambda}{2\pi\varepsilon_0 r}\,[V/m]$$

$$E = \frac{N}{S} = \frac{\frac{\lambda}{\varepsilon_0}}{2\pi r} = \frac{\lambda}{2\pi\varepsilon_0 r}\,[V/m]$$

TIP $E = \frac{N}{S}$

② 전위

$$V_{AB} = \frac{\lambda}{2\pi\varepsilon_0}\ln\frac{b}{a}\,[V]$$

$$V_{AB} = -\int_b^a \frac{\lambda}{2\pi\varepsilon_0 r}dr = \frac{\lambda}{2\pi\varepsilon_0}\ln\frac{b}{a}\,[V]$$

(3) A도체 내부($r < a$)

① 도체 표면에만 전하가 있는 경우, 도체 내부에는 전기력선이 없어 전계 0

② 도체 내부에 전하가 고르게 분포된 경우, 원통에서의 전계 $E = \dfrac{\lambda}{2\pi\varepsilon_0 r}\,[V/m]$는

체적에 비례하므로 $E = \dfrac{\dfrac{r^2}{a^2}\lambda}{2\pi\varepsilon_0 r} = \dfrac{r\lambda}{2\pi\varepsilon_0 a^2}\,[V/m]$

도체 표면에만 전하가 있는 경우	도체 내부에 전하가 고르게 분포된 경우

5 평행도선 사이 도체

① 전계

$$E_A + E_B = \dfrac{\lambda}{2\pi\varepsilon_0 x} + \dfrac{\lambda}{2\pi\varepsilon_0 (d-x)}\,[V/m]$$

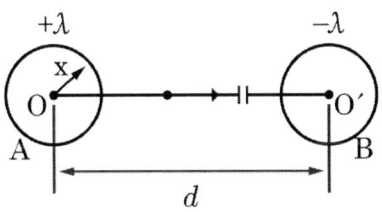

② 전위

$$V_A + V_B = \dfrac{\lambda}{\pi\varepsilon_0}\ln\dfrac{d-a}{a}\,[V]$$

$$V_A + V_B = -\int_{d-a}^{a} \dfrac{\lambda}{2\pi\varepsilon_0 x}dx - \int_{d-a}^{a} \dfrac{\lambda}{2\pi\varepsilon_0 (d-x)}dx$$
$$= \dfrac{\lambda}{\pi\varepsilon_0}\ln\dfrac{d-a}{a}\,[V]$$

TIP d - a ≒ d

예제 10

면전하밀도 σ [C/m²], 판간 거리 d [m]인 무한 평행판 대전체 간의 전위차는 몇 [V]인가?

① σd
② $\dfrac{\sigma}{\varepsilon}$
③ $\dfrac{\varepsilon_0 \sigma}{d}$
④ $\dfrac{\sigma d}{\varepsilon_0}$

해설 평행판 대전체 사이의 전위차

$$E = \dfrac{\sigma}{\varepsilon_0} [V/m] \qquad V = Ed = \dfrac{\sigma d}{\varepsilon_0} [V]$$

정답 ④

예제 11

반지름 a [m]인 구대칭 전하에 의한 구 내외의 전계의 세기에 해당되는 것은? (단, 전하는 도체 표면에만 존재한다)

①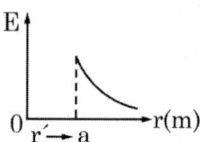
②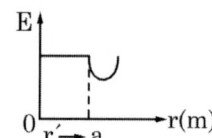
③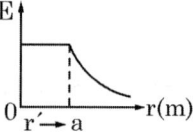
④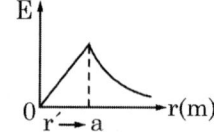

해설 구도체의 전계의 세기

① 전하가 표면에만 분포하는 경우
④ 전하가 내부에 균일하게 분포하는 경우

정답 ①

06 전기쌍극자

1 전기쌍극자

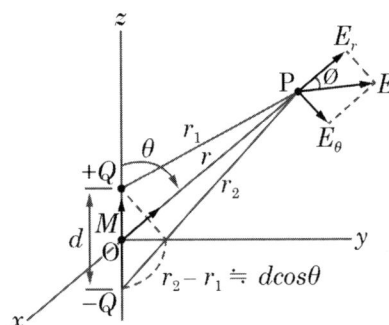

- 전기쌍극자 : 양전하와 음전하가 미소거리만큼 떨어져 있는 것
- 전기쌍극자 모멘트 $M = Qd \, [C \cdot m]$

(1) 전계

$$E = \sqrt{E_r^2 + E_\theta^2} = \frac{M\sqrt{1+3\cos^2\theta}}{4\pi\varepsilon_0 r^3} \, [V/m]$$

$E = -\text{grad} V \, [V/m], \quad E_r = -\frac{\partial V}{\partial r} = \frac{M\cos\theta}{2\pi\varepsilon_0 r^3} \, [V/m], \quad E_\theta = -\frac{\partial V}{r\partial \theta} = \frac{M\sin\theta}{4\pi\varepsilon_0 r^3} \, [V/m]$

(2) 전위

$$V = \frac{M\cos\theta}{4\pi\varepsilon_0 r^2} \, [V]$$

$V = \frac{Q}{4\pi\varepsilon_0}\left(\frac{1}{r_1} - \frac{1}{r_2}\right) = \frac{Q}{4\pi\varepsilon_0} \cdot \frac{r_2 - r_1}{r_1 r_2} \, [V], \quad r_2 - r_1 = d\cos\theta$

2 전기이중층

(1) 전기 이중층에 의한 전위

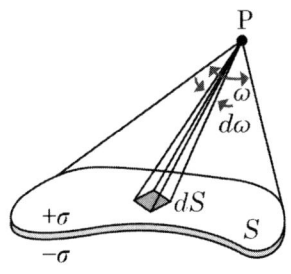

$$V_p = \frac{M}{4\pi\varepsilon_0}\omega \, [V]$$

$M = \sigma t$: 전기이중층의 세기, σ : 면전하밀도, t : 판의 두께

예제 12

전기쌍극자로부터 임의의 점까지의 거리가 r이라 할 때 전계의 세기는 r과 어떤 관계에 있는가?

① $\frac{1}{r}$에 비례
② $\frac{1}{r^2}$에 비례
③ $\frac{1}{r^3}$에 비례
④ $\frac{1}{r^4}$에 비례

[해설] 전기쌍극자의 전계의 세기

$$E = \frac{M\sqrt{1+3\cos^2\theta}}{4\pi\varepsilon_0 r^3}\ [V/m]$$

$$\therefore E \propto \frac{1}{r^3}$$

[정답] ③

예제 13

진공 중에서 +q [C]과 -q [C]의 점전하가 미소거리 a [m]만큼 떨어져 있을 때 이 쌍극자가 점 P에 만드는 전계 [V/m]와 전위 [V]의 크기는 각각 얼마인가?

① $E = \frac{qa}{4\pi\varepsilon_o r^2}$, $V = 0$
② $E = \frac{qa}{4\pi\varepsilon_o r^3}$, $V = 0$
③ $E = \frac{qa}{4\pi\varepsilon_o r^2}$, $V = \frac{qa}{4\pi\varepsilon_o r}$
④ $E = \frac{qa}{4\pi\varepsilon_o r^3}$, $V = \frac{qa}{4\pi\varepsilon_o r^2}$

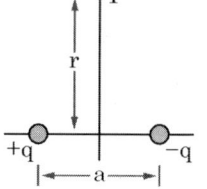

[해설] 전기쌍극자에 의한 전계와 전위의 세기

$$E = \frac{M\sqrt{1+3\cos^2\theta}}{4\pi\varepsilon_0 r^3}\ [V/m] \qquad V = \frac{M\cos\theta}{4\pi\varepsilon_o r^2}\ [V]$$

$\cos\theta = 0$이므로 $E = \frac{qa}{4\pi\varepsilon_o r^3}$, $V = 0$

[정답] ②

07 포아송·라플라스 방정식

1 포아송 방정식

$$\nabla^2 V = -\frac{\rho}{\varepsilon_0}$$

(1) 가우스법칙의 미분형 $\nabla \cdot E = \frac{\rho}{\varepsilon_0}$ ··· (1)

(2) 전위의 기울기 : $E = -\text{grad}\,V$ ··· (2)

식 (1)에 식 (2)를 대입 → $\nabla \cdot (-\nabla V) = -(\frac{\partial^2 V}{\partial x^2} + \frac{\partial^2 V}{\partial y^2} + \frac{\partial^2 V}{\partial z^2}) = \frac{\rho}{\varepsilon_0}$

2 라플라스 방정식

$$\nabla^2 V = 0$$

(1) 전하밀도가 0일 때 적용($\rho = 0$)

(2) 라플라스 방정식은 선형 방정식

예제 14

전위함수가 $V = x^2 + y^2\,[V]$인 자유공간 내의 전하밀도는 몇 $[C/m^3]$인가?

① -12.5×10^{-12}
② -22.4×10^{-12}
③ -35.4×10^{-12}
④ -70.8×10^{-12}

해설 포아송 방정식

$\nabla^2 V = \frac{\partial^2 V}{\partial x^2} + \frac{\partial^2 V}{\partial y^2} + \frac{\partial^2 V}{\partial z^2} = -\frac{\rho}{\epsilon_0}$

$\nabla^2 V = \frac{\partial^2}{\partial x^2}(x^2 + y^2) + \frac{\partial^2}{\partial y^2}(x^2 + y^2) = 2 + 2 = -\frac{\rho}{\epsilon_0}$

- $\rho = -4\epsilon_0 = -4 \times 8.855 \times 10^{-12} = -35.4 \times 10^{-12}\,[C/m^3]$

정답 ③

CHAPTER 03 진공 중의 도체계

01 계수

1 전위계수(엘라스턴스, Daraf)

도체계 내에 여러 개의 전하가 있을 경우, 전위계수를 이용하여 계산

(1) 전위계수

$$V = \frac{1}{4\pi\varepsilon_0 r}Q = PQ\,[V]$$

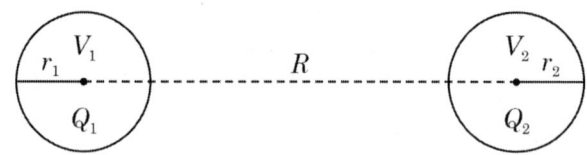

① 전위계수는 전위 및 전하에 상관없는 **상수**
② V_{ii} : i 전하에 의해서 i 도체에 유도된 전위
③ V_{ij} : j 전하에 의해서 i 도체에 유도된 전위
④ $P = \dfrac{1}{C} = \dfrac{V}{Q}\,[1/F]$

(2) 전위계수의 성질

$$V_i = \sum_{j=1}^{n} P_{ij}Q_j, \quad V_i = P_{i1}Q_1 + P_{i2}Q_2 + \cdots + P_{in}Q_n\,[V]$$

$$V_1 = \frac{Q_1}{4\pi\varepsilon_0 r_1} + \frac{Q_2}{4\pi\varepsilon_0 R} = P_{11}Q_1 + P_{12}Q_2\,[V]$$

$$V_2 = \frac{Q_1}{4\pi\varepsilon_0 R} + \frac{Q_2}{4\pi\varepsilon_0 r_2} = P_{21}Q_1 + P_{22}Q_2\,[V]$$

① $P_{ii} > 0$

② $P_{ii} \geq P_{ji}$ ($P_{ii} = P_{ji}$이기 위해서는 j 도체가 i 도체 내부에 존재)

③ $P_{ji} \geq 0$

④ $P_{ij} = P_{ji}$

2 용량계수, 유도계수(Farad)

(1) 정의

① 용량계수 $q_{ii} = C\,[F]$: 자기 자신의 전위를 1 [V]로 만들기 위한 전하

② 유도계수 $q_{ij} = C\,[F]$: q_{ii}에 의해 j번째 도체에 유도된 전하

(2) $Q_i = \sum_{j=1}^{n} q_{ij} V_j\,[C]$, $Q_i = q_{i1} V_1 + q_{i2} V_2 + \cdots + q_{in} V_n\,[C]$

(3) 용량계수, 유도계수의 성질

① 용량계수 $q_{ii} > 0$

② 유도계수 $q_{ij} = q_{ji} \leq 0$

③ $q_{ii} \geq -(q_{12} + q_{13} + q_{14} + \cdots + q_{1r})$ (등호는 정전차폐일 때 성립)

예제 01

진공 중에 서로 떨어져 있는 두 도체 A, B가 있다. A에만 1 [C]의 전하를 줄 때 도체 A, B의 전위가 각각 3 [V], 2 [V]였다고 하면, A에 2 [C], B에 1 [C]의 전하를 주면 도체 A의 전위는 몇 [V]인가?

① 6   ② 7   ③ 8   ④ 9

해설 전위계수

Q_A = 1 [C], Q_B = 0 [C]일 때, 전위계수는
$V_A = P_{AA}Q_A + P_{AB}Q_B$, P_{AA} = 3 [V/C]
$V_B = P_{BA}Q_A + P_{BB}Q_B$, P_{BA} = 2 [V/C]
Q_A = 2 [C], Q_B = 1 [C]일 때, $V_A = P_{AA}Q_A + P_{AB}Q_B = 3 \times 2 + 2 \times 1 = 8$ [V]

정답 ③

예제 02

각각 ±Q [C]로 대전된 두 개의 도체 간의 전위차를 전위계수로 표시한 것은? (단, $P_{12} = P_{21}$이다)

① $(P_{11} + P_{12} + P_{22})Q$
② $(P_{11} + P_{12} - P_{22})Q$
③ $(P_{11} - P_{12} + P_{22})Q$
④ $(P_{11} - 2P_{12} + P_{22})Q$

해설 전위계수

- $V_1 = P_{11}Q - P_{12}Q$ $V_2 = P_{21}Q - P_{22}Q$
- 전위차 $V = V_1 - V_2$
- $V = (P_{11}Q - P_{12}Q - P_{21}Q + P_{22}Q) = (P_{11} - 2P_{12} + P_{22})Q$ ∵ $P_{12} = P_{21}$

정답 ④

02 정전용량

1 정전용량(Capacity) C [F]

(1) 절연된 도체 간 전위를 주었을 때 **전하를 저장하는 능력**

$$C = \frac{Q}{V} = \frac{\varepsilon S}{d} \ [F]$$

S : 극판의 면적 d : 극판 간격

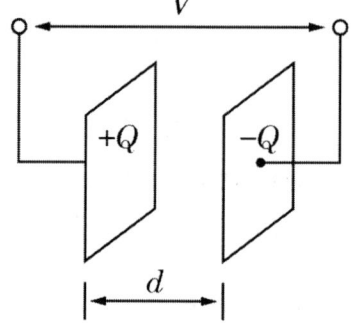

(2) 정전용량을 늘리는 방법
 ① 극판 간격을 줄임
 ② 극판의 면적을 키움
 ③ 유전율이 큰 물질을 사용

2 정전용량 계산

(1) 도체구

$$V = \frac{Q}{4\pi\varepsilon_0 r} \ [V], \qquad C = 4\pi\varepsilon_0 r \ [F]$$

① 도체구 전계 $E = \dfrac{Q}{4\pi\varepsilon_0 r^2} \ [V/m]$

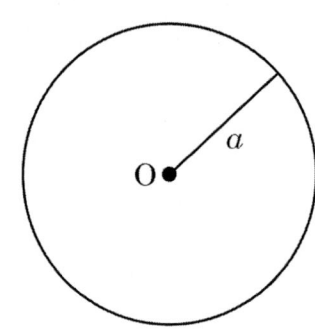

② 전위 $V = -\int_\infty^a E \cdot dl = \dfrac{Q}{4\pi\varepsilon_0 r}\ [V]$

③ 정전용량 $C = \dfrac{Q}{V} = \dfrac{Q}{\dfrac{Q}{4\pi\varepsilon_0 r}} = 4\pi\varepsilon_0 r\ [F]$

(2) 동심구

$$V = \dfrac{Q}{4\pi\varepsilon_0}\left(\dfrac{1}{a} - \dfrac{1}{b}\right)[V],\quad C = \dfrac{4\pi\varepsilon_0 ab}{b-a}\ [F]$$

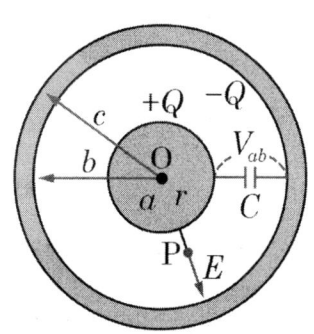

① 도체구 전계 $E = \dfrac{Q}{4\pi\varepsilon_0 r^2}\ [V/m]$

② 전위 $V = -\int_\infty^a E \cdot dl = \dfrac{Q}{4\pi\varepsilon_0}\left(\dfrac{1}{a} - \dfrac{1}{b}\right)[V]$

③ 정전용량

$$C = \dfrac{Q}{V} = \dfrac{Q}{\dfrac{Q}{4\pi\varepsilon_0}\left(\dfrac{1}{a} - \dfrac{1}{b}\right)} = \dfrac{4\pi\varepsilon_0}{\left(\dfrac{1}{a} - \dfrac{1}{b}\right)} = \dfrac{4\pi\varepsilon_0 ab}{b-a}\ [F]$$

(3) 평행판

$$V = \dfrac{\sigma d}{\varepsilon_0}\ [V],\quad C = \dfrac{\varepsilon_0 S}{d}\ [F]$$

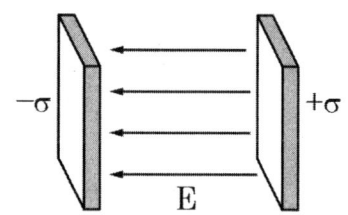

① 평행판 전계 $E = \dfrac{\sigma}{\varepsilon_0}\ [V/m]$

② 전위 $V = El = \dfrac{\sigma d}{\varepsilon_0}\ [V]$

③ 정전용량 $C = \dfrac{Q}{V} = \dfrac{\sigma S}{\dfrac{\sigma d}{\varepsilon_0}} = \dfrac{\varepsilon_0 S}{d}\ [F]$

(4) 동심원통(동축 케이블)

$$V = \frac{\lambda}{2\pi\varepsilon_0} \ln\frac{b}{a}\ [V],\quad C = \frac{2\pi\varepsilon_0 l}{\ln\frac{b}{a}}\ [F]$$

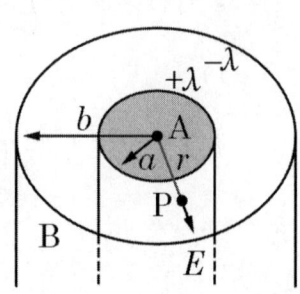

① 선전하 전계 $E = \dfrac{\lambda}{2\pi\varepsilon_0 r}\ [V/m]$

② 전위 $V = -\displaystyle\int_d^a E \cdot dl = \dfrac{\lambda}{2\pi\varepsilon_0}\ln\dfrac{b}{a}\ [V]$

③ 정전용량 $C = \dfrac{\lambda l}{\dfrac{\lambda}{2\pi\varepsilon_0}\ln\dfrac{b}{a}} = \dfrac{2\pi\varepsilon_0 l}{\ln\dfrac{b}{a}}\ [F]$

(5) 평행도선

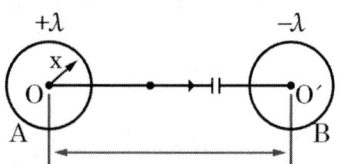

① 평행도선 전계 $E = \dfrac{\lambda}{2\pi\varepsilon_0 x} + \dfrac{\lambda}{2\pi\varepsilon_0(d-x)}\ [V/m]$

② 전위 $V = -\displaystyle\int_{d-a}^{a} E \cdot dx = \dfrac{\lambda}{\pi\varepsilon_0}\ln\dfrac{d-a}{a}\ [V]$

③ 정전용량 $C_{AB} = \dfrac{\lambda l}{\dfrac{\lambda}{\pi\varepsilon_0}\ln\dfrac{d-a}{a}} = \dfrac{\pi\varepsilon_0 l}{\ln\dfrac{d-a}{a}}\ [F]$

$$V = \frac{\lambda}{\pi\varepsilon_0}\ln\frac{d-a}{a}\ [V],\quad C_{AB} = \frac{\pi\varepsilon_0 l}{\ln\dfrac{d-a}{a}}\ [F]$$

3 각 도체계의 전계, 전위, 정전용량 계산

구분	전계 E [V/m]	전위 V [V]	정전용량 C [F]
도체구	$\dfrac{Q}{4\pi\varepsilon_0 r^2}$	$\dfrac{Q}{4\pi\varepsilon_0 r}$	$4\pi\varepsilon_0 r$
동심구	$\dfrac{Q}{4\pi\varepsilon_0 r^2}$	$\dfrac{Q}{4\pi\varepsilon_0}\left(\dfrac{1}{a}-\dfrac{1}{b}\right)$	$\dfrac{4\pi\varepsilon_0 ab}{b-a}$
무한평면	$\dfrac{\sigma}{2\varepsilon_0}$	∞	∞
평행판	$\dfrac{\sigma}{\varepsilon_0}$	$\dfrac{\sigma d}{\varepsilon_0}$	$\dfrac{\varepsilon_0 S}{d}$
선전하	$\dfrac{\lambda}{2\pi\varepsilon_0 r}$	∞	∞
동심원통	$\dfrac{\lambda}{2\pi\varepsilon_0 r}$	$\dfrac{\lambda}{2\pi\varepsilon_0}\ln\dfrac{b}{a}$	$\dfrac{2\pi\varepsilon_0 l}{\ln\dfrac{b}{a}}$
평행도선	$\dfrac{\lambda}{2\pi\varepsilon_0 x}+\dfrac{\lambda}{2\pi\varepsilon_0(d-x)}$	$\dfrac{\lambda}{\pi\varepsilon_0}\ln\dfrac{d-a}{a}$	$\dfrac{\pi\varepsilon_0 l}{\ln\dfrac{d-a}{a}}$

예제 03

양극판의 면적이 S [m^2], 극판 간의 간격이 d [m], 정전용량이 C_1 [F]인 평행판 콘덴서가 있다. 양극판 면적을 각각 3S [m^2]로 늘리고 극판 간격을 $\dfrac{1}{3}$d [m]로 줄였을 때의 정전용량 C_2는 몇 [F]인가?

① $C_2 = C_1$　　② $C_2 = 3C_1$　　③ $C_2 = 6C_1$　　④ $C_2 = 9C_1$

해설 정전용량

$C_1 = \dfrac{\varepsilon S}{d}$ 에서 $C_2 = \dfrac{\varepsilon(3S)}{\dfrac{d}{3}} = 9C_1$

정답 ④

예제 04

진공 중 반지름이 a [m]인 원형 도체판 2매를 사용하여 극판 거리 d [m]인 콘덴서를 만들었다. 만약 이 콘덴서의 극판 거리를 2배로 하고 정전용량은 일정하게 하려면 이 도체판의 반지름 a는 얼마로 하면 되는가?

① $2a$ ② $\dfrac{1}{2}a$ ③ $\sqrt{2}\,a$ ④ $\dfrac{1}{\sqrt{2}}a$

해설 콘덴서의 정전용량의 변화

- 거리 2배 전 정전용량 $C = \varepsilon_0 \dfrac{S}{d}$
- 거리를 2배로 하면 $C' = \varepsilon_0 \dfrac{S'}{2d}$
- $C = C'$이 되기 위한 면적 $S = \pi a^2$, $S' = \pi a'^2$
- $C = \varepsilon_0 \dfrac{\pi a^2}{d} = \varepsilon_0 \dfrac{\pi a'^2}{2d} = C'$
- $a'^2 = 2a^2$, $a' = \sqrt{2}\,a$

정답 ③

예제 05

평행판 콘덴서에서 전극 간에 V [V]의 전위차를 가할 때 전계의 강도가 공기의 절연내력 E [V/m]를 넘지 않도록 하기 위한 콘덴서의 단위면적당 최대용량은 몇 [F/m²]인가?

① $\varepsilon_0 EV$ ② $\dfrac{\varepsilon_0 E}{V}$ ③ $\dfrac{\varepsilon_0 V}{E}$ ④ $\dfrac{EV}{\varepsilon_0}$

해설 단위면적당 최대 용량

$C = \varepsilon_0 \dfrac{S}{d}$에서 면적을 나눠준 값이므로 $\dfrac{C}{S} = \dfrac{\varepsilon_0}{d} = \dfrac{\varepsilon_0}{\dfrac{V}{E}} = \dfrac{\varepsilon_0 E}{V}\,[F/m^2]$ ($\because V = Ed$)

정답 ②

03 콘덴서의 연결

1 직렬연결

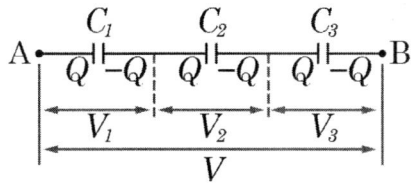

(1) 전하량이 같고 전압은 분배

$Q_1 = Q_2 = Q_3$, $Q = C_1 V_1 = C_2 V_2 = \cdots$

(2) 합성 정전용량

$$\frac{1}{C_T} = \frac{1}{C_1} + \frac{1}{C_2} + \frac{1}{C_3} + \cdots + \frac{1}{C_n}$$

(3) 내압(내전압) : 콘덴서가 버틸 수 있는 전압

서서히 양단의 전압을 높일 경우 전하량이 낮은 콘덴서(C_1)가 가장 먼저 파괴

예제 06

정전용량 및 내압이 3 [μF]/1000 [V], 5 [μF]/500 [V], 12 [μF]/250 [V]인 3개의 콘덴서를 직렬로 연결하고 양단에 가한 전압을 서서히 증가시킬 경우 가장 먼저 파괴되는 콘덴서는 어느 것인가?

① 3 [μF]   ② 5 [μF]   ③ 12 [μF]   ④ 3개 동시에 파괴

해설 직렬연결 시 콘덴서의 내압

콘덴서의 전하량이 가장 적은 콘덴서가 제일 먼저 파괴된다.

$Q_1 = C_1 V_1 = 3 \times 10^{-6} \times 1000 = 3 \times 10^{-3}$ [C]

$Q_2 = C_2 V_2 = 5 \times 10^{-6} \times 500 = 2.5 \times 10^{-3}$ [C]

$Q_3 = C_3 V_3 = 12 \times 10^{-6} \times 250 = 3 \times 10^{-3}$ [C]

따라서 5 [μF] 콘덴서가 가장 먼저 파괴된다.

정답 ②

예제 07

정전용량이 4 [μF], 5 [μF], 6 [μF]이고, 각각의 내압이 순서대로 500 [V], 450 [V], 350 [V]인 콘덴서 3개를 직렬로 연결하고 전압을 서서히 증가시키면 콘덴서의 상태는 어떻게 되겠는가? (단, 유전체의 재질이나 두께는 같다)

① 동시에 모두 파괴된다. ② 4 [μF]가 가장 먼저 파괴된다.
③ 5 [μF]가 가장 먼저 파괴된다. ④ 6 [μF]가 가장 먼저 파괴된다.

해설 콘덴서의 내압

콘덴서를 직렬로 연결한 경우에는 전하량이 가장 적은 콘덴서가 제일 먼저 파괴된다.

$Q_1 = C_1 V_{1max} = 4 \times 10^{-6} \times 500 = 2 \times 10^{-3}$ [C]
$Q_2 = C_2 V_{2max} = 5 \times 10^{-6} \times 450 = 2.25 \times 10^{-3}$ [C]
$Q_3 = C_3 V_{3max} = 6 \times 10^{-6} \times 350 = 2.1 \times 10^{-3}$ [C]

4 [μC]의 콘덴서가 가장 먼저 파괴된다.

정답 ②

2 병렬연결

(1) 전하량이 분배되고 전압은 동일

$$V_1 = V_2 = V_3, \ V = \frac{Q_1}{C_1} = \frac{Q_2}{C_2} = \cdots$$

(2) 합성 정전용량

$$C_T = C_1 + C_2 + C_3 + \cdots + C_n$$

(3) 공통 전위

콘덴서 병렬연결 시 전위가 같아지도록 전하의 이동이 발생

$$V_T = \frac{C_1 V_1 + C_2 V_2}{C_1 + C_2} = \frac{r_1 V_1 + r_2 V_2}{r_1 + r_2} \ [V]$$

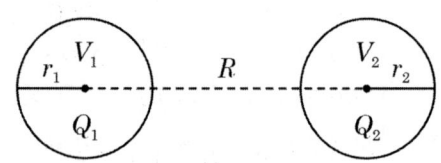

$$V_T = \frac{Q}{C} = \frac{C_1 V_1 + C_2 V_2}{C_1 + C_2} = \frac{4\pi\epsilon_0 r_1 V_1 + 4\pi\epsilon_0 r_2 V_2}{4\pi\epsilon_0 r_1 + 4\pi\epsilon_0 r_2} = \frac{r_1 V_1 + r_2 V_2}{r_1 + r_2}$$

(4) 에너지

전위가 다르게 충전된 콘덴서는 전위차가 같아지도록 전하의 이동이 발생

→ 전하가 이동하면서 전력의 소모가 발생

→ 총 에너지는 각 콘덴서의 에너지 합보다 작아짐

$$W_1 = W_2 \text{ 일 때 } W_1 + W_2 = W, \quad W_1 \neq W_2 \text{ 일 때 } W_1 + W_2 > W$$

예제 08

동일한 두 도체를 같은 에너지 $W_1 = W_2$로 충전한 후에 이들을 병렬로 연결하였다. 총 에너지 W의 관계로 옳은 것은?

① $W_1 + W_2 < W$
② $W_1 + W_2 = W$
③ $W_1 + W_2 > W$
④ $W_1 - W_2 = W$

해설 병렬연결 시 총 에너지 W의 관계

$W_1 \neq W_2$인 경우 $W_1 + W_2 > W$

$W_1 = W_2$인 경우 $W_1 + W_2 = W$

정답 ②

예제 09

진공 중에서 멀리 떨어져 있는 반지름이 각각 $a_1 \, [m]$, $a_2 \, [m]$인 두 도체구를 $V_1 \, [V]$, $V_2 \, [V]$인 전위를 갖도록 대전시킨 후 가는 도선으로 연결할 때 연결 후의 공통 전위 $V \, [V]$는 얼마인가?

① $\dfrac{V_1}{a_1} + \dfrac{V_2}{a_2}$
② $\dfrac{V_1 + V_2}{a_1 a_2}$
③ $a_1 V_1 + a_2 V_2$
④ $\dfrac{a_1 V_1 + a_2 V_2}{a_1 + a_2}$

해설 공통전위

$W_1 \neq W_2$인 경우 $W_1 + W_2 > W$

$W_1 = W_2$인 경우 $W_1 + W_2 = W$

정답 ④

예제 10

콘덴서를 그림과 같이 접속했을 때 C_x의 정전용량은 몇 [μF]인가? (단, $C_1 = C_2 = C_3 = 3$ [μF]이고, a – b 사이의 합성정전용량은 5 [μF]이다)

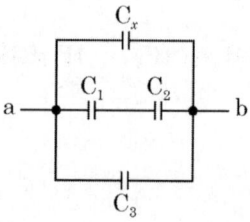

① 0.5　　　② 1　　　③ 2　　　④ 4

해설 콘덴서의 직렬, 병렬 연결

$$5 = C_x + 3 + \left(\frac{3 \times 3}{3 + 3}\right) = C_x + 3 + \frac{9}{6}$$

$$C_x = 5 - 3 - \frac{9}{6} = 2 - \frac{3}{2} = \frac{1}{2} = 0.5 [\mu F]$$

정답 ①

04 도체의 에너지

1 정전에너지

(1) 정전에너지

콘덴서에 축적되는 에너지

$$W = \frac{1}{2}CV^2 = \frac{1}{2}\frac{\varepsilon S}{d}(El)^2 = \frac{\varepsilon E^2 Sl}{2} [J]$$

$$W = \int V dQ = \int \frac{Q}{C} dQ = \frac{Q^2}{2C} = \frac{QV}{2} = \frac{CV^2}{2} [J]$$

(2) 단위체적당 정전에너지(정전응력, 정전흡인력)

$$w = \frac{\frac{\varepsilon E^2 Sl}{2}}{Sl} = \frac{\varepsilon E^2}{2} = \frac{ED}{2} = \frac{D^2}{2\varepsilon} \ [J/m^3]$$

※ 단위체적당 에너지 = 면적당 힘 = 정전응력 f

예제 11

비유전율이 2.4인 유전체 내의 전계의 세기가 100 [mV/m]이다. 유전체에 축적되는 단위체적당 정전에너지는 몇 [J/m³]인가?

① 1.06×10^{-13}
② 1.77×10^{-13}
③ 2.32×10^{-13}
④ 4.32×10^{-11}

해설 단위체적당 정전에너지

$$w = \frac{1}{2}ED = \frac{1}{2}\varepsilon E^2 = \frac{1}{2}\varepsilon_0 \varepsilon_s E^2 = \frac{2.4(100 \times 10^{-3})^2 \varepsilon_0}{2} = 1.06 \times 10^{-13} \ [J/m^3]$$

정답 ①

예제 12

반지름 a [m]의 구도체에 전하 Q [C]가 주어질 때 구도체 표면에 작용하는 정전응력은 몇 [N/m²]인가?

① $\dfrac{9Q^2}{16\pi^2\epsilon_o a^6}$
② $\dfrac{9Q^2}{32\pi^2\epsilon_o a^6}$
③ $\dfrac{Q^2}{16\pi^2\epsilon_o a^4}$
④ $\dfrac{Q^2}{32\pi^2\epsilon_o a^4}$

해설 정전응력

$$w = \frac{\epsilon_o E^2}{2} = \frac{\epsilon_o}{2}\left(\frac{Q}{4\pi\epsilon_o a^2}\right)^2 = \frac{Q^2}{32\pi^2\epsilon_o a^4} \ [N/m^2]$$

정답 ④

05 패러데이관

관의 양 끝단에 정, 부의 단위전하가 있는 관

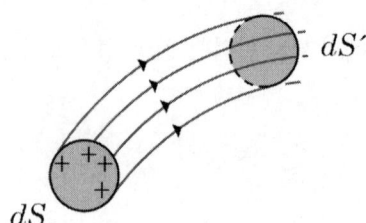

- 패러데이관의 밀도 = 전속밀도
- 패러데이관의 전속선 수는 일정(1개)
- 진전하가 없는 점에서 패러데이관은 연속
- 단위전위당(1 [V]) $\frac{1}{2}$ [J]의 에너지를 가짐

예제 13

패러데이관에 대한 설명으로 틀린 것은?

① 관 내의 전속 수는 일정하다.
② 관의 밀도는 전속밀도와 같다.
③ 진전하가 없는 점에서 불연속이다.
④ 관 양단에 양(+), 음(-)의 단위전하가 있다.

해설 패러데이관의 성질

진전하가 없는 점에서 연속이다.

정답 ③

CHAPTER 04 유전체

01 유전체와 콘덴서

1 유전체

(1) 유전체

① 전계 내에서 **극성**을 가지는 절연체

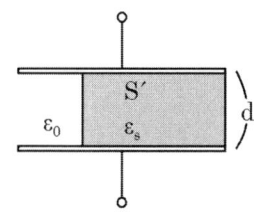

(2) 유전체의 종류

① 강유전체 : 외부에 따로 전압을 가하지 않아도 분극이 일어나는 물질

② 상유전체 : 외부 전기장에 의해 유발되는 전기편극만 나타나는 물질

(3) 유전속

① 유전체를 통과하는 패러데이관(= 전속)

② 성질 : 유전율이 큰 쪽으로 모임

(4) 큐리온도 : 강유전체가 유전성을 잃어버리기 시작하는 온도

02 콘덴서 연결

1 평행판 콘덴서에 유전체 콘덴서를 병렬로 채우는 경우

(1) 합성 전 공기 콘덴서 $C_0 = \dfrac{\varepsilon_0 S}{d} \, [F]$

(2) 합성 후 콘덴서 $C' = \dfrac{\varepsilon_0 (S-S')}{d} + \dfrac{\varepsilon_0 \varepsilon_s S'}{d} \, [F]$

TIP 유전체를 병렬로 채우는 경우, 각 콘덴서의 용량을 더해주면 된다.

2 평행판 콘덴서에 유전체 콘덴서를 직렬로 채우는 경우

(1) 합성 전 공기 콘덴서 $C_0 = \dfrac{\varepsilon_0 S}{d}\ [F]$

(2) 합성 후 콘덴서 $C' = \dfrac{\dfrac{\varepsilon_0 \varepsilon_s S}{a} \cdot \dfrac{\varepsilon_0 S}{d-a}}{\dfrac{\varepsilon_0 \varepsilon_s S}{a} + \dfrac{\varepsilon_0 S}{d-a}}\ [F]$

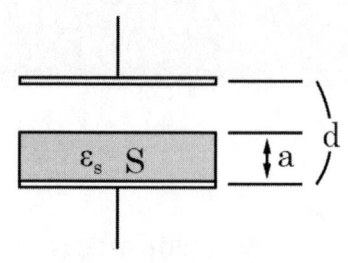

TIP 유전체를 직렬로 채우는 경우, 병렬저항의 계산법처럼 각 콘덴서를 계산하면 된다.

예제 01

그림과 같은 유전속 분포가 이루어질 때 ε_1과 ε_2의 크기 관계로 옳은 것은?

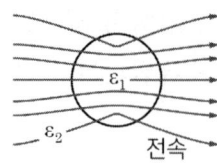

① $\varepsilon_1 > \varepsilon_2$
② $\varepsilon_1 < \varepsilon_2$
③ $\varepsilon_1 = \varepsilon_2$
④ $\varepsilon_1 > 0$, $\varepsilon_2 > 0$

해설 유전속 성질

유전속(전속선)은 유전율이 큰 쪽으로 모이려는 성질이 있다.

정답 ①

예제 02

공기콘덴서의 극판 사이에 비유전율 ε_s의 유전체를 채운 경우 동일 전위차에 대한 극판 간의 전하량은 어떻게 되는가?

① $\dfrac{1}{\varepsilon_s}$로 감소

② ε_s배로 증가

③ $\pi\varepsilon_s$배로 증가

④ 불변

해설 콘덴서의 전하량

- $Q = CV = \varepsilon_0 \dfrac{S}{d} V = C_0 V$
- $Q' = CV = \varepsilon_0 \varepsilon_s \dfrac{S}{d} V = \varepsilon_s C_0 V = \varepsilon_s Q$
- ε_s만큼 전하량이 증가한다.

정답 ②

예제 03

그림과 같은 정전용량이 C_0 [F]가 되는 평행판 공기 콘덴서가 있다. 이 콘덴서 판면적의 2/3가 되는 공간에 비유전율 ε_s인 유전체를 채우면 공기콘덴서의 정전용량은 몇 [F]인가?

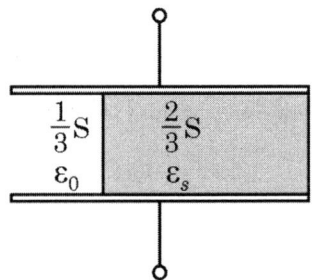

① $\dfrac{2\varepsilon_s}{3} C_0$ ② $\dfrac{3}{1+2\varepsilon_s} C_0$ ③ $\dfrac{1+\varepsilon_s}{3} C_0$ ④ $\dfrac{1+2\varepsilon_s}{3} C_0$

해설 콘덴서의 병렬정전용량

- 두 콘덴서의 병렬 합성정전용량

$$C = C_1 + C_2 = \varepsilon_0 \dfrac{\frac{1}{3}S}{d} + \varepsilon_0 \varepsilon_s \dfrac{\frac{2}{3}S}{d} = \varepsilon_0 \dfrac{S}{d}\left(\dfrac{1}{3} + \dfrac{2}{3}\varepsilon_s\right) = \dfrac{1+2\varepsilon_s}{3} C_0\,[F]$$

정답 ④

03 분극

전계 중에 유전체가 있을 때, 원자핵과 전자가 변위를 만들어 **전기쌍극자를 형성**

1 분극의 종류

(1) 전자분극

중성원자의 핵과 전자, 분자 내 전기 전하가 외부 전계에 의해 양전하, 음전하의 이동으로 분극되는 것

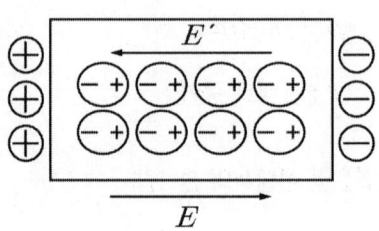

(2) 이온분극

음이온, 양이온이 외부전계에 의해 양전하, 음전하의 이동으로 분극되는 것

(3) 배향분극

영구 쌍극자를 지닌 분자가 외부전계에 의해 양전하, 음전하의 이동으로 분극되는 것

2 분극의 계산

(1) 분극의 세기(유기된 쌍극자 모멘트의 크기)

$$P = \varepsilon_o(\varepsilon_s - 1)E = \left(1 - \frac{1}{\varepsilon_s}\right)D = D - \varepsilon_o E \, [C/m^2]$$

(2) 분극률 χ

유전체에 전계를 가했을 때, 분극이 얼마나 세게 일어나는지를 나타내는 비례상수

① 분극률 $\chi = \varepsilon_0(\varepsilon_s - 1)$

② 비분극률 $\chi_e = \varepsilon_s - 1$

예제 04

비유전율 ε_r = 5인 유전체 내의 한 점에서 전계의 세기가 10^4 [V/m]라면 이 점의 분극의 세기는 약 몇 [C/m²]인가?

① 3.5×10^{-7} ② 4.3×10^{-7} ③ 3.5×10^{-11} ④ 4.3×10^{-11}

해설 분극의 세기

$P = \varepsilon_0(\varepsilon_r - 1)E = 4\varepsilon_0 \times 10^4 = 3.5 \times 10^{-7} \, [C/m^2]$

정답 ①

예제 05

비유전율 $\varepsilon_s = 5$인 유전체 내의 분극률은 몇 [F/m]인가?

① $\dfrac{10^{-8}}{9\pi}$ ② $\dfrac{10^9}{9\pi}$ ③ $\dfrac{10^{-9}}{9\pi}$ ④ $\dfrac{10^8}{9\pi}$

해설 분극의 세기와 분극률

- 분극의 세기 $P = \varepsilon_0(\varepsilon_s - 1)E$
- 분극률 $\chi = \varepsilon_0(\varepsilon_s - 1)$

$$\chi = \varepsilon_0(5-1) = \dfrac{10^{-9}}{36\pi} \times 4 = \dfrac{10^{-9}}{9\pi} \ [F/m]$$

정답 ③

04 경계 조건

1 유전체의 경계 조건

(1) 성질

① 두 경계면의 전위는 같음

② 전계는 **접선성분**이 같음

$$E_1 \sin\theta_1 = E_2 \sin\theta_2$$

③ 전속밀도는 **법선성분**이 같음

$$D_1 \cos\theta_1 = D_2 \cos\theta_2$$

④ 입사각과 굴절각은 유전율에 비례

$$\dfrac{\tan\theta_1}{\tan\theta_2} = \dfrac{\varepsilon_1}{\varepsilon_2}$$

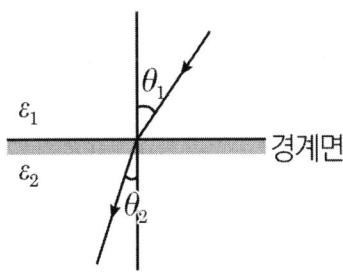

2 전속, 전기력선 굴절 시

(1) 굴절 시 $\varepsilon_1 < \varepsilon_2$ 이면 $\dfrac{\tan\theta_1}{\tan\theta_2} = \dfrac{\varepsilon_1}{\varepsilon_2}$ 에서 $\tan\theta_1 < \tan\theta_2$, $\theta_1 < \theta_2$

(2) 굴절 시 $\varepsilon_1 < \varepsilon_2$ 이면 $E_1\sin\theta_1 = E_2\sin\theta_2$ 에서 $\sin\theta_1 < \sin\theta_2$, $E_1 > E_2$

(3) 굴절 시 $\varepsilon_1 < \varepsilon_2$ 이면 $D_1\cos\theta_1 = D_2\cos\theta_2$ 에서 $\cos\theta_1 < \cos\theta_2$, $D_1 < D_2$

> $\varepsilon_1 < \varepsilon_2$ 이면 $\theta_1 < \theta_2$, $E_1 > E_2$, $D_1 < D_2$

(4) 경계면에 수직으로 입사한 전속은 굴절하지 않음

(5) 경계면에 작용하는 힘은 유전율이 큰 쪽에서 작은 쪽으로 작용

($\because$ 정전 흡인력 $w = \dfrac{D^2}{2\varepsilon}\ [J/m^3]$)

예제 06

두 유전체가 접했을 때 $\dfrac{\tan\theta_1}{\tan\theta_2} = \dfrac{\varepsilon_1}{\varepsilon_2}$ 의 관계식에서 $\theta_1 = 0°$ 일 때의 표현으로 틀린 것은?

① 전속밀도는 불변이다.
② 전기력선은 굴절하지 않는다.
③ 전계는 불연속적으로 변한다.
④ 전기력선은 유전율이 큰 쪽에 모여진다.

해설 유전체의 경계 조건

전기력선은 유전율이 작은 쪽으로 모이려는 성질을 띤다.

정답 ④

05 전기영상법

도체계의 전하분포가 변할 때, 경계 조건을 교란시키지 않는 **가상의 전하**로 전계를 해석하는 방법

1 전기영상법

(1) 평면도체와 점전하

① 영상전하의 크기

$$Q' = -Q\,[C]$$

② 합성 전계

$$E = \frac{Qd}{2\pi\varepsilon_0(d^2+x^2)^{\frac{3}{2}}}\,[V/m]$$

$$E = 2E_+ \cos\theta = \frac{Q}{2\pi\varepsilon_0(x^2+d^2)} \cdot \frac{d}{\sqrt{d^2+x^2}} = \frac{Qd}{2\pi\varepsilon_0(d^2+x^2)^{\frac{3}{2}}}\,[V/m]$$

③ 표면 전하밀도

$$\sigma = -D = -\varepsilon_0 E = -\frac{Qd}{2\pi(d^2+x^2)^{\frac{3}{2}}}\,[C/m^2]$$

- $\sigma_{\max} = -\dfrac{Q}{2\pi d^2}\,[C/m^2]$

④ 점전하와 평면도체 사이의 힘

$$F = \frac{Q(-Q)}{4\pi\varepsilon_0(2d)^2} = -\frac{Q^2}{16\pi\varepsilon_0 d^2}\,[N]$$

- 점전하와 극성이 반대이므로 흡인력

⑤ 전하가 하는 일

$$W = \int_\infty^d -\frac{Q^2}{16\pi\varepsilon_0 d^2}\,[N] = \frac{Q^2}{16\pi\varepsilon_0 d}\,[J]$$

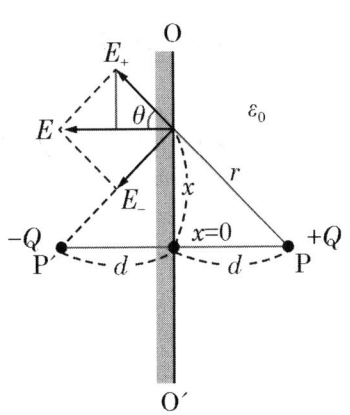

(2) 무한평면도체와 선전하

① 영상전하, 영상전류의 크기

$$Q' = -Q\,[C],\ I' = -I\,[A]$$

② 합성 전계

$$E = \frac{-\lambda}{2\pi\varepsilon_0(2h)}\,[V/m]$$

③ 선전하와 무한평면도체 사이에 작용하는 힘

$$F = \lambda E = \frac{-\lambda^2}{2\pi\varepsilon_0(2h)}\,[N/m]$$

④ 정전용량

$$C = \frac{2\pi\varepsilon_0}{\ln\dfrac{2h}{a}}\,[F/m]$$

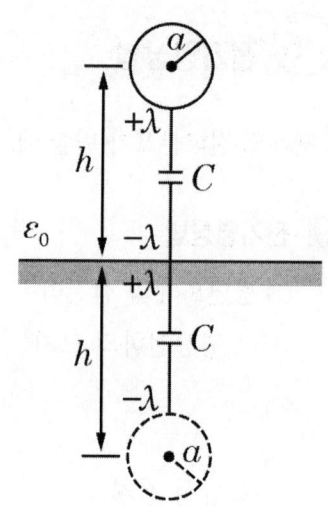

- 선전하 간의 $V = -\int E \cdot dr = \int_{2h-a}^{a} \dfrac{\lambda}{2\pi\varepsilon_0}\left(\dfrac{1}{x} + \dfrac{1}{2h-x}\right)dx$
  $= \dfrac{\lambda}{\pi\varepsilon_0}\ln\dfrac{2h}{a}\,[V]$

x : +λ로부터 떨어진 거리

- 대지와 선전하 사이의 $V = \dfrac{\lambda}{2\pi\varepsilon_0}\ln\dfrac{2h}{a}\,[V]$

- $Q = CV$이므로 $C = \dfrac{Q}{V} = \dfrac{2\pi\varepsilon_0}{\ln\dfrac{2h}{a}}\,[F/m]$

(3) 접지구도체와 점전하

① 영상전하의 크기

$$Q' = -\frac{a}{d}Q\,[C]$$

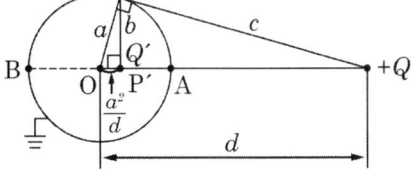

② 영상전하의 위치

$$x = \frac{a^2}{d}$$

③ 접지구도체와 점전하 사이에 작용하는 힘

$$F = \frac{Q\left(-\dfrac{a}{d}Q\right)}{4\pi\varepsilon_0\left(\dfrac{d^2-a^2}{d}\right)^2} = -\frac{adQ^2}{4\pi\varepsilon_0(d^2-a^2)^2}\,[N]$$

예제 07

반지름 a [m]인 접지 도체구의 중심에서 r [m] 되는 거리에 점전하 Q [C]을 놓았을 때 도체구에 유도된 총 전하는 몇 [C]인가?

① 0

② $-Q$

③ $-\dfrac{a}{r}Q$

④ $-\dfrac{r}{a}Q$

해설 전기영상법

도체구로부터 $r\,[m]$ 밖에 있는 영상전하 $Q' = -\dfrac{a}{r}Q\,[C]$

정답 ③

예제 08

점전하 +Q의 무한평면도체에 대한 영상전하는 얼마인가?

① 0
② $-Q$
③ $-\dfrac{a}{r}Q$
④ $-\dfrac{r}{a}Q$

[해설] 전기영상법

무한평면도체에 대한 영상전하는 극성이 반대이며, 점전하의 크기와 같다.

[정답] ②

06 유전체의 특수현상

1 초전효과(파이로효과)

결정체에 가열, 냉각을 할 시 결정체 양면에 분극현상이 일어나는 효과
자발 분극을 가진 유전체에서만 발생하며, 공기 중에 놓아두면 다시 중화됨

2 압전효과

횡효과	종효과
전기 분극이 기계적 응력에 수직한 방향으로 발생하는 현상	전기 분극이 기계적 응력에 수평한 방향으로 발생하는 현상

3 볼타효과

서로 다른 2종류의 금속을 접촉시킨 후 떼어 내면 각각 정, 부로 대전하는 현상

예제 09

기계적인 변형력을 가할 때, 결정체의 표면에 전위차가 발생하는 현상은?

① 볼타효과　　② 초전효과　　③ 압전효과　　④ 파이로효과

해설 유전체의 특수현상

- 볼타효과 : 도체와 도체, 유전체와 유전체, 유전체와 도체를 접촉시키면 전자가 이동하여 양, 음으로 대전되는 현상
- 파이로효과(초전효과) : 열을 가하면 전기분극이 생기는 현상

정답 ③

예제 10

유전체의 초전효과(Pyroelectric Effect)에 대한 설명이 아닌 것은?

① 온도 변화에 관계없이 일어난다.
② 자발 분극을 가진 유전체에서 생긴다.
③ 초전효과가 있는 유전체를 공기 중에 놓으면 중화된다.
④ 열에너지를 전기에너지로 변화시키는 데 이용된다.

해설 초전효과

결정체에 가열, 냉각을 할 시 결정체 양면에 분극현상이 일어나는 효과로, 온도 변화에 따라 발생한다.

정답 ①

CHAPTER 05 | 전류와 전기효과

01 전류

1 전류의 계산

(1) 옴의 법칙

$$I = \frac{V}{R} [A]$$

직류 전기회로에서 전류의 세기는 전압과 전기저항에 의해 결정됨

(2) 전류

$$I = \frac{dQ}{dt} = \frac{Q}{t} = \frac{\neq}{t} [A]$$

일정 시간 동안 흐른 전하량의 비율

2 전류의 종류

(1) 전도전류 : 도체 내에서 전위차가 발생했을 때 일어나는 전하의 이동에 의한 전류

(2) 변위전류 : 전계의 변화에 따라 공간 또는 유전체에 흐르는 전류

(3) 대류전류 : 대전된 입자의 이동에 의한 전류

3 전도전류밀도

(1) 옴의 법칙 미분형

$$i_c = \frac{I_c}{S} = \frac{V}{RS} = \frac{V}{\frac{l}{kS}S} = kE \ [A/m^2]$$

(2) 단위체적당 전자의 개수

- 체적당 $I = \dfrac{ne}{t} \times Sl = \dfrac{neSl}{t} = nevS$

$$j = \dfrac{I_c}{S} = nev \,[A/m^3]$$

4 변위전류밀도

$i_d = \dfrac{I_d}{S} = \dfrac{\dfrac{dQ}{dt}}{S} = \dfrac{dD}{dt} = \varepsilon \dfrac{dE}{dt} \,[A/m^2]$

5 키르히호프의 전류법칙(KCL)

(1) 전류가 흐르는 분기점에서 전류의 합은 들어온 양과 나간 양이 동일함

- $I_1 + I_2 = I_3$

(2) 회로 안에서 전류의 대수합은 0

- $div\,i = 0$ - $I_1 + I_2 - I_3 = 0$

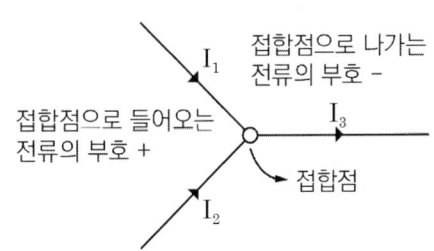

예제 01

공간도체 중의 정상 전류밀도를 i, 공간전하밀도를 ρ라고 할 때 키르히호프의 전류법칙을 나타내는 것은?

① $i = 0$ ② $div\,i = 0$

③ $i = \dfrac{\partial \rho}{\partial t}$ ④ $div\,i = \infty$

해설 키르히호프 전류법칙

$div\,i = 0$

정답 ②

예제 02

일정 전압의 직류전원에 저항을 접속하여 전류를 흘릴 때 저항값을 20 [%] 감소시키면 흐르는 전류는 처음 저항에 흐르는 전류의 몇 배가 되는가?

① 1.0배　　② 1.1배　　③ 1.25배　　④ 1.5배

해설 옴의 법칙

$V = IR$로 저항은 전류에 반비례하므로 전류는 $\dfrac{1}{0.8} = 1.25$배가 된다.

정답 ③

02 저항

1 전기저항

전류가 흐르는 것을 방해하는 저항

$$R = \rho \frac{l}{S} = \frac{l}{kS} \ [\Omega]$$

2 저항률(고유저항)

(1) 저항률 $\rho \ [\Omega \cdot m]$: 전기도체의 형상과 무관한 고유의 전기저항값

(2) 저항률이 큰 순서 : 백금 > 알루미늄 > 구리 > 은

(3) 도전율(전도율) $k \ [\mho/m]$: 물질에서 전류가 잘 흐르는 정도, 저항률의 역수

3 저항의 온도계수

(1) 도체는 온도 상승 시 저항이 증가하는 **정특성**

(2) 반도체, 절연체는 온도 상승 시 저항이 감소하는 **부특성**

(3) 온도계수

온도가 1 [°C] 올라갈 때 저항의 증가 비율

$$R_T = R_0[1 + \alpha(t_T - t_0)]$$

R_0 : 현재 온도에서의 저항, α : 현재 온도에서의 온도계수

- 표준연동선 $\alpha_0 = \dfrac{1}{234.5}$: 0 [°C]의 온도계수　　　　　※ 암기 필요!

(4) 직렬연결 시 합성온도계수

$$\alpha_1 R_1 + \alpha_2 R_2 = \alpha_t(R_1 + R_2), \ \alpha_t = \dfrac{\alpha_1 R_1 + \alpha_2 R_2}{R_1 + R_2}$$

(5) 금속의 온도계수
  ① 백금 : 0.0030
  ② 금 : 0.0034
  ③ 알루미늄 : 0.0039
  ④ 철 : 0.0050

예제 03

저항의 크기가 1 [Ω]인 전선이 있다. 전선의 체적을 동일하게 유지하면서 길이를 2배로 늘였을 때 전선의 저항은 몇 [Ω]인가?

① 0.5　　　　② 1　　　　③ 2　　　　④ 4

해설 저항의 크기

V(체적) $= S$(단면적) $\times l$(길이), $R = \rho\dfrac{l}{S} = 1\,[\Omega]$

길이를 2배하면 단면적은 $\dfrac{1}{2}$배가 되므로 $R' = \rho\dfrac{2l}{\frac{1}{2}S} = 4R = 4\,[\Omega]$

정답 ④

예제 04

온도 0 [℃]에서 저항이 R_1 [Ω], R_2 [Ω], 저항 온도계수가 α_1, α_2 [1/℃]인 두 개의 저항선을 직렬로 접속하는 경우 그 합성저항 온도계수는 몇 [1/℃]인가?

① $\dfrac{\alpha_1 R_2}{R_1 + R_2}$
② $\dfrac{\alpha_1 R_1 + \alpha_2 R_2}{R_1 + R_2}$
③ $\dfrac{\alpha_1 R_1 - \alpha_2 R_2}{R_1 + R_2}$
④ $\dfrac{\alpha_1 R_2 + \alpha_2 R_1}{R_1 + R_2}$

해설 직렬연결 시 저항과 온도의 관계

$$\alpha_1 R_1 + \alpha_2 R_2 = \alpha_t (R_1 + R_2)$$

$$\alpha_t = \frac{\alpha_1 R_1 + \alpha_2 R_2}{R_1 + R_2}\ [1/℃]$$

정답 ②

4 저항과 정전용량의 관계

$$RC = \rho \epsilon$$

$R = \rho \dfrac{l}{S}$, $C = \epsilon \dfrac{S}{l}$, $RC = \dfrac{\rho l}{S} \dfrac{\epsilon S}{l} = \rho \epsilon$ ρ : 고유저항, ϵ : 유전율

(1) 구도체

① 구저항
- $C = 4\pi \epsilon r\ [F]$

$$R = \frac{\rho \epsilon}{C} = \frac{\rho}{4\pi r}\ [\Omega]$$

② 반구저항
- $C = 2\pi \epsilon r\ [F]$

$$R = \frac{\rho \epsilon}{C} = \frac{\rho}{2\pi r}\ [\Omega]$$

③ 서로 떨어져 있는 구도체 간 저항

$$R = \frac{\rho\epsilon}{C} = \frac{\rho\epsilon}{4\pi\epsilon}\left(\frac{1}{a} + \frac{1}{b}\right) = \frac{1}{4\pi k}\left(\frac{1}{a} + \frac{1}{b}\right)[\Omega]$$

④ 내구의 반지름(a), 외구의 반지름(b)인 동심구도체 간 합성저항

- $C = \dfrac{4\pi\varepsilon ab}{b-a}\,[F]$

$$R = \frac{\rho\epsilon}{C} = \frac{\rho\epsilon}{4\pi\epsilon}\left(\frac{1}{a} - \frac{1}{b}\right) = \frac{1}{4\pi k}\left(\frac{1}{a} - \frac{1}{b}\right)[\Omega]$$

(2) 원통형 도체

① 동축케이블 저항

- $C = \dfrac{2\pi\varepsilon l}{\ln\dfrac{b}{a}}\,[F]$

$$R = \frac{\rho\epsilon}{C} = \frac{\rho\epsilon}{\dfrac{2\pi\epsilon}{\ln\dfrac{b}{a}}} = \frac{\rho}{2\pi}\ln\frac{b}{a} = \frac{1}{2\pi k}\ln\frac{b}{a}\,[\Omega]$$

② 평행도선 사이

- $C_{AB} = \dfrac{\pi\varepsilon l}{\ln\dfrac{d-a}{a}}\,[F]$

$$R = \frac{\rho\epsilon}{C} = \frac{\rho\epsilon}{\dfrac{\pi\epsilon}{\ln\dfrac{d-a}{a}}} = \frac{1}{\pi k}\ln\frac{d-a}{a}\,[\Omega]$$

③ 대지와 전선 사이

$$R = \frac{\rho\epsilon}{C} = \frac{\rho}{2\pi}\ln\frac{r_2}{r_1} = \frac{1}{2\pi k}\ln\frac{2h}{r}\,[\Omega]$$

예제 05

대지의 고유저항이 ρ [Ω·m]일 때 반지름이 a [m]인 그림과 같은 반구 접지극의 접지저항은 몇 [Ω]인가?

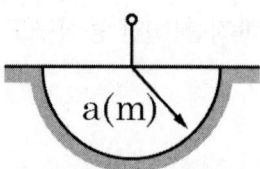

① $\dfrac{\rho}{4\pi a}$ ② $\dfrac{\rho}{2\pi a}$ ③ $\dfrac{2\pi\rho}{a}$ ④ $2\pi\rho a$

해설 반구형 도체 저항

$$R = \frac{\rho\epsilon}{C} = \frac{\rho}{2\pi r} \ [\Omega]$$

정답 ②

예제 06

내구의 반지름 a [m], 외구의 반지름 b [m]인 동심구도체 간에 도전율이 k [S/m]인 저항물질이 채워져 있을 때의 내외구간의 합성저항은 몇 [Ω]인가?

① $\dfrac{1}{8\pi k}\left(\dfrac{1}{a} - \dfrac{1}{b}\right)$ ② $\dfrac{1}{4\pi k}\left(\dfrac{1}{a} - \dfrac{1}{b}\right)$

③ $\dfrac{1}{2\pi k}\left(\dfrac{1}{a} - \dfrac{1}{b}\right)$ ④ $\dfrac{1}{\pi k}\left(\dfrac{1}{a} - \dfrac{1}{b}\right)$

해설 동심구도체 간 합성저항

$$R = \frac{\rho\epsilon}{C} = \frac{\rho\epsilon}{4\pi\epsilon}\left(\frac{1}{a} - \frac{1}{b}\right) = \frac{1}{4\pi k}\left(\frac{1}{a} - \frac{1}{b}\right) \ [\Omega]$$

정답 ②

03 전기효과

1 줄의 법칙

저항에 흐르는 전류의 크기와 단위시간당 발생하는 열량과의 관계를 나타낸 법칙

(1) 전력량 : 전력이 t시간 동안 공급되었을 때 소비되는 일

$$W = Pt = VIt = I^2Rt = \frac{V^2}{R}t\,[J]$$

W : 전력량, P : 전력

(2) 단위 환산(암기 필요)

① $1\,[J] = 0.24\,[cal] = \dfrac{1}{4.2}\,[cal]$

      암 일줄이자 $1\,[J] = 0.24\,[cal]$, 일칼사이줄 $1[cal] = 4.2[J]$

② $1\,[Wh] = 3600\,[J] = 860\,[cal]$

③ $1\,[HP] = 746\,[W]$

2 열전현상

(1) 펠티에효과

서로 다른 두 금속에 전류를 흘릴 시 접속점에 온도차가 발생하는 현상

예 냉장고

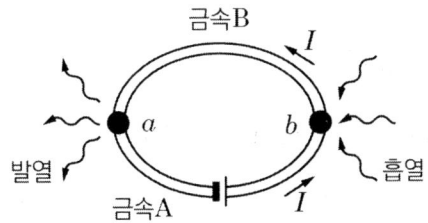

암 펠서전흡(펠트지로 서로 붙여 전류를 흡입한다)

(2) 제벡효과

서로 다른 두 금속 접속점에 온도차를 주게 되면 열기전력이 생성되는 현상

예) 열전대

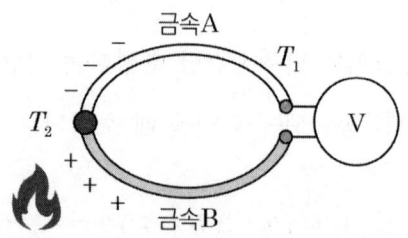

암기 제서온열(제사는 온돌방에서 열심히 지낸다)

(3) 톰슨효과

같은 금속의 두 접속점에 온도차를 주고 전류를 주면, 열의 흡수 또는 발열이 일어나는 현상

예제 07

10^6 [cal]의 열량은 약 몇 [kWh]의 전력량인가?

① 0.06   ② 1.16   ③ 2.27   ④ 4.17

해설 열량과 전력량의 관계

- $1\,[J] = 0.24\,[cal]$ 이므로 $1\,[cal] = 4.2\,[J]$
- $10^6\,[cal] = 4.2 \times 10^6\,[J]$
- $10^6\,[cal] = 4200\,[kJ]$
- $[J] = [W \cdot s] = \dfrac{1}{3600}\,[Wh]$

  $10^6\,[cal] = 4200\,[kJ] = \dfrac{4200}{3600}\,[kWh] = 1.167\,[kWh]$

정답 ②

예제 08

두 종류의 금속으로 된 폐회로에 전류를 흘리면 양 접속점에서 한쪽은 온도가 올라가고 다른 쪽은 온도가 내려가는 현상을 무엇이라 하는가?

① 볼타(Volta)효과
② 지벡(Seebeck)효과
③ 펠티에(Peltier)효과
④ 톰슨(Thomson)효과

해설 펠티에효과

펠티에효과(Peltier) : 서로 다른 두 금속의 접합점에 전류를 가하면 접속점에서 온도차가 발생하는 현상

정답 ③

CHAPTER 06 정자계

01 자기현상

1 자하와 투자율

(1) 자하 m [Wb] : 자기를 띠고 있는 물체의 자기량

(2) 투자율 $\mu = \mu_0 \mu_s$ [H/m] : 자기장과 자계 사이의 비율
  ① 물질의 자기적 성질을 나타내는 물질의 고유량
  ② 외부 자기장에 반응하여 물질이 자화되는 정도

(3) 비투자율 μ_s : 물질의 투자율과 진공의 투자율의 비

2 자계에서의 쿨롱의 법칙

$$F = \frac{1}{4\pi\mu_0} \times \frac{m_1 m_2}{r^2} \ [N]$$

(1) 점자극(N극, S극) 사이의 힘

(2) 동일 부호의 자극에는 반발력, 다른 부호의 자극에는 흡인력이 작용함

예제 01

10^{-5} [Wb]와 1.2×10^{-5} [Wb]의 점자극을 공기 중에서 2 [cm] 거리에 놓았을 때 극간에 작용하는 힘은 약 몇 [N]인가?

① 1.9×10^{-2} ② 1.9×10^{-3} ③ 3.8×10^{-2} ④ 3.8×10^{-3}

해설 자계에서의 쿨롱의 법칙

쿨롱의 법칙 $F = \dfrac{1}{4\pi\mu_0} \times \dfrac{m_1 m_2}{r^2}$

- $\dfrac{1}{4\pi\mu_0} = 6.33 \times 10^4$

- $F = \dfrac{1}{4\pi\mu_0} \times \dfrac{10^{-5} \times 1.2 \times 10^{-5}}{(2 \times 10^{-2})^2} = 1.9 \times 10^{-2}$ [N]

정답 ①

02 자계와 자위

1 자계 H [AT/m]

자기적 힘이 미치는 공간

(1) 자계 중의 한 점에 단위자하를 놓았을 때 작용하는 힘의 크기

(2) $H = \dfrac{m}{4\pi\mu_0 r^2} = 6.33 \times 10^4 \times \dfrac{m}{r^2}$ [AT/m]

(3) 쿨롱의 힘

$$F = mH = 6.33 \times 10^4 \times \dfrac{m_1 m_2}{r^2} \ [N]$$

2 자위 [AT]

점자극을 무한 원점에서 임의의 점까지 가져오는 데 필요한 일

$$U = -\int_\infty^d H \cdot dr = \dfrac{m}{4\pi\mu_0 r} \ [AT]$$

03 자기력선과 자속

1 자기력선

자계에서 단위자하가 자기력에 따라 이동 시 그려지는 가상의 선

(1) 자기력선수 : $N = \dfrac{m}{\mu}$ [개]

(2) 자기력선의 특징

  ① 자기력선은 N극에서 나와 S극으로 들어감
  ② 자기력선은 서로 반발하거나 서로 교차하지 않음
  ③ 자기력선의 방향은 자계의 방향과 동일함
  ④ 자기력선은 등자위면과 직교
  ⑤ 도중에 끊어지지 않음

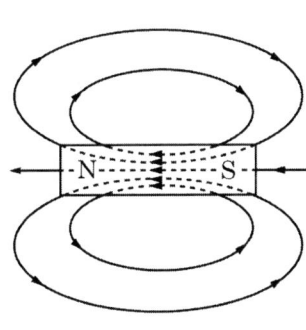

2 자속과 자속밀도

(1) 자속 ϕ [Wb] : 자극에서 1개의 선속이 나오는 것(자속 $\phi = m$)

(2) 자속밀도 B [Wb/m^2] : 단위면적당 자속선 수 $B = \dfrac{\phi}{S} = \mu H$ [Wb/m^2]

예제 02

어떤 자성체 내에서의 자계의 세기가 800 [AT/m]이고 자속밀도가 0.05 [Wb/m²]일 때 이 자성체의 투자율은 몇 [H/m]인가?

① 3.25×10^{-5} ② 4.25×10^{-5}
③ 5.25×10^{-5} ④ 6.25×10^{-5}

해설 자성체의 투자율

$$\mu = \frac{B}{H} = \frac{0.05}{800} = 6.25 \times 10^{-5} \, [H/m]$$

정답 ④

예제 03

비투자율 μ_s, 자속밀도 B [Wb/m²]인 자계 중에 있는 m [Wb]의 점자극이 받는 힘은 몇 [N]인가?

① $\dfrac{mB}{\mu_0}$ ② $\dfrac{mB}{\mu_0 \mu_s}$ ③ $\dfrac{mB}{\mu_s}$ ④ $\dfrac{\mu_0 \mu_s}{mB}$

해설 자계에서 자극이 받는 힘

$$F = mH = \frac{mB}{\mu} = \frac{mB}{\mu_0 \mu_s} \, [N]$$

정답 ②

04 자기쌍극자(Magnetic Dipole)

- 자기쌍극자 : 자석과 같이 한 쪽은 N극, 다른 한 쪽은 S극 성질을 나타내는 작은 물질
- 자기쌍극자 모멘트 : 자기쌍극자의 크기와 방향을 나타냄

$$M = ml \ [Wb \cdot m]$$

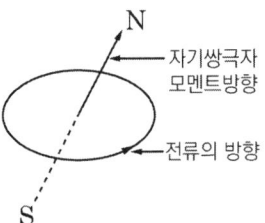

1 자기쌍극자에서 r만큼 떨어진 한 점에서의 자위

$$U = \frac{M}{4\pi\mu_0 r^2}\cos\theta = 6.33 \times 10^4 \times \frac{M\cos\theta}{r^2} \ [AT]$$

※ 전기쌍극자의 전위 $V = \dfrac{M}{4\pi\varepsilon_0 r^2}\cos\theta \ [V]$

2 자계의 세기

$$H = \sqrt{H_r^2 + H_\theta^2} = \frac{M\sqrt{1+3\cos^2\theta}}{4\pi\mu_0 r^3} \ [AT/m]$$

$$H = -grad U, \quad H_r = -\frac{\partial U}{\partial r} = \frac{M\cos\theta}{2\pi\epsilon_0 r^3} \ [AT/m], \quad H_\theta = -\frac{\partial U}{r\partial\theta} = \frac{M\sin\theta}{4\pi\epsilon_0 r^3} \ [AT/m]$$

※ 전기쌍극자의 전계 $E = \dfrac{M\sqrt{1+3\cos^2\theta}}{4\pi\varepsilon_0 r^3} \ [V/m]$

예제 04

두 개의 소자석 A, B의 세기가 서로 같고 길이의 비는 1 : 2이다. 그림과 같이 두 자석을 일직선상에 놓고 그 사이에 A, B의 중심으로부터 r_1, r_2 거리에 있는 점 P에 작은 자침을 놓았을 때 자침이 자석의 영향을 받지 않았다고 한다. $r_1 : r_2$는 얼마인가?

$$\begin{array}{cccc} -m \ +m & P & +m \ -m \\ \boxed{} & & \boxed{} \\ A \ \ r_1 & & r_2 \ \ B \end{array}$$

① $1 : \sqrt[3]{2}$ ② $\sqrt[3]{2} : 1$ ③ $1 : \sqrt[3]{4}$ ④ $\sqrt[3]{4} : 1$

해설 자기쌍극자의 자계의 세기

$$H = \frac{M\sqrt{1+3\cos^2\theta}}{4\pi\mu_0 r^3} \ [AT/m]$$

- $\cos(180°) = -1$
- $H_1 - H_2 = 0 = \dfrac{2M}{4\pi\mu_o r_1^3} - \dfrac{2(2M)}{4\pi\mu_o r_2^3} = 0$

$$\frac{r_1}{r_2} = \frac{1}{\sqrt[3]{2}}$$

정답 ①

05 자기이중층

판자석 : 무수한 자기쌍극자가 존재하는 얇은 판

1 판자석의 자위

$$U = \frac{M\omega}{4\pi\mu_0} \ [AT]$$

M : 판자석의 세기, ω : 입체각의 크기

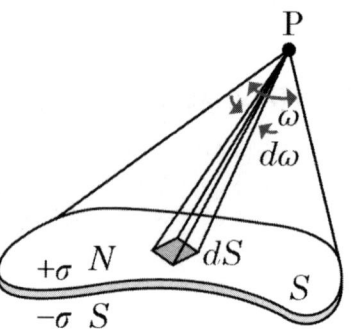

2 원형 코일 중심축상 지점 P의 자위

$$U = \frac{I}{2}\left(1 - \frac{x}{\sqrt{a^2+x^2}}\right) \ [AT]$$

$M = \mu_0 I$, $\omega = 2\pi(1-\cos\theta)$, $\cos\theta = \dfrac{x}{\sqrt{a^2+x^2}}$ 이므로

$$\begin{aligned}
U &= \frac{M\omega}{4\pi\mu_0} = \frac{I}{4\pi}\omega \\
&= \frac{I}{4\pi} \times 2\pi(1-\cos\theta) = \frac{I}{2}(1-\cos\theta) \\
&= \frac{I}{2}\left(1 - \frac{x}{\sqrt{a^2+x^2}}\right) \ [AT]
\end{aligned}$$

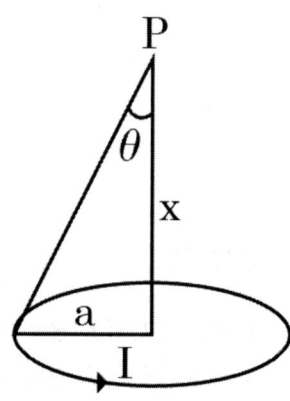

3 등가 판자석에 의한 자계의 계산

(1) 등가 판자석의 세기 : $M = \mu_0 I \, [Wb/m]$

(2) 판자석 양면의 자위차 : $U_{AB} = U_A - U_B = -\int_B^A H \cdot dl = I = \dfrac{M}{\mu_0}$

(3) $U = \dfrac{M\omega}{4\pi\mu_0} = \dfrac{I\omega}{4\pi} = \dfrac{I}{2}(1-\cos\theta) = \dfrac{I}{2}\left(1 - \dfrac{x}{\sqrt{a^2+x^2}}\right) \, [AT]$

(4) $H_x = -\dfrac{\partial U}{\partial x} = \dfrac{I}{2}\dfrac{a^2}{(a^2+x^2)^{\frac{3}{2}}} \, [AT/m]$

(5) 자계 계산 적용 도체 : 원형 도체

예제 05

그림과 같은 반지름 a [m]인 원형 코일에 I [A]의 전류가 흐르고 있다. 이 도체 중심축상 x [m]인 점 P의 자위는 몇 [AT]인가?

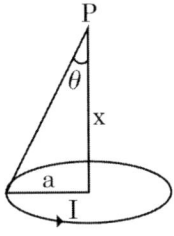

① $\dfrac{I}{2}\left(1 - \dfrac{x}{\sqrt{a^2+x^2}}\right)$
② $\dfrac{I}{2}\left(1 - \dfrac{a}{\sqrt{a^2+x^2}}\right)$
③ $\dfrac{I}{2}\left(1 - \dfrac{x}{(a^2+x^2)^3}\right)$
④ $\dfrac{I}{2}\left(1 - \dfrac{a}{(a^2+x^2)^3}\right)$

해설 원형 코일 중심축상 지점 P의 자위

- 원뿔 입체각 $\omega = 2\pi(1-\cos\theta)$
- 자위 $U = \dfrac{I}{4\pi}\omega = \dfrac{I}{4\pi} \times 2\pi(1-\cos\theta) = \dfrac{I}{2}(1-\cos\theta) = \dfrac{I}{2}\left(1 - \dfrac{x}{\sqrt{a^2+x^2}}\right)[AT]$

정답 ①

06 자계의 크기

1 앙페르의 오른나사법칙

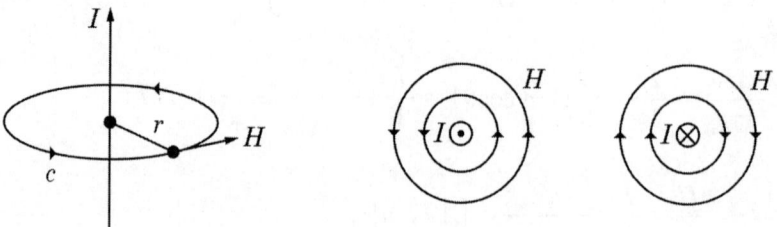

(1) 전류가 흐를 때 오른나사를 돌리는 방향으로 자계 발생

$$i = \nabla \times H$$

(2) $i = \nabla \times H = \dfrac{1}{r} \begin{vmatrix} a_r & ra_\phi & a_z \\ \dfrac{\partial}{\partial r} & \dfrac{\partial}{\partial \phi} & \dfrac{\partial}{\partial z} \\ H_r & rH_\phi & H_z \end{vmatrix}$

2 앙페르 주회적분

(1) 임의의 폐곡선에 대한 자계의 선적분

$$\oint_c H \cdot dl = NI$$

$H \cdot l = NI \rightarrow H = \dfrac{NI}{l}$

(2) 자계 계산 적용 도체 : 무한장 직선 도체, 무한장 원주형 도체, 무한장 솔레노이드, 환상 솔레노이드

3 비오 – 사바르의 법칙(Biot – Savart Law)

$$dH = \frac{Idl}{4\pi r^2}\sin\theta \ [AT/m]$$

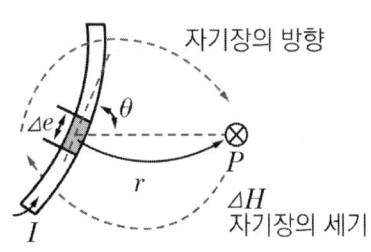

(1) 일정한 전류가 흐르는 도선에 의한 미소 자기장

(2) $H = \int_0^{2\pi} \frac{I}{4\pi(a^2+x^2)} \cdot \frac{a}{\sqrt{a^2+x^2}} a \, d\theta$

$= \frac{I}{2}\frac{a^2}{(a^2+x^2)^{3/2}} \ [AT/m]$

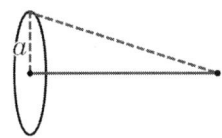

(3) 자계 계산 적용 도체 : 유한장 직선 도체, 유한장 솔레노이드, 원형 도체

예제 06

q [C]의 전하가 진공 중에서 v [m/s]의 속도로 운동하고 있을 때 이 운동 방향과 θ의 각으로 r [m] 떨어진 점의 자계의 세기는 몇 [AT/m]인가?

① $\frac{q\sin\theta}{4\pi r^2 v}$ ② $\frac{v\sin\theta}{4\pi r^2 q}$ ③ $\frac{qv\sin\theta}{4\pi r^2}$ ④ $\frac{v\sin\theta}{4\pi r^2 q^2}$

해설 비오 – 사바르의 법칙

$$H = \frac{Il\sin\theta}{4\pi r^2} = \frac{\frac{q}{t}l\sin\theta}{4\pi r^2} = \frac{qv\sin\theta}{4\pi r^2} \ [AT/m]$$

정답 ③

예제 07

반지름 $1\,[cm]$인 원형 코일에 전류 $10\,[A]$가 흐를 때 코일의 중심에서 코일 면에 수직으로 $\sqrt{3}$ $[cm]$ 떨어진 점의 자계의 세기는 몇 $[AT/m]$인가?

① $\frac{1}{16}\times 10^3$ ② $\frac{3}{16}\times 10^3$ ③ $\frac{5}{16}\times 10^3$ ④ $\frac{7}{16}\times 10^3$

해설 자계의 세기

$$H = \frac{a^2 I}{2(a^2+r^2)^{\frac{3}{2}}} = \frac{10\times 0.01^2}{2(0.01^2+(\sqrt{3}\times 10^{-2})^2)^{\frac{3}{2}}} = 62.5\,[AT/m]$$

정답 ①

07 자계의 세기 계산

1 직선

(1) 무한장직선

$$H = \frac{I}{l} = \frac{I}{2\pi r} \ [AT/m] \ (N=1)$$

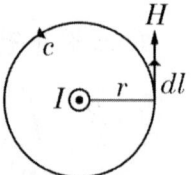

(2) 유한장직선

$$H = \frac{I}{4\pi r}(\sin\theta_1 + \sin\theta_2)$$
$$= \frac{I}{4\pi r}(\cos\beta_1 + \cos\beta_2) \ [AT/m]$$

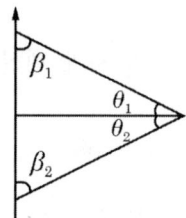

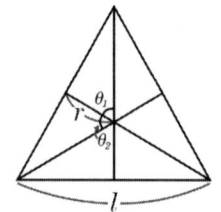

정삼각형 $H = \dfrac{9I}{2\pi l} \ [AT/m]$

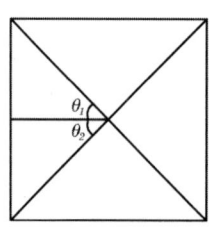

정사각형 $H = \dfrac{2\sqrt{2}\,I}{\pi l} \ [AT/m]$

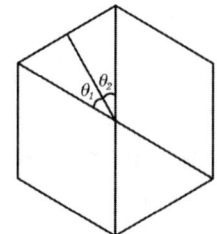

정육각형 $H = \dfrac{\sqrt{3}\,I}{\pi l} \ [AT/m]$

예제 08

6.28 [A]가 흐르는 무한장 직선도선상에서 1 [m] 떨어진 점의 자계의 세기는 몇 [A/m]인가?

① 0.5　　　② 1　　　③ 2　　　④ 3

해설 무한장 직선 도체의 자기장의 세기

$$H = \frac{I}{2\pi r} = \frac{6.28}{2\pi \times 1} = 1 \ [A/m]$$

정답 ②

예제 09

한 변의 길이가 3 [m]인 정삼각형의 회로에 2 [A]의 전류가 흐를 때 정삼각형 중심에서의 자계의 크기는 몇 [AT/m]인가?

① $\frac{1}{\pi}$ ② $\frac{2}{\pi}$ ③ $\frac{3}{\pi}$ ④ $\frac{4}{\pi}$

해설 정삼각형 중심에서의 자계의 세기

$$H = \frac{9I}{2\pi\ell} = \frac{9 \times 2}{2\pi \times 3} = \frac{3}{\pi} \, [AT/m]$$

정답 ③

예제 10

정사각형 회로의 면적을 3배로, 흐르는 전류를 2배로 증가시키면 정사각형의 중심에서의 자계의 세기는 약 몇 [%]가 되는가?

① 47 ② 115 ③ 150 ④ 225

해설 정사각형 중심에서의 자계의 세기

$$H = \frac{2\sqrt{2}\,I}{\pi\ell}$$

$$H \propto \frac{2}{\sqrt{3}} = 1.15$$

따라서 115 [%]가 된다.

정답 ②

2 원통형 직선

도체 내부에 전류가 균일하게 흐르는 경우	도체 표면에 전류가 흐르는 경우
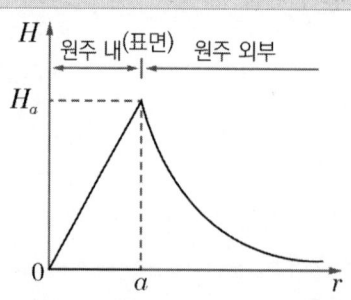	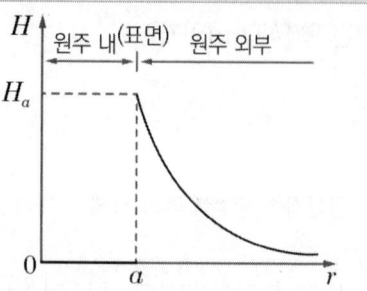
• 내부자계 $H = \dfrac{rI}{2\pi a^2}\,[AT/m]$ • 외부자계 $H = \dfrac{I}{2\pi r} = \dfrac{I}{2\pi a}\,[AT/m]$	• 내부자계 $H = 0$ • 외부자계 $H = \dfrac{I}{2\pi r} = \dfrac{I}{2\pi a}\,[AT/m]$

3 원형 코일

비오 - 사바르의 법칙 $H = \dfrac{I}{2}\dfrac{a^2}{(a^2 + x^2)^{3/2}}$ 에서 원형이 되려면 $x = 0$ 이므로

$H = \dfrac{I}{2a}\,[AT/m]$

$$H = \dfrac{I}{2a}\,[AT/m]$$

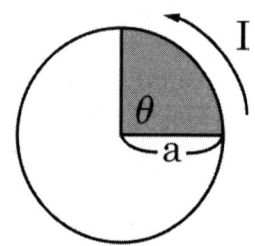

• θ 만큼 전류가 흐를 때 $H = \dfrac{I}{2a} \times \dfrac{\theta}{2\pi}$

4 무한장 솔레노이드 자계

• 내부자계 $H = \dfrac{NI}{l} = n_0 I\,[AT/m]$

• 외부자계 $H = 0$

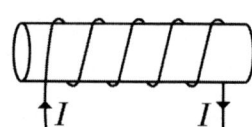

n_0 : 단위길이당 권수

5 환상 솔레노이드 자계

- 내부자계 $H = \dfrac{I}{2\pi r} = \dfrac{NI}{l} \, [AT/m]$
- 외부자계 $H = 0$

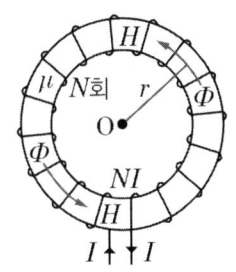

6 면 전류밀도에 의한 자계

(1) 전류밀도 K가 y축에 흐를 때

① 평면판 위 $H : \dfrac{K}{2}(\hat{x})$

② 평면판 아래 $H : \dfrac{K}{2}(-\hat{x})$

③ 평면 전류밀도에 의한 자계는 거리에 무관

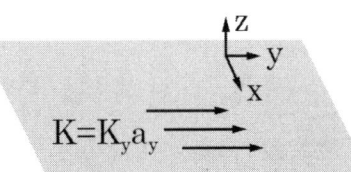

7 자계 정리

구분	자계
무한 직선	$H = \dfrac{I}{l} = \dfrac{I}{2\pi r}$
유한장 직선	$H = \dfrac{I}{4\pi r}(\sin\theta_1 + \sin\theta_2) = \dfrac{I}{4\pi r}(\cos\alpha_1 + \cos\alpha_2)$ • 정육각형 중심자계 $H = \dfrac{\sqrt{3}\,I}{\pi l}$ • 정사각형 중심자계 $H = \dfrac{2\sqrt{2}\,I}{\pi \ell}$ • 정삼각형 중심자계 $H = \dfrac{9I}{2\pi \ell}$
원통형 직선	$H = \dfrac{I}{2\pi a}$
원형 코일	$H = \dfrac{I}{2a}$
무한장 솔레노이드	• 내부자계 $H = \dfrac{NI}{l} = N_o I$ • 외부자계 $H = 0$
환상 솔레노이드	• 내부자계 $H = \dfrac{I}{2\pi r} = \dfrac{NI}{l}$ • 외부자계 $H = 0$

예제 11

공기 중에 있는 무한히 긴 직선도선에 10 [A]의 전류가 흐르고 있을 때 도선으로부터 2 [m] 떨어진 점에서의 자속밀도는 몇 [Wb/m²]인가?

① 10^{-5}
② 0.5×10^{-6}
③ 10^{-6}
④ 2×10^{-6}

해설 무한히 긴 직선도선의 자속밀도

$$B = \frac{\mu I}{2\pi r} = \frac{4\pi \times 10^{-7} \times 10}{2\pi \times 2} = 10^{-6} \ [Wb/m^2]$$

정답 ③

08 전자력

1 전자력(도선에 작용하는 힘)

(1) 플레밍의 왼손법칙

① 엄지 : 도체가 받는 힘의 방향(F)

② 검지 : 자속의 진행 방향(B)

③ 중지 : 전류의 진행 방향(I)

④ 도체가 자계 안에서 받는 힘

$$F = (I \times B)l = IBl\sin\theta \ [N]$$

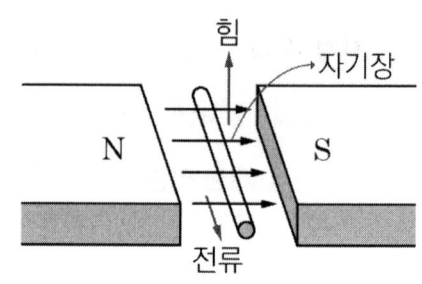

2 두 도선 사이에 작용하는 힘(평행도체에 작용하는 힘)

(1) $F = BIl = \mu_0 H l = \dfrac{\mu_0 I_1 I_2}{2\pi r} l = \dfrac{2 \times 10^{-7} I_1 I_2}{r} l \ [N]$

$$F = \frac{2 \times 10^{-7} I_1 I_2}{r} \ [N/m]$$

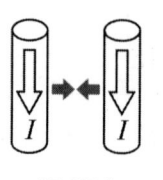

⟨흡인력⟩   ⟨반발력⟩

(2) 같은 방향 전류(평행도선) : 흡인력

(3) 다른 방향 전류(평행왕복도선) : 반발력

3 로렌츠의 힘

(1) 전기장과 자기장에 의해 대전된 입자에 가해지는 총 힘

(2) 자기력 $F_m = (I \times B)l = \dfrac{q}{t} \times Bl = q(v \times B)\,[N]$

(3) 전기력 $F_e = qE\,[N]$

(4) 전자기력(로렌츠의 힘)

$$F = F_e + F_m = q[E + (v \times B)]\,[N]$$

(5) 전자의 원운동 조건

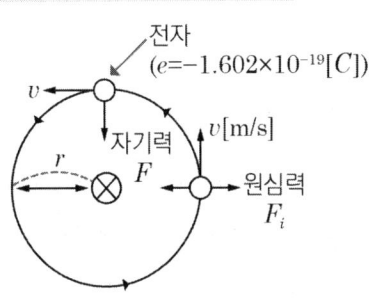

① $evB(구심력) = \dfrac{mv^2}{r}(원심력)$

② 각속도 $\omega = \dfrac{v}{r} = \dfrac{Be}{m}\,[rad/s]$

③ 주파수 $f = \dfrac{Be}{2\pi m}\,[Hz]$

④ 자계 내에 수직투입 시 : 등속원운동

⑤ θ의 각도로 투입 시 : 등속나선운동

4 막대자석에 작용하는 회전력

$$T = M \times H = mlH\sin\theta\,[N \cdot m]$$

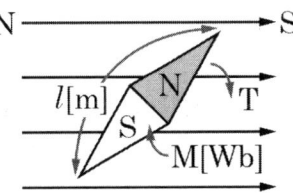

5 회전력

(1) 코일의 회전모멘트

$$T = NIBS\cos\theta = \pi a^2 BI\,[N \cdot m/rad]$$

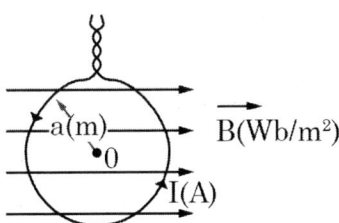

예제 12

선간 전압이 66000 [V]인 2개의 평행왕복도선에 10 [kA]의 전류가 흐르고 있을 때 도선 1 [m]마다 작용하는 힘의 크기는 몇 [N/m]인가? (단, 도선 간의 간격은 1 [m]이다)

① 1   ② 10   ③ 20   ④ 200

해설 두 도선 사이에 작용하는 힘

$$F = \frac{2 \times I^2}{r} \times 10^{-7} = \frac{2 \times (10^4)^2}{1} \times 10^{-7} = 20 [N/m]$$

정답 ③

예제 13

전하 q [C]가 진공 중의 자계 H [AT/m]에 수직방향으로 v [m/s]의 속도로 움직일 때 받는 힘은 몇 [N]인가? (단, 진공 중의 투자율은 μ_0이다)

① qvH   ② μ_0qH   ③ πqvH   ④ $\mu_0$qvH

해설 전하가 받는 힘

$$F = q(v \times B) = qvB \ (\theta = 90° \text{이므로}) = \mu_o qvH \ [N]$$

정답 ④

예제 14

2 [C]의 점전하가 전계 E = $2a_x + a_y - 4a_z$ [V/m] 및 자계 B = $-2a_x + 2a_y - a_z$ [Wb/m^2] 내에서 v = $4a_x - a_y - 2a_z$ [m/s]의 속도로 운동하고 있을 때 점전하에 작용하는 힘 F는 몇 [N]인가?

① $-14a_x + 18a_y + 6a_z$
② $14a_x - 18a_y - 6a_z$
③ $-14a_x + 18a_y + 4a_z$
④ $14a_x + 18a_y + 4a_z$

해설 로렌츠의 힘

$$F = q[E + v \times B] = 2\left[(2a_x + a_y - 4a_z) + \begin{pmatrix} a_x & a_y & a_z \\ 4 & -1 & -2 \\ -2 & 2 & -1 \end{pmatrix}\right] = 14a_x + 18a_y + 4a_z$$

정답 ④

예제 15

자속밀도가 0.3 [Wb/m²]인 평등자계 내에 5 [A]의 전류가 흐르는 길이 2 [m]인 직선 도체가 있다. 이 도체를 자계 방향에 대하여 60°의 각도로 놓았을 때 이 도체가 받는 힘은 약 몇 [N]인가?

① 1.3　　　② 2.6　　　③ 4.7　　　④ 5.7

해설 전자력

$$F = BI\ell \sin\theta = 0.3 \times 5 \times 2 \times \frac{\sqrt{3}}{2} = 2.6\ [N]$$

정답 ②

예제 16

자속밀도가 B인 곳에 전하 Q, 질량 m인 물체가 자속밀도 방향과 수직으로 입사한다. 속도를 2배로 증가시키면 원운동의 주기는 몇 배가 되는가?

① 1/2　　　② 1　　　③ 2　　　④ 4

해설 원운동의 주기

- $\dfrac{mv^2}{r} = evB, \quad v = \dfrac{erB}{m}$

- 각속도 $\omega = \dfrac{v}{r}$

- 주기 $T = \dfrac{1}{f} = \dfrac{2\pi}{\omega} = \dfrac{2\pi}{\dfrac{v}{r}} = \dfrac{2\pi r}{\dfrac{erB}{m}} = \dfrac{2\pi m}{eB}$

주기는 속도와 관련이 없으므로 변화는 없다.

정답 ②

09 전자력현상

1 스트레치효과

자유로이 구부릴 수 있는 가는 사각형의 도선에 대전류를 흘리면 각 도선 상호 간 반발력이 작용하며 **도선이 원의 형태**를 이루게 되는 현상

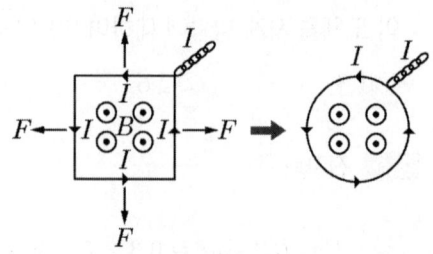

2 홀효과

도체가 자기장 속에 놓여 있고, 그 자기장에서 직각방향으로 전류를 흘릴 때 전류와 **자기장의 방향에 수직하게 전압차**가 형성되는 현상

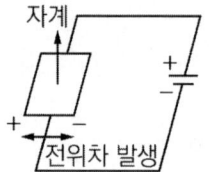

3 핀치효과

직류전압 인가 시 전류가 **도선 중심** 쪽으로 집중되어 흐르는 현상

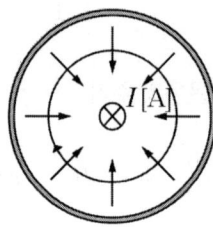

예제 17

전류와 자계 사이의 힘의 효과를 이용한 것으로 자유로이 구부릴 수 있는 도선에 대전류를 통하면 도선 상호 간에 반발력에 의하여 도선이 원을 형성하는데 이와 같은 현상은?

① 스트레치효과 ② 핀치효과
③ 홀효과 ④ 스킨효과

해설 스트레치효과

자유로이 구부릴 수 있는 가는 사각형의 도선에 대전류를 흘리면 각 도선 상호 간 반발력이 작용하며 도선이 원의 형태를 이루게 되는 현상

정답 ①

CHAPTER 07 자성체와 자기회로

01 자성체

자기장 내에서 **자화**하는 물질

1 자성체의 종류

(1) 강자성체($\mu_s \gg 1$) : 외부자계와 같은 방향으로 자화가 **강하게** 되는 자성체

① 종류 : 니켈(Ni), 코발트(Co), 철(Fe), 망간(Mn)
　　　　　　　　　　　　　　　　　　　　　　암기 니 코 철망에 걸렸다.

② 강자성체로 자기차폐를 하여 외부자계의 영향을 막음

③ 강자성체의 특징
- 자기포화 특성
- 고투자율 특성
- 히스테리시스 특성
- 퀴리온도 : 자성을 잃기 시작하는 온도

(2) 상자성체($\mu_s > 1$) : 외부자계와 같은 방향으로 자화가 **약하게** 되는 자성체

① 종류 : 알루미늄(Al), 백금(Pt), 텅스텐(W), 산소(O_2), 공기

　　　　　　　　　　　　　　　암기 알까기 백번 했더니 지갑이 텅 산소만 남았다.

(3) 반(역)자성체 ($\mu_s < 1$) : 외부자계와 자화가 **반대 방향**으로 되는 자성체

① 종류 : 금(Au), 은(Ag), 구리(Cu), 비스무트(Bi), 안티모니(Sb), 아연(Zn), 납(Pb)

　　　　　　　　　　　　　　　　　　　　암기 금, 은, 동 땄더니 비가 안 와.

(4) 진공중의 비투자율 $\mu_s = 1$

(5) 초전도체 비투자율 $\mu_s = 0$

　　　　　TIP 초전도체 : 특정 조건에서 전류에 대한 저항이 0이며 반자성을 띠는 물질

예제 01

강자성체가 아닌 것은?

① 철　　　② 구리　　　③ 니켈　　　④ 코발트

[해설] 자성체의 종류

- 강자성체 : 니켈(Ni), 코발트(Co), 철(Fe), 망간(Mn)
- 상자성체 : 알루미늄(Al), 백금(Pt), 텅스텐(W), 산소(O_2), 공기
- 반자성체 : 금(Au), 은(Ag), 구리(Cu), 비스무트(Bi), 안티모니(Sb), 아연(Zn), 납(Pb)

[정답] ②

예제 02

다음 조건 중 틀린 것은? (단, χ_m : 비자화율, μ_r : 비투자율이다)

① $\mu_r \gg 1$이면 강자성체
② $\chi_m > 0$, $\mu_r < 1$이면 상자성체
③ $\chi_m < 0$, $\mu_r < 1$이면 반자성체
④ 물질은 χ_m 또는 μ_r의 값에 따라 반자성체, 상자성체, 강자성체 등으로 구분한다.

[해설] 자성체의 성질

상자성체는 비투자율 μ_r이 1보다 커야 한다.

[정답] ②

2 자기차폐와 정전차폐

자기 차폐	정전 차폐
(1) 내부장치 또는 공간을 물질로 포위시켜 외부자계의 영향을 차폐시키는 방식으로 강자성체 중에서 비투자율이 큰 물질을 사용 (2) 자계에서는 투자율이 무한인 자성체가 존재하지 않기 때문에 완전히 차단하는 것은 불가능 (불완전차폐)	(1) 도체를 접지하여 다른 도체 간에 정전현상이 미치지 않도록 완전히 차단된 상태 (2) 정전차폐는 도체를 사용하여 외부전계의 영향을 완전히 막을 수 있음(완전차폐)

예제 03

진공 중의 도체계에서 임의의 도체를 일정 전위의 도체로 완전 포위하면 내외 공간의 전계를 완전 차단시킬 수 있는데 이것을 무엇이라 하는가?

① 홀효과
② 정전차폐
③ 핀치효과
④ 전자차폐

해설 정전차폐

정전차폐 : 진공 중 도체계에 임의의 도체를 일정 전위의 도체로 완전히 포위함으로써 내외 공간의 전계를 완전히 차단시키는 방법

정답 ②

02 자화

1 자화의 정의

(1) 자계 중에 놓인 물체가 자성을 띠는 것

(2) 외부 자기장에 의해 내부에 자기모멘트가 생기는 것

2 자화의 세기

(1) $J = \dfrac{m}{S} = \dfrac{ml}{Sl} = \dfrac{M}{V}\,[Wb/m^2]$ (체적당 자기모멘트)

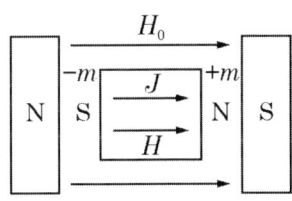

$$J = B - B_0 = \mu_0(\mu_s - 1)H = B\left(1 - \dfrac{1}{\mu_s}\right)\,[Wb/m^2]$$

3 자화율 $\chi = \mu_0(\mu_s - 1)$

(1) 강자성체 $\chi \gg 0$, 상자성체 $\chi > 0$, 반자성체 $\chi < 0$

(2) $J = \chi H$

(3) 비자화율 $\chi_m = \mu_s - 1$

예제 04

길이 20 [cm], 단면의 반지름 10 [cm]인 원통이 길이의 방향으로 균일하게 자화되어 자화의 세기가 200 [Wb/m²]인 경우, 원통 양 단자에서의 전 자극의 세기는 몇 [Wb]인가?

① π ② 2π ③ 3π ④ 4π

해설 자극의 세기(자화량)

$$J = \frac{m}{S}[Wb/m^2] \quad m = JS = J\pi r^2 = 200\pi(10 \times 10^{-2})^2 = 2\pi\,[Wb]$$

정답 ②

예제 05

다음의 관계식 중 성립할 수 없는 것은? (단, μ는 투자율, χ는 자화율, μ_0는 진공의 투자율, J는 자화의 세기이다)

① $J = \chi B$
② $B = \mu H$
③ $\mu = \mu_o + \chi$
④ $\mu_s = 1 + \dfrac{\chi}{\mu_o}$

해설 자속밀도와 자계의 관계

$$\chi = \mu_0(\mu_s - 1) \quad J = \mu_0(\mu_s - 1)H = \chi H$$

정답 ①

4 감자력

자성체에 자계 H_0를 가할 때, 자성체 내부에 반대방향으로 자계 H'가 생김

"**자계를 감소시킨다**"고 해서 "**감자력**"

(1) 감자력 $H' = \dfrac{N}{\mu_0}J = \dfrac{\chi N}{\mu_0}H = \dfrac{N(\mu_s - 1)}{1 + N(\mu_s - 1)}H_0$

(2) 내부자계의 세기 $H = H_0 - H' = H_0 - \dfrac{\chi N}{\mu_0}H = \dfrac{H_0}{1 + \dfrac{\chi N}{\mu_0}} = \dfrac{H_0}{1 + N(\mu_s - 1)}$

(3) 자화의 세기 $J = \chi H = \dfrac{(\mu - \mu_0)H_0}{1 + N(\mu_s - 1)} = \dfrac{\mu_o(\mu_s - 1)}{1 + (\mu_s - 1)N} \times H_0$

암 구삼환영

구 자성체의 감자율은 $\dfrac{1}{3}$, 환상 솔레노이드의 감자율은 0

5 자기포화

외부자계를 한계값 이상 상승시키면 자화의 세기가 증가하지 않고 일정하게 포화되는 현상

6 바크하우젠효과

자구가 어느 순간에 급격히 회전하기 때문에, B-H 곡선을 자세히 보면 자속밀도는 매끈한 곡선이 아니라 계단형으로 변화함

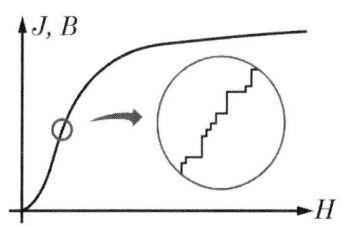

03 히스테리시스 곡선

자화이력이 없는 자성체에 전류를 흘려주면 외부자계 H가 유도됨
외부자계의 세기 H가 변화했을 때, 자성체 내부의 자속밀도 B의 경로

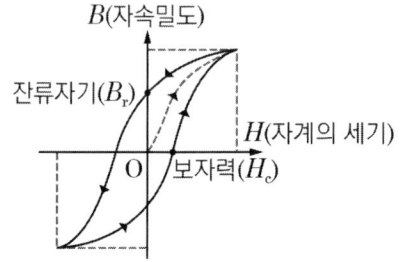

- 잔류자기 : 자계의 세기가 0일 때도 남아 있는 잔류 자속밀도
- 보자력(=자화력) : 남아 있는 잔류자기를 없애기 위한 역방향의 자계의 세기

1 히스테리시스 손실

자성체에 전류를 흘려주고 싶었는데 자계가 생기고 잔류자기가 생성됨

(1) 히스테리시스 손실은 히스테리시스 곡선의 **면적과 비례**하는 관계
    즉, 면적이 작을수록 손실 또한 적음

(2) 히스테리시스 손실 $P_h = kfB_m^{1.6 \sim 2.0}$ [J/m³]

2 자석의 구비 조건

(1) 전자석 : 철사에 코일을 감고 전류를 흘릴 때만 자석의 성질을 가지는 것으로 **잔류자기가 크고 보자력은 작아야 함**

(2) 영구자석 : 한번 자화되면 영구적으로 자석의 성질을 가지며, **잔류자기, 보자력 모두 커야 함**

예제 06

전기기기의 철심(자심) 재료로 규소강판을 사용하는 이유는?

① 동손을 줄이기 위해
② 와전류손을 줄이기 위해
③ 히스테리시스손을 줄이기 위해
④ 제작을 쉽게 하기 위해

해설 전기기기 철심의 구성

규소강판을 '사용'하면 히스테리시스손이 감소한다.
와전류손을 줄이는 방법은 규소강판을 '성층'하는 것이다.

정답 ③

3 와류손(맴돌이 전류손)

- 자속의 변화를 방해하기 위한 역자속을 만드는 전류
- 금속 내부의 자속이 변화하면 유도기전력이 발생하여 전류가 흐를 때 줄열이 생겨 발생하는 손실
- 규소강판을 성층하여 철심을 만들어, 와류손을 줄임

와전류손(와류손) $P_e \propto k(tfB_m)^2 \, [W/m^3]$

f : 주파수, B_m : 최대자속밀도, t : 두께, k, σ : 도전율

예제 07

영구자석 재료로 사용하기에 적합한 특성은?

① 잔류자기와 보자력이 모두 큰 것이 적합하다.
② 잔류자기는 크고 보자력은 작은 것이 적합하다.
③ 잔류자기는 작고 보자력은 큰 것이 적합하다.
④ 잔류자기와 보자력이 모두 작은 것이 적합하다.

해설 자석의 조건

- 전자석 : 잔류자기가 크고 보자력은 작아야 한다.
- 영구자석 : 잔류자기, 보자력 모두 커야 한다.

정답 ①

04 에너지

1 에너지 밀도(자계에너지, N·S극의 흡인력)

(1) 축적에너지 $W = \dfrac{1}{2}CV^2$ 에서 $El = V$를 대입하면 $W = \dfrac{1}{2}\dfrac{\varepsilon S}{d}E^2 l^2 = \dfrac{1}{2}\varepsilon E^2 V\ [J]$

(2) 자계에너지 밀도

$$w = \frac{1}{2}\mu H^2 = \frac{B^2}{2\mu} = \frac{1}{2}BH\ [J/m^3]$$

(3) 자석의 흡인력

$$F = \frac{1}{2}\mu H^2 S = \frac{B^2}{2\mu}S = \frac{1}{2}BHS\ [N]$$

05 경계 조건

1 자성체의 경계 조건

(1) **자계**는 접선성분이 같다($H_1 \sin\theta_1 = H_2 \sin\theta_2$).

(2) **자속밀도**는 법선성분이 같다($B_1 \cos\theta_1 = B_2 \cos\theta_2$).

(3) 경계면에 수직으로 입사한 자속은 굴절하지 않음

(4) 입사각과 굴절각은 투자율에 비례한다 $\left(\dfrac{\tan\theta_1}{\tan\theta_2} = \dfrac{\mu_1}{\mu_2}\right)$.

(5) 자속이 모이는 정도는 투자율에 비례

(6) 경계면상 두 점 사이의 자위차가 같음

예제 08

두 자성체 경계면에서 정자계가 만족하는 것은?

① 자계의 법선성분이 같다.
② 자속밀도의 접선성분이 같다.
③ 자속은 투자율이 작은 자성체에 모인다.
④ 양측 경계면상의 두 점 간 자위차가 같다.

해설 자성체의 경계 조건

- 자계의 접선성분이 같다($H_1 \sin\theta_1 = H_2 \sin\theta_2$).
- 자속밀도의 법선성분이 같다($B_1 \cos\theta_1 = B_2 \cos\theta_2$).
- 자속이 모이는 정도는 투자율에 비례한다. 즉, 자속은 투자율이 큰 자성체에 모이려 한다.
- 경계면상 두 점 사이의 자위차가 같다.

정답 ④

예제 09

상이한 매질의 경계면에서 전자파가 만족해야 할 조건이 아닌 것은? (단, 경계면은 두 개의 무손실 매질 사이이다)

① 경계면의 양측에서 전계의 접선성분은 서로 같다.
② 경계면의 양측에서 자계의 접선성분은 서로 같다.
③ 경계면의 양측에서 자속밀도의 접선성분은 서로 같다.
④ 경계면의 양측에서 전속밀도의 법선성분은 서로 같다.

해설 유전체와 자성체의 경계 조건

- 경계면의 법선 부분의 전속밀도가 같다.
- 경계면의 접선 부분의 전계가 같다.

정답 ③

06 자기회로

1 자기저항

전기회로에서의 전기저항과 유사한 역할을 하는 자기회로에서의 저항

$$R_m = \frac{l}{\mu A} \; [AT/Wb]$$

TIP 전기저항과의 비교 $R = \frac{l}{kS} \; [\Omega]$

(1) 공극이 없는 경우 자기저항

$$R_m = \frac{l}{\mu A}, \quad R_m = \frac{l}{\mu A} = \frac{F}{\phi} = \frac{NI}{\phi} \; [AT/Wb]$$

(2) 공극을 만든 후의 자기저항

$$R_m' = \frac{l_g}{\mu_0 A} + \frac{l}{\mu A} = \frac{l}{\mu A}\left(1 + \frac{l_g}{l}\mu_s\right) [AT/Wb] \quad (\because l \fallingdotseq l - l_g)$$

2 기자력

자기회로에서 자속을 생성시키는 능력 $F = NI = R_m \phi \; [AT]$

3 퍼미언스(Permeance)

자기저항의 역수 $P = \dfrac{1}{R_m} \; [H]$

전기회로	자기회로
기전력 V [V]	기자력 $F = NI$ [AT]
전류 I [A]	자속 ϕ [Wb]
전기저항 R [Ω]	자기저항 R_m [AT/Wb]
옴의 법칙 $R = \dfrac{V}{I} \; [\Omega]$	옴의 법칙 $R_m = \dfrac{NI}{\phi} \; [AT/Wb]$
도전율 k [℧/m], [S/m]	투자율 μ [H/m]

예제 10

자기회로의 자기저항에 대한 설명으로 옳지 않은 것은?

① 자기회로의 단면적에 반비례한다.   ② 자기회로의 길이에 반비례한다.
③ 자성체의 비투자율에 반비례한다.   ④ 단위는 [AT/Wb]이다.

해설 자기회로의 자기저항

$$R_m = \frac{NI}{\phi} = \frac{l}{\mu A} \ [AT/Wb], \quad R_m \propto l$$

정답 ②

예제 11

철심에 도선을 250회 감고 1.2 [A]의 전류를 흘렸더니 1.5×10^{-3} [Wb]의 자속이 생겼다. 자기저항은 몇 [AT/Wb]인가?

① 2×10^5 ② 3×10^5 ③ 4×10^5 ④ 5×10^5

해설 자기저항

$$R_m = \frac{NI}{\phi} = \frac{250 \times 1.2}{1.5 \times 10^{-3}} = 2 \times 10^5 \ [AT/Wb]$$

정답 ①

예제 12

환상철심에 감은 코일에 5 [A]의 전류를 흘려 2000 [AT]의 기자력을 발생시키고자 한다면, 코일의 권수는 몇 회로 하면 되는가?

① 100회   ② 200회   ③ 300회   ④ 400회

해설 기자력

$$F = NI \ [AT]$$
$$N = \frac{F}{I} = \frac{2000}{5} = 400 \ [회]$$

정답 ④

예제 13

자기회로와 전기회로에 대한 설명으로 틀린 것은?

① 자기저항의 역수를 컨덕턴스라 한다.
② 자기회로의 투자율은 전기회로의 도전율에 대응된다.
③ 전기회로의 전류는 자기회로의 자속에 대응된다.
④ 자기저항의 단위는 [AT/Wb]이다.

해설 퍼미언스의 의미

자기저항의 역수를 퍼미언스라고 한다.

정답 ①

07 전기와 자기의 상관관계

	전기		자기	
쿨롱의 법칙	$F = \dfrac{1}{4\pi\varepsilon} \times \dfrac{Q_1 Q_2}{r^2}$ [N]	쿨롱의 법칙	$F = \dfrac{1}{4\pi\mu} \times \dfrac{m_1 m_2}{r^2}$ [N]
전하	Q [C]	자하	m [Wb]
ε_0	8.855×10^{-12} [F/m]	μ_0	$4\pi \times 10^{-7}$ [H/m]
전장의 세기	$E = \dfrac{1}{4\pi\varepsilon} \times \dfrac{Q}{r^2}$ [V/m]	자장의 세기	$H = \dfrac{1}{4\pi\mu} \times \dfrac{m}{r^2}$ [AT/m]
전위	$V = \dfrac{1}{4\pi\varepsilon} \times \dfrac{Q}{r}$ [V]	자위	$U = \dfrac{1}{4\pi\mu} \times \dfrac{m}{r}$ [AT]
정전기력	$F = QE$ [N]	정자기력	$F = mH$ [N]
전기력선의 총수	$\dfrac{Q}{\varepsilon}$ [개]	자기력선의 총수	$\dfrac{m}{\mu}$ [개]
전속 전기력선 묶음	ψ(프사이)	자속 자기력선 묶음	ϕ(파이)
전속밀도	$D = \dfrac{Q}{A} = \dfrac{Q}{4\pi r^2}$ [C/m²] $D = \varepsilon E = \varepsilon_0 \varepsilon_s E$ [C/m²]	자속밀도	$B = \dfrac{\phi}{A} = \dfrac{\phi}{4\pi r^2}$ [Wb/m²] $B = \mu H = \mu_0 \mu_s H$ [Wb/m²]
정전에너지	$W = \dfrac{1}{2} CV^2$ [J]	전자에너지	$W = \dfrac{1}{2} LI^2$ [J]

	전기		자기
에너지 밀도	$W = \dfrac{1}{2}\varepsilon E^2$ [J/m^3]	에너지 밀도	$W = \dfrac{1}{2}\mu H^2$ [J/m^3]
전기력선	도체 내부에 존재하지 않음	자기력선	도체 내부에 존재함

예제 14

단면적이 같은 자기회로가 있다. 철심의 투자율을 μ라 하고 철심회로의 길이를 l이라 한다. 지금 그 일부에 미소공극 l_0를 만들었을 때 자기회로의 자기저항은 공극이 없을 때의 약 몇 배인가?

① $1 + \dfrac{\mu l}{\mu_0 l_0}$
② $1 + \dfrac{\mu l_0}{\mu_0 l}$
③ $1 + \dfrac{\mu_0 l}{\mu l_0}$
④ $1 + \dfrac{\mu_0 l_0}{\mu l}$

해설 공극이 있을 때 자기회로의 자기저항

- 공극이 없을 때의 자기저항 $R_m = \dfrac{l}{\mu A}$

- 공극이 포함된 자기저항 $R_m{}' = \dfrac{(l - l_0)}{\mu A} + \dfrac{l_0}{\mu_0 A} \fallingdotseq \dfrac{l}{\mu A} + \dfrac{l_0}{\mu_0 A} = R_m + \dfrac{l_0}{\mu_0 A}$

  ($\because l - l_0 \fallingdotseq l$)

- 양 변을 R_m으로 나눠주게 되면 $\dfrac{R_m{}'}{R_m} = 1 + \dfrac{\frac{l_0}{\mu_0 A}}{R_m} = 1 + \dfrac{\frac{l_0}{\mu_0 A}}{\frac{l}{\mu A}} = 1 + \dfrac{\mu l_0}{\mu_0 l}$

정답 ②

CHAPTER 08 전자유도 및 인덕턴스

01 패러데이

1 패러데이법칙

$$e = N\frac{d\phi}{dt}\ [V]$$

유도되는 기전력은 폐회로에 쇄교하는 자속의 시간적 변화율과 권수의 곱에 비례

2 렌츠의 법칙

유도되는 기전력은 코일의 쇄교 자속의 변화를 **방해하는 방향**으로 발생

3 노이만의 법칙(패러데이 – 렌츠의 법칙)

$$e = -N\frac{d\phi}{dt}\ [V]$$

예제 01

인덕턴스가 20 [mH]인 코일에 흐르는 전류가 0.2초 동안 6 [A]만큼 바뀌었다면 코일에 유기되는 기전력은 몇 [V]인가?

① 0.6　　　② 1　　　③ 6　　　④ 30

해설 패러데이의 전자유도법칙

코일에 유기(유도)되는 기전력 $e = N\dfrac{d\phi}{dt}$

자기 인덕턴스 $L = \dfrac{d\phi}{di}$ 이므로 대입하면 $e = L\dfrac{di}{dt}$

따라서 $e = 20 \times 10^{-3} \times \dfrac{6}{0.2} = 0.6\ [V]$

정답 ①

예제 02

다음 ㉠, ㉡에 대한 법칙으로 알맞은 것은?

> 전자유도에 의하여 회로에 발생되는 기전력은 쇄교 자속 수의 시간에 대한 감소비율에 비례한다는 (㉠)에 따르고, 특히 유도된 기전력의 방향은 (㉡)에 따른다.

① ㉠ 패러데이의 법칙 ㉡ 렌츠의 법칙
② ㉠ 렌츠의 법칙 ㉡ 패러데이의 법칙
③ ㉠ 플레밍의 왼손법칙 ㉡ 패러데이의 법칙
④ ㉠ 패러데이의 법칙 ㉡ 플레밍의 왼손법칙

해설 패러데이 – 렌츠의 법칙

$$e = -N\frac{d\phi}{dt}\,[V]$$

- 패러데이의 법칙 : 유기기전력의 크기를 결정
- 렌츠의 법칙 : 유기기전력의 방향을 결정

정답 ①

02 유기기전력(플레밍의 오른손법칙)

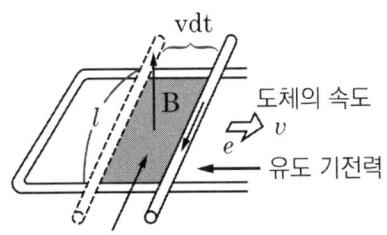

- 평등자계 B에 수직으로 놓여진 길이 l인 도체가 속도 v로 이동 시 유기기전력 $e = Blv\sin\theta\,[V]$
- 자속의 증가율 $d\phi = Blv(dt)$
- 유기기전력 $e = N\dfrac{d\phi}{dt} = \dfrac{Blv\,dt}{dt} = Blv\sin\theta\,[V]$

예제 03

2 [Wb/m²]인 평등자계 속에 길이가 30 [cm]인 도선이 자계와 직각 방향으로 놓여있다. 이 도선이 자계와 30°의 방향으로 30 [m/s]의 속도로 이동할 때 도체 양단에 유기되는 기전력은 몇 [V]인가?

① 3　　② 9　　③ 30　　④ 90

해설 유기기전력

$$e = l(v \times B) = vBl\sin\theta = 30 \times 2 \times 0.3 \times 0.5 = 9\,[V]$$

정답 ②

1 코일에 유기되는 기전력의 최댓값

(1) 코일에 유기되는 기전력의 최댓값

$$E_m = \omega NSB = 2\pi fNSB \, [V]$$

$\omega = 2\pi f$: 각속도

(2) 코일에 유기되는 기전력의 실효값

$$E = \frac{1}{\sqrt{2}}\omega NSB = 4.44fNSB \, [V]$$

TIP 교류전원의 실효값 : 직류 전원으로 대체 가능한 값

예제 04

코일의 면적을 2배로 하고 자속밀도의 주파수를 2배로 높이면 유기기전력의 최댓값은 어떻게 되는가?

① 1 ② 2 ③ 4 ④ 6

해설 유기기전력의 최댓값

- $E_m = \omega NSB = 2\pi fNSB \, [V]$
- $E_m \propto f$ $E_m \propto S$ 면적 S와 주파수 f를 2배로 높이면
- $E_m' = 4E_m \, [V]$ 유기기전력의 최댓값은 4배가 된다.

정답 ③

03 표피효과

- 도체에 고주파 전류가 흐를 때, 전류가 **도체 표면**에만 흐르는 현상
- 전류의 주파수가 증가함에 따라 도체 내부 전류밀도가 지수함수적으로 감소하는 현상

1 침투깊이

$$\delta = \sqrt{\frac{2}{\omega\sigma\mu}} = \frac{1}{\sqrt{\pi f\sigma\mu}} \, [m]$$

f : 주파수, σ : 도전율, μ : 투자율

$$표피효과 \propto \frac{1}{침투깊이}$$

① 침투깊이가 깊으면 표피효과가 작음

② 주파수, 투자율, 도전율이 높으면 침투깊이가 작고 표피효과가 큼

예제 05

주파수가 100 [MHz]일 때 구리의 표피두께(Skin Depth)는 약 몇 [mm]인가? (단, 구리의 도전율은 5.9×10^7 [℧/m]이고, 비투자율은 0.99이다)

① 3.3×10^{-2} ② 6.6×10^{-2}
③ 3.3×10^{-3} ④ 6.6×10^{-3}

해설 침투깊이

$$\delta = \sqrt{\frac{2}{\omega\mu\sigma}} = \sqrt{\frac{1}{\pi f \mu \sigma}} = \sqrt{\frac{1}{\pi \times 10^8 \times 4\pi \times 10^{-7} \times 0.99 \times 5.9 \times 10^7}}$$
$$= 6.6 \times 10^{-6} [m] = 6.6 \times 10^{-3} [mm]$$

정답 ④

04 인덕턴스

1 자기 인덕턴스

$$LI = N\phi, \ L = N\frac{d\phi}{di}$$

(1) 코일의 자체 유도능력을 나타내는 양

(2) 코일에 발생되는 유도기전력

$$e = -N\frac{d\phi}{dt} = -L\frac{di}{dt} \ [V]$$

(3) 자기 인덕턴스

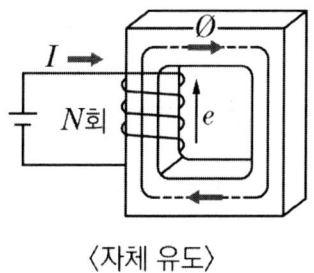

〈자체 유도〉

$$L = \frac{N\phi}{I} = \frac{N}{I} \times \frac{NI}{R_m} = \frac{N^2}{R_m} = \frac{N^2}{\frac{l}{\mu S}} = \frac{\mu S N^2}{l} \, [H]$$

2 상호 인덕턴스 $M = k\sqrt{L_1 L_2}$

(1) 1차 전류의 시간당 변화량과 2차 유도전압의 비례상수

$$e_1 = L_1 \frac{di_1}{dt} \, [V], \quad e_2 = M \frac{di_1}{dt} \, [V]$$

〈상호 유도〉

(2) 2차 코일에 발생되는 유도기전력

$$e_2 = -M \frac{di_1}{dt} \, [V]$$

(3) 상호 인덕턴스 M

$$L_1 = \frac{N_1^2}{R} \, [H], \quad L_2 = \frac{N_2^2}{R} \, [H], \quad M = \frac{N_1 N_2}{R} \, [H]$$

(4) $L_1 L_2 = M^2, \quad M = \sqrt{L_1 L_2}$

(5) $M = \frac{N_2}{N_1} L_1 = \frac{N_1}{N_2} L_2 \, [H]$

(6) 결합계수 k : 누설 자속을 고려한 계수

$$k = \frac{M}{\sqrt{L_1 L_2}} \quad (0 \leq k \leq 1)$$

예제 06

자기 인덕턴스의 성질을 설명한 것으로 옳은 것은?

① 경우에 따라 정(+) 또는 부(-)의 값을 갖는다.
② 항상 정(+)의 값을 갖는다.
③ 항상 부(-)의 값을 갖는다.
④ 항상 0이다.

해설 자기 인덕턴스

자기 인덕턴스는 항상 정의 값을 갖는다.

정답 ②

예제 07

자기 인덕턴스가 L₁, L₂이고 상호 인덕턴스가 M인 두 회로의 결합계수가 1일 때 성립되는 식은?

① $L_1 \cdot L_2 = M$
② $L_1 \cdot L_2 < M^2$
③ $L_1 \cdot L_2 > M^2$
④ $L_1 \cdot L_2 = M^2$

해설 결합계수

결합계수 $k = \dfrac{M}{\sqrt{L_1 L_2}}$, $M^2 = L_1 L_2$

정답 ④

3 인덕턴스의 접속

(1) 직렬연결

가동접속	차동접속
$L = L_1 + L_2 + 2M$ $= L_1 + L_2 + 2k\sqrt{L_1 L_2}\ [H]$	$L = L_1 + L_2 - 2M$ $= L_1 + L_2 - 2k\sqrt{L_1 L_2}\ [H]$

(2) 병렬연결

가동접속	차동접속
$L = \dfrac{L_1 L_2 - M^2}{L_1 L_2 - 2M}\ [H]$	$L = \dfrac{L_1 L_2 - M^2}{L_1 L_2 + 2M}\ [H]$

(3) 코일에 축적되는 에너지

$$W = \frac{LI^2}{2} = \frac{1}{2} N\phi I\ [J]$$

예제 08

다음 중 인덕턴스의 공식으로 옳은 것은? (단, N은 권수, I는 전류, l은 철심의 길이, R_m은 자기저항, μ는 투자율, S는 철심 단면적이다)

① $\dfrac{NI}{R_m}$
② $\dfrac{N^2}{R_m}$
③ $\dfrac{\mu NS}{l}$
④ $\dfrac{\mu_0 NIS}{l}$

[해설] 자기 인덕턴스

$LI = N\phi$, $L = \dfrac{N\phi}{I} = \dfrac{N}{I} \times \dfrac{NI}{R_m} = \dfrac{N^2}{R_m}$

[정답] ②

예제 09

두 코일 A, B의 자기 인덕턴스가 각각 3 [mH], 5 [mH]라 한다. 두 코일을 직렬연결 시 자속이 서로 상쇄되도록 했을 때의 합성 인덕턴스는 서로 증가하도록 연결했을 때의 60 [%]이었다. 두 코일의 상호 인덕턴스는 몇 [mH]인가?

① 0.5
② 1
③ 5
④ 10

[해설] 합성 인덕턴스와 상호 인덕턴스

$L_{가동} = L_1 + L_2 + 2M = 8 + 2M$
$L_{차동} = L_1 + L_2 - 2M = 8 - 2M = 0.6 L_{가동} = 0.6(8 + 2M) = 4.8 + 1.2M$
$8 - 2M = 4.8 + 1.2M$, $3.2M = 3.2$, $M = 1 [mH]$

[정답] ②

예제 10

철심이 들어 있는 환상코일이 있다. 1차 코일의 권수 N_1 = 100회일 때 자기 인덕턴스는 0.01 [H]였다. 이 철심에 2차 코일 N_2 = 200회를 감았을 때 1, 2차 코일의 상호 인덕턴스는 몇 [H]인가? (단, 이 경우 결합계수 k = 1로 한다)

① 0.01
② 0.02
③ 0.03
④ 0.04

해설 환상 솔레노이드의 자기 인덕턴스

- 권수비 $a = \dfrac{N_1}{N_2} = \sqrt{\dfrac{L_1}{L_2}}$

  $\sqrt{L_2} = \dfrac{N_2}{N_1}\sqrt{L_1}$ $\quad L_2 = \left(\dfrac{N_2}{N_1}\right)^2 L_1 = \left(\dfrac{200}{100}\right)^2 0.01 = 0.04\,[H]$

- 상호 인덕턴스 $M = k\sqrt{L_1 L_2}$

  $M = \sqrt{0.01 \times 0.04} = 0.1 \times 0.2 = 0.02\,[H]$

정답 ②

05 인덕턴스의 계산

1 환상 솔레노이드의 인덕턴스

$$L = \dfrac{N\phi}{I} = \dfrac{N}{I}\dfrac{NI}{R} = \dfrac{N^2}{\dfrac{l}{\mu S}} = \dfrac{\mu S N^2}{l}\,[H]$$

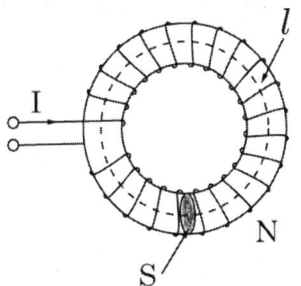

2 무한장 솔레노이드의 인덕턴스

(1) 전체 인덕턴스

$$L = \dfrac{\mu S N^2}{l}\,[H]$$

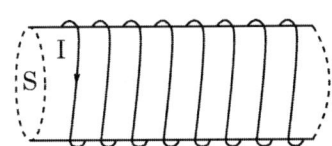

(2) 단위길이당 인덕턴스

$L_n = \dfrac{L}{l} = \dfrac{\mu S N^2}{l^2} = \mu S n^2\,[H/m]$

($n = \dfrac{N}{l}$은 단위길이당 권수)

3 동축케이블(원주 도체)의 인덕턴스

$$L_i = \frac{\mu_1 \ell}{8\pi} + \frac{\mu_2 \ell}{2\pi} \ln \frac{b}{a} \ [H]$$

(1) 내부 도체 인덕턴스(=원주 도체의 인덕턴스)

$$L_i = \frac{\mu_1 \ell}{8\pi} \ [H]$$

(2) 외부 도체 인덕턴스

$$L_o = \frac{\mu_2 \ell}{2\pi} \ln \frac{b}{a} \ [H]$$

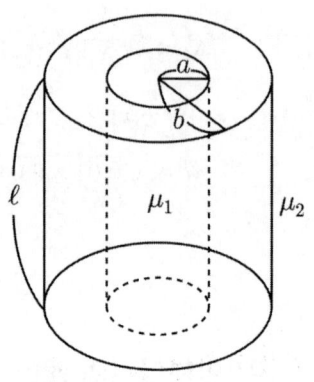

4 평행 전선 사이의 인덕턴스

(1) 내부 도체 인덕턴스

$$L_i = 2 \times \frac{\mu \ell}{8\pi} = \frac{\mu \ell}{4\pi} \ [H]$$

(2) 외부 도체 인덕턴스

$$L_o = \frac{\mu \ell}{\pi} \ln \frac{d-a}{a} = \frac{\mu \ell}{\pi} \ln \frac{d}{a} \ [H]$$

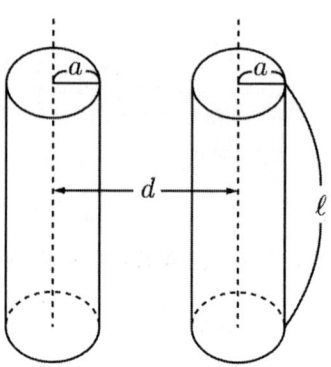

예제 11

그림과 같이 일정한 권선이 감겨진 권회수 N회, 단면적 S [m²], 평균자로의 길이 l [m]인 환상 솔레노이드에 전류 I [A]를 흘렸을 때 이 환상 솔레노이드의 자기 인덕턴스는 몇 [H]인가? (단, 환상철심의 투자율은 μ이다)

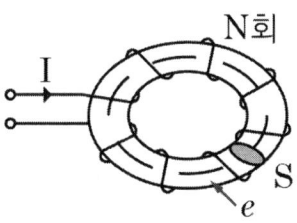

① $\dfrac{\mu^2 N}{l}$ ② $\dfrac{\mu SN}{l}$ ③ $\dfrac{\mu^2 SN}{l}$ ④ $\dfrac{\mu SN^2}{l}$

해설 환상 솔레노이드의 자기 인덕턴스

$$L = \frac{N\phi}{I} = \frac{N}{I} \times \frac{NI}{R_m} = \frac{\mu SN^2}{l} \ [H]$$

정답 ④

예제 12

반지름 a [m]인 원주 도체의 단위길이당 내부 인덕턴스는 몇 [H/m]인가?

① $\dfrac{\mu}{4\pi}$ ② $\dfrac{\mu}{8\pi}$ ③ $4\pi\mu$ ④ $8\pi\mu$

해설 원주 도체의 단위길이당 내부 인덕턴스

$$L = \frac{\mu}{8\pi} \ [H/m]$$

정답 ②

CHAPTER 09 전자계

01 전도전류와 변위전류

1 전도전류

(1) 전도전류

도체에서의 전자 이동에 의한 전류

$$I_c = \frac{V}{R} = \frac{El}{\rho\frac{l}{S}} = \frac{ES}{\rho} = kES \ [A]$$

(2) 전도전류밀도

$$i_c = \frac{I_c}{S} = kE \ [A/m^2]$$

2 변위전류

가상전류로써 시간적으로 변화하는 전속밀도에 의한 전류

축전기 등에서 거리상으로 떨어져 있으나 전계의 변화로 인해 영향을 받은 전자가 이동함

전도전류처럼 자계를 발생

(1) 변위전류

$$I_d = \frac{\partial D}{\partial t}S = \omega \varepsilon E S \ [A]$$

$\omega = 2\pi f$: 각속도

(2) 변위전류밀도

$$i_d = \frac{I_d}{S} = \frac{\partial D}{\partial t} = \varepsilon \frac{\partial E}{\partial t} = \omega \varepsilon E \ [A/m^2]$$

예제 01

다음 중 ( )에 들어갈 내용으로 옳은 것은?

맥스웰은 전극 간의 유전체를 통하여 흐르는 전류를 해석하기 위해 (㉠)의 개념을 도입하였고, 이것도 (㉡)를 발생한다고 가정하였다.

① ㉠ 와전류 ㉡ 자계
② ㉠ 변위전류 ㉡ 자계
③ ㉠ 전자전류 ㉡ 전계
④ ㉠ 파동전류 ㉡ 전계

해설 변위전류

$$I_d = \epsilon \frac{dE}{dt} \times S$$

유전체 내에서 전속밀도의 시간적 변화에 의한 전류이며, 전도전류처럼 자계를 발생

정답 ②

예제 02

공기 중에서 2 [V/m]의 전계의 세기에 의한 변위전류밀도의 크기를 2 [A/m²]으로 흐르게 하려면 전계의 주파수는 약 몇 [MHz]가 되어야 하는가?

① 9000
② 18000
③ 36000
④ 72000

해설 변위전류의 크기

- 변위전류밀도 $i_d = \omega \epsilon E = 2\pi f \left(\frac{10^{-9}}{36\pi} \right) \times 2 = 2$
- 주파수 $f = 18000 \, [MHz]$

정답 ②

예제 03

변위전류와 가장 관계가 깊은 것은?

① 반도체　　② 유전체　　③ 자성체　　④ 도체

해설 변위전류

유전체 내에서 전속밀도의 시간적 변화에 의해서 발생하는 전류

정답 ②

3 유전체 손실

유전체를 전극에 끼우고 교류전압을 가할 때 흐르는 전류의 위상은 유전손실이 있기 때문에 90°에서 δ만큼 늦음

(1) 유전체 손실각 $\tan\delta = \dfrac{i_c}{i_d} = \dfrac{kE}{\omega\varepsilon E} = \dfrac{k}{\omega\varepsilon} = \dfrac{f_c}{f}$

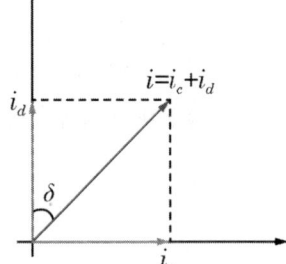

(2) 손실각으로 도체와 유전체를 구분할 수 있음

　　$\delta > 45°$: 도체

　　$\delta < 45°$: 부도체

(3) 임계주파수 : 도체와 부도체를 구분하는 임계점에서의 주파수

$$f_c = \dfrac{k}{2\pi\varepsilon} \ [Hz]$$

예제 04

유전체 중을 흐르는 전도전류 I_σ와 변위전류 I_d를 갖게 하는 주파수를 임계주파수 f_c, 임의의 주파수를 f라 할 때 유전손실 $\tan\delta$는 얼마인가?

① $\dfrac{f_c}{2f}$　　② $\dfrac{f}{2f_c}$　　③ $\dfrac{f_c}{f}$　　④ $\dfrac{f}{f_c}$

해설 유전손실($\tan\delta$)

- 전도전류 $I_\sigma = \sigma ES$, 변위전류 $I_d = \omega\varepsilon ES$

- 같을 경우 $\sigma = \omega\varepsilon = 2\pi f_c \varepsilon$, $f_c = \dfrac{\sigma}{2\pi\varepsilon}$

$\tan\delta = \dfrac{i_\sigma}{i_d} = \dfrac{\sigma}{\omega\varepsilon} = \dfrac{\sigma}{2\pi f\varepsilon} = \dfrac{f_c}{f}$

정답 ③

02 맥스웰 방정식

1 맥스웰 방정식의 해석

맥스웰 방정식			
$\nabla \cdot D = \rho$	$\oint_s D \cdot dS = Q$	전속에서의 가우스법칙	• 전속은 발산함 • 고립된 전하가 존재함
$\nabla \cdot B = 0$	$\oint_s B \cdot dS = 0$	자속에서의 가우스법칙	• 자계는 발산하지 않음 • 자극은 독립적으로 존재하지 않음
$\nabla \times E = -\frac{\partial B}{\partial t}$	$\int_c E \cdot dl = -\int_s \frac{\partial B}{\partial t} \cdot dS$	패러데이 법칙	시간에 따라 자기장이 변하면 회전하는 성분의 전기장이 발생하고 부호는 반대
$\nabla \times H = i_c + \frac{\partial D}{\partial t}$	$\oint_c H \cdot dl = I + \int_s \frac{\partial D}{\partial t} \cdot dS$	앙페르의 주회적분	i_c : 전도전류밀도 i_d : 변위전류밀도

2 벡터퍼텐셜 A

(1) 자속과 자계를 구하기 위해 벡터 A를 도입하여 계산하는 방법

(2) $B = \nabla \times A = rot\, A$

예제 05

맥스웰 전자계의 기초 방정식으로 틀린 것은?

① $rot\, H = i_c + \frac{\partial D}{\partial t}$ ② $rot\, E = -\frac{\partial B}{\partial t}$

③ $div\, D = \rho$ ④ $div\, B = -\frac{\partial D}{\partial t}$

해설 맥스웰 방정식의 미분형

- $div\, D = \rho$ (가우스법칙)
- $div\, B = 0$ (가우스법칙)
- $rot\, E = -\frac{\partial B}{\partial t}$ (패러데이법칙)
- $rot\, H = i_c + \frac{\partial D}{\partial t}$ (암페어 주회적분법칙)

정답 ④

예제 06

맥스웰의 전자 방정식 중 패러데이의 법칙에 의하여 유도된 방정식은?

① $\nabla \times E = -\dfrac{\partial B}{\partial t}$
② $\nabla \times H = i_c + \dfrac{\partial D}{\partial t}$
③ $div\, D = \rho$
④ $div\, B = 0$

해설 맥스웰 방정식의 미분형

- $div\, D = \rho$ (가우스법칙)
- $div\, B = 0$ (가우스법칙)
- $rot\, E = -\dfrac{\partial B}{\partial t}$ (패러데이법칙)
- $rot\, H = i_c + \dfrac{\partial D}{\partial t}$ (암페어 주회적분법칙)

정답 ①

예제 07

전자유도작용에서 벡터퍼텐셜을 A [Wb/m]라 할 때 유도되는 전계 E는 얼마인가?

① $\dfrac{\partial A}{\partial t}$
② $\int A\, dt$
③ $-\dfrac{\partial A}{\partial t}$
④ $-\int A\, dt$

해설 벡터퍼텐셜과 전계의 관계

$\nabla \times E = -\dfrac{\partial B}{\partial t}, \quad B = \nabla \times A$

$\nabla \times E = -\dfrac{\partial}{\partial t}(\nabla \times A), \quad E = -\dfrac{\partial A}{\partial t}$

정답 ③

03 전자계

1 전자파의 특징

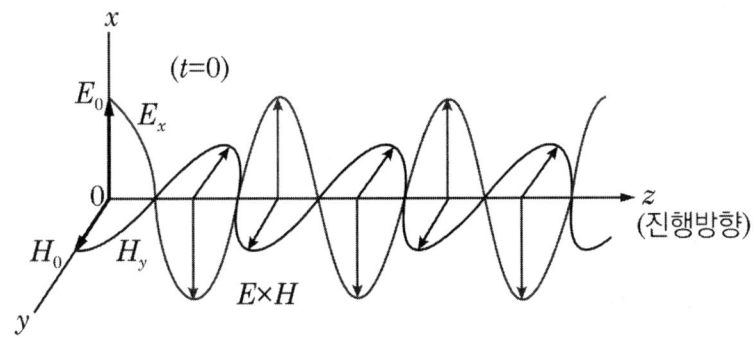

(1) 전계와 자계는 **진행방향에 대해** 항상 **수직**으로 존재함

(2) 전계와 자계는 항상 공존하여 진행함

(3) 전계와 자계의 위상은 서로 같음(**동위상**)

(4) 횡전자파(TEM파) : 전계와 자계는 파동의 진행방향(+z)에 대해 수직인 방향만 가짐

(5) 수평편파 : 전계가 대지에 대해서 수평면에 있는 전자파

(6) 수직편파 : 전계가 대지에 대해서 수직면에 있는 전자파

2 포인팅 벡터

(1) 전자계 내의 한 점을 통과하는 단위면적당 전력

(2) **전자파 에너지**의 진행 방향을 나타냄

(3) 포인팅 벡터 $P = \dfrac{P_0(방사전력)}{S} = \dfrac{E^2}{120\pi} = 120\pi H^2 = E \times H = EH\sin\theta \ [W/m^2]$

예제 08

전자파의 에너지 전달 방향은 어떻게 되는가?

① ▽ × E의 방향과 같다.
② E × H의 방향과 같다.
③ 전계 E의 방향과 같다.
④ 자계 H의 방향과 같다.

해설 포인팅 벡터

- P = E × H
  전자파 에너지의 진행방향을 나타낸다.

정답 ②

3 전자계 파동방정식

(1) $\nabla^2 E = \varepsilon\mu \dfrac{\partial^2 E}{\partial t^2}$

(2) $\nabla^2 H = \varepsilon\mu \dfrac{\partial^2 H}{\partial t^2}$

4 전파속도

(1) 전자파 전파속도

$$v = f\lambda = \dfrac{1}{\sqrt{\varepsilon\mu}}\ [m/s]$$

※ λ가 주어지지 않으면 일반적으로 2π

(2) 진공 중 전파속도(광속) $v = \dfrac{1}{\sqrt{\varepsilon_0\mu_0}} = 3 \times 10^8\ [m/s]$

5 고유 임피던스(Z , η)

(1) 전자파 고유 임피던스

① $Z_0 = \dfrac{E}{H} = \sqrt{\dfrac{\mu}{\varepsilon}} = 120\pi\sqrt{\dfrac{\mu_s}{\varepsilon_s}} = 377\sqrt{\dfrac{\mu_s}{\varepsilon_s}}$ [Ω]

② 손실 매질의 고유 임피던스 $Z_0 = \sqrt{\dfrac{jw\mu}{\sigma + jw\varepsilon}} = \sqrt{\dfrac{\dfrac{\mu}{\varepsilon}}{1 - j\dfrac{\sigma}{w\varepsilon}}}$ [Ω]

③ 무손실 매질(진공, 자유공간)의 고유 임피던스 $Z_0 = \dfrac{E}{H} = \sqrt{\dfrac{\mu_0}{\varepsilon_0}} = 120\pi = 377$ [Ω]

(2) 진공 중 고유 임피던스 $Z_0 = \dfrac{E}{H} = \sqrt{\dfrac{\mu_0}{\varepsilon_0}} = 120\pi = 377$ [Ω]

예제 09

자유공간에서의 포인팅 벡터를 P [W/m²]이라 할 때 전계의 세기 E_e는 몇 [V/m]인가?

① $377P$ ② $\dfrac{P}{377}$ ③ $\sqrt{377P}$ ④ $\sqrt{\dfrac{P}{377}}$

해설 포인팅 벡터(P)

$P = E_e H_e = E_e\left(\sqrt{\dfrac{\varepsilon_0}{\mu_0}} E_e\right) = \dfrac{1}{377}E_e^2$

$E_e = \sqrt{377P}$ [V/m]

정답 ③

예제 10

자유공간(진공)에서의 고유 임피던스는 몇 [Ω]인가?

① 144   ② 277   ③ 377   ④ 544

해설 자유공간에서의 고유 임피던스

$\eta_0 = \sqrt{\dfrac{\mu_0}{\varepsilon_0}} = 377$ [Ω]

정답 ③

6 전달계수(전송계수, 전파정수)

$$\gamma = \alpha + j\beta = j\omega\sqrt{\mu\epsilon}\sqrt{1-j\frac{\sigma}{\omega\epsilon}}$$

α : 감쇠정수, β : 위상정수

7 경계면에서의 전자파

(1) 투과계수 $R = \dfrac{2\eta_2}{\eta_2 + \eta_1}$

(2) 반사계수 $R = \dfrac{\eta_2 - \eta_1}{\eta_2 + \eta_1}$

예제 11

영역 1의 유전체 $\varepsilon_{r1} = 4$, $\mu_{r1} = 1$, $\sigma_1 = 0$과 영역 2의 유전체 $\varepsilon_{r2} = 9$, $\mu_{r2} = 1$, $\sigma_1 = 0$일 때 영역 1에서 영역 2로 입사된 전자파에 대한 반사계수는 얼마인가?

① -0.2   ② -5.0   ③ 0.2   ④ 0.8

해설 반사계수

반사계수 $R = \dfrac{\eta_2 - \eta_1}{\eta_2 + \eta_1}$

- $\eta_1 = \dfrac{E_1}{H_1} = \sqrt{\dfrac{\mu_1}{\varepsilon_1}} = \sqrt{\dfrac{\mu_0 \mu_{r1}}{\varepsilon_0 \varepsilon_{r1}}} = 377\sqrt{\dfrac{\mu_{r1}}{\varepsilon_{r1}}} = 377\sqrt{\dfrac{1}{4}} = 188.5\,[\Omega]$

- $\eta_2 = \dfrac{E_2}{H_2} = \sqrt{\dfrac{\mu_2}{\varepsilon_2}} = \sqrt{\dfrac{\mu_0 \mu_{r2}}{\varepsilon_0 \varepsilon_{r2}}} = 377\sqrt{\dfrac{\mu_{r2}}{\varepsilon_{r2}}} = 377\sqrt{\dfrac{1}{9}} = 125.7\,[\Omega]$

- $R = \dfrac{\eta_2 - \eta_1}{\eta_2 + \eta_1} = \dfrac{125.7 - 188.5}{125.7 + 188.5} = -0.2$

정답 ①

MOAG

모아바 www.moa-ba.com
모아소방전기학원 www.moate.co.kr

PART 02

필기

모아 전기산업기사

과년도 기출문제

2023년 1회

01 유전율 ϵ_s 인 유전체 내의 전하 $Q[C]$에서 나오는 전속선의 개수는 몇 개인가?

① Q
② $\epsilon_s Q$
③ $\dfrac{Q}{\epsilon_0 \epsilon_s}$
④ $\epsilon_0 \epsilon_s Q$

해설 | 전속선의 정의

전속선의 개수는 매질에 관계없이 항상 전하량과 같다.

∴ Q개

③ $\dfrac{Q}{\epsilon}$ 개는 전기력선의 개수이다.

TIP 전기력선과 전속선의 차이를 기억하자.
전기력선의 개수가 너무 많아서 묶음으로 표현한 것이 전속선이다.

02 투자율과 유전율로 이루어진 식 $\dfrac{1}{\sqrt{\mu\epsilon}}$ 의 단위는 무엇인가?

① [C]
② [F]
③ [m/s]
④ [A/m]

해설 | 전파속도

$\dfrac{1}{\sqrt{\mu\epsilon}}$ 는 전파속도 v를 의미한다.
따라서 단위는 [m/s]이다.

TIP 진공에서의 전파속도(빛의 속도)

$$\dfrac{1}{\sqrt{\mu_0 \epsilon_0}} = 3 \times 10^8 \text{ [m/s]}$$

03 그림과 같이 진공 중에 $Q_A = 4 \times 10^{-6}$ [C], $Q_B = 3 \times 10^{-6}$ [C], $Q_C = 5 \times 10^{-6}$ [C]의 전하를 가진 작은 도체구 A, B, C가 진공 중에서 일직선상에 놓여질 때 B구에 작용하는 힘 [N]을 구하여라.

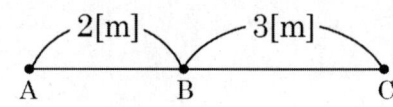

① 4.2×10^{-2}
② 4.2×10^{-3}
③ 1.2×10^{-2}
④ 1.2×10^{-3}

해설 | 쿨롱법칙 : 두 전하 사이에 작용하는 힘

세 전하 모두 양전하를 띠고 있으므로 서로 밀어낸다. 따라서 B점에 작용하는 힘은 서로 반대 방향이며, A, B 사이에 작용하는 힘에서 B, C 사이에 작용하는 힘을 빼줘야 한다.

쿨롱법칙 $F = QE = \dfrac{Q_1 Q_2}{4\pi\varepsilon r^2}$ [N]에서

$$F_B = F_{BA} - F_{BC}$$
$$= \dfrac{Q_B}{4\pi\epsilon_0}\left(\dfrac{Q_A}{r_{AB}^2} - \dfrac{Q_C}{r_{BC}^2}\right)$$
$$= \dfrac{3 \times 10^{-6}}{4\pi\epsilon_0}\left(\dfrac{4 \times 10^{-6}}{2^2} - \dfrac{5 \times 10^{-6}}{3^2}\right)$$
$$= 1.2 \times 10^{-2} [N]$$

TIP 암기하자! $\dfrac{1}{4\pi\epsilon_0} = 9 \times 10^9$

정답 01 ① 02 ③ 03 ③

04
전계 $E = i2x^2 + jx^2y + ky^2z$의 $\nabla \cdot E$를 구하여라.

① $4x + x^2 + y^2$
② $4x - x^2 + y^2$
③ $4x + 2xy + y^2z$
④ $4x + 2x + 2y$

해설 | 발산의 계산

$$div A = \nabla \cdot A = \frac{\partial A_x}{\partial x} + \frac{\partial A_y}{\partial y} + \frac{\partial A_z}{\partial z}$$

$$\nabla \cdot E = \frac{\partial (2x^2)}{\partial x} + \frac{\partial (x^2y)}{\partial y} + \frac{\partial (y^2z)}{\partial z}$$

$$= 4x + x^2 + y^2$$

05
$C = 4[\mu F]$인 평행판 콘덴서에 $10[V]$의 전압을 걸어줄 때 콘덴서에 축적되는 에너지는 몇 $[J]$인가?

① 4×10^{-4}
② 2×10^{-4}
③ 1.6×10^{-3}
④ 1×10^{-3}

해설 | 콘덴서의 정전에너지

평행판 콘덴서에 축적되는 에너지는 다음과 같다.

$$W = \frac{1}{2}CV^2$$

$$= \frac{1}{2} \times (4 \times 10^{-6}) \times 10^2$$

$$= 2 \times 10^{-4}[J]$$

06
플레밍의 왼손법칙에서 왼손의 엄지, 인지, 중지의 방향에 해당되지 않는 것은?

① 전압
② 전류
③ 자속밀도
④ 힘

해설 | 플레밍의 왼손법칙

- 엄지(F) : 힘의 방향
- 검지(B) : 자속밀도의 방향
- 중지(I) : 전류의 방향

07
0.2 [Wb/m²]의 평등자계 속에 자계와 직각 방향으로 놓인 길이 30 [cm]의 도선을 자계와 30°의 방향으로 30 [m/s]의 속도로 이동시킬 때 도체 양단에 유기되는 기전력은 몇 [V]인가?

① 0.45
② 0.9
③ 1.8
④ 90

해설 | 도체에 유기되는 기전력

플레밍의 오른손법칙에 의해 유기되는 기전력은

$$e = Blv \sin\theta$$
$$= 0.2 \times 0.3 \times 30 \times \sin 30°$$
$$= 0.9 [V]$$

정답 04 ① 05 ② 06 ① 07 ②

08 정전계에서 서로 다른 두 유전체의 경계면에 대한 설명으로 옳은 것은?

① 굴절각은 항상 입사각보다 크다.
② 경계면에 입사하는 전속은 항상 굴절한다.
③ 전계의 접선성분은 같다.
④ 전속밀도의 접선성분은 같다.

해설 | 유전체의 경계 조건

① 굴절 시 $\epsilon_1 > \epsilon_2$ 일 때는 $\dfrac{\tan\theta_1}{\tan\theta_2} = \dfrac{\epsilon_1}{\epsilon_2}$

에서 $\tan\theta_1 > \tan\theta_2$, $\theta_1 > \theta_2$이므로 입사각이 굴절각보다 크다.
② 경계면에 수직으로 입사한 전속은 굴절하지 않는다.
③ 전계의 접선성분은 같다(정답).
④ 전속밀도의 법선성분은 같다.

09 접지구도체와 점전하 간의 작용력은 어떤 관계인가?

① 항상 흡인력이다.
② 항상 반발력이다.
③ 조건적 반발력이다.
④ 조건적 흡인력이다.

해설 | 구도체와 점전하 간 작용력

접지구도체는 점전하와 극성이 항상 반대가 되므로, 항상 흡인력이 작용한다.

10 도체의 단면적이 $5\,[m^2]$인 곳을 3초 동안에 $30\,[C]$의 전하가 통과했다면 이때의 전류는 몇 $[A]$인가?

① 5
② 10
③ 15
④ 20

해설 | 전류의 계산

전류는 단위시간당 통과한 전하의 양이다.
$I = \dfrac{dQ}{dt} = \dfrac{30}{3} = 10\,[A]$

11 임의의 절연체에 대한 유전율의 단위로 옳은 것은?

① [F/m]
② [V/m]
③ [N/m]
④ [C/m²]

해설 | 유전율의 단위

유전율(ε)의 단위는 [F/m]이다.

TIP 기타 단위
전계의 세기(E) : [V/m]
단위길이당 작용하는 힘(F) : [N/m]
전속밀도(D) : [C/m²]

정답 08 ③ 09 ① 10 ② 11 ①

12 다음이 설명하고 있는 것은?

> 압력(기계적 자극)으로 인한 일그러짐으로 유전분극이 일어나는 현상. 움켜쥐거나 누른다는 뜻의 그리스어에서 따와 피에조(Piezein)효과라고도 부른다.

① 압전기현상　　② 스트레치효과
③ 파이로효과　　④ 핀치효과

해설 | 압전기현상

본문에서 설명하는 것은 압전기현상이다.
② 스트레치효과 : 자유로이 구부릴 수 있는 가는 사각형의 도선에 대전류를 흘리면 각 도선 상호 간 반발력이 작용하며 도선이 원의 형태를 이루게 되는 현상
③ 파이로전기 : 결정체에 가열, 냉각을 할 시 결정체 양면에 분극현상이 일어나는 효과.
④ 핀치효과 : 직류전압 인가 시 전류가 도선 중심 쪽으로 집중되어 흐르는 현상

13 다음 중 포인팅 벡터를 바르게 표현한 것은?

① $E \times H \, [W/m^2]$
② $E \times H \, [W/m]$
③ $B \times H \, [W/m^2]$
④ $B \times H \, [W/m]$

해설 | 포인팅 벡터

포인팅 벡터는 다음과 같이 구한다.
$P = E \times H = EH\sin\theta \, [W/m^2]$

14 평등 전계 내에서 $8[C]$의 전하를 $10[cm]$ 이동시키는 데 $100[J]$의 일이 소요되었다. 전계의 세기는 몇 $[V/m]$인가?

① 25　　② 75
③ 100　　④ 125

해설 | 일과 전계의 관계

$F = qE$이므로 전계의 세기는
$E = \dfrac{F}{q} = \dfrac{1}{8}F \, [V/m]$
$100[J]$의 일이 소요되었으므로
$W = Fr$에서
$F = \dfrac{W}{r} = \dfrac{100}{10 \times 10^{-2}} = 1000[N]$
$E = \dfrac{1000}{8} = 125[V/m]$

15 자화율 χ와 비투자율 μ_s의 크기를 나타낸 것 중, 상자성체는 어느 것인가?

① $\chi > 0, \mu_s > 1$　　② $\chi > 0, \mu_s < 1$
③ $\chi < 0, \mu_s > 1$　　④ $\chi < 0, \mu_s < 1$

해설 | 자성체의 구분

자화율과 비투자율에 따른 자성체는 아래 표와 같이 구분하면 된다.

구분	μ_s	χ
강자성체	≫1	≫0
상자성체	>1	>0
반자성체	<1	<0

16 물질의 자화현상과 가장 관계가 깊은 것은?

① 분자의 이동
② 전자의 공전
③ 전자의 자전
④ 전자의 이동

해설 | 물질의 자화현상

물질의 자화현상과 가장 관계가 깊은 것은 전자의 자전운동(전자의 스핀)이다.

17 정전차폐와 자기차폐를 비교한 것으로 옳은 것은?

① 정전차폐가 자기차폐에 비해서 완전하다.
② 정전차폐가 자기차폐에 비해서 불완전하다.
③ 두 차폐 방법은 모두 완전하다.
④ 두 차폐 방법은 모두 불완전하다.

해설 | 정전차폐와 자기차폐

정전차폐는 도체를 사용하여 외부전계의 영향을 완전히 막을 수 있다(완전차폐). 자계에서는 투자율이 무한인 자성체가 존재하지 않기 때문에 완전히 차단하는 것은 불가능하다(불완전차폐).

18 패러데이관에 대한 설명 중 틀린 것은?

① $+1[C]$의 진전하에서 $-1[C]$의 진전하로 끝나는 1개의 관으로 가정한다.
② 관의 양 끝에는 정, 부의 단위진전하가 있다.
③ 관의 밀도는 전속밀도와 동일하다.
④ 진전하가 있으면 연속이다.

해설 | 패러데이관의 특징

- $+1[C]$의 진전하에서 $-1[C]$의 진전하로 끝나는 1개의 관을 패러데이관이라고 한다.
- 패러데이관의 밀도는 전속밀도와 같다.
- 진전하가 없는 점에서 패러데이관은 연속된다.
- 패러데이관 양단에 정, 부의 단위전하가 존재한다.

19 유전체 내의 전계의 세기가 E, 분극의 세기가 P, 유전율이 $\varepsilon = \varepsilon_0 \varepsilon_s$인 유전체 내의 변위전류밀도는 얼마인가?

① $\varepsilon \dfrac{\partial E}{\partial t} + \dfrac{\partial P}{\partial t}$ ② $\varepsilon_0 \dfrac{\partial E}{\partial t} + \dfrac{\partial P}{\partial t}$
③ $\varepsilon_0 \left(\dfrac{\partial E}{\partial t} + \dfrac{\partial P}{\partial t} \right)$ ④ $\varepsilon \left(\dfrac{\partial E}{\partial t} + \dfrac{\partial P}{\partial t} \right)$

해설 | 유전체 내의 변위전류밀도

$i_d = \dfrac{\partial D}{\partial t}$ 이고
$D = \varepsilon E = \varepsilon_0 E + P$ 이므로
$\therefore i_d = \dfrac{\partial}{\partial t}(\varepsilon_0 E + P) = \varepsilon_0 \dfrac{\partial E}{\partial t} + \dfrac{\partial P}{\partial t}$

20 횡전자파(TEM)의 특성으로 옳은 것은?

① 진행 방향의 E, H성분이 모두 존재한다.
② 진행 방향의 E, H성분이 모두 존재하지 않는다.
③ 진행 방향의 E성분만 존재하고, H성분은 존재하지 않는다.
④ 진행 방향의 H성분만 존재하고, E성분은 존재하지 않는다.

해설 | **횡전자파**

전자파 진행 방향에 수직으로 생성되는 성분으로 전자파 진행 방향의 성분이 존재하지 않는다.

정답 20 ②

2023년 2회

01 전하량이 같은 두 도체구가 있다. 도체구 A의 반지름이 5 [cm], 표면전위가 V_A이고, 도체구 B의 반지름이 10 [cm], 표면전위가 V_B일 때, 두 도체의 전위 관계식으로 옳은 것은?

① $V_A = V_B$ ② $2V_A = V_B$
③ $V_A = 2V_B$ ④ $V_A = -V_B$

해설 | 도체구의 전위 $V = \dfrac{Q}{4\pi\varepsilon r}$ [V]

도체구 A의 전위는 $V_A = \dfrac{Q_A}{4\pi\varepsilon \times 5}$

도체구 B의 전위는 $V_B = \dfrac{Q_B}{4\pi\varepsilon \times 10}$

전하량이 같다고 했으므로 $Q_A = Q_B$

∴ $V_A = 2V_B$

02 다음 중 감자율이 $\dfrac{1}{3}$인 것은?

① 가늘고 짧은 막대 자성체
② 환상 솔레노이드
③ 굵고 긴 막대 자성체
④ 균등하게 자화된 구 자성체

해설 | 감자율

균등하게 자화된 구 자성체의 감자율은 $\dfrac{1}{3}$

TIP 암기법 : 구삼환영
환상 솔레노이드 감자율은 0
구 자성체와 환상 솔레노이드의 감자율은 꼭 기억하자.

03 한 변의 길이가 a [m]인 정육각형의 모든 정점에 각각 Q [C]의 전하를 놓을 때, 정육각형의 중심에서의 전계의 세기는 몇 [V/m]인가?

① $\dfrac{Q}{4\pi\epsilon_0 a}$ ② $\dfrac{Q}{4\pi\epsilon_0 a^2}$
③ $\dfrac{3Q}{4\pi\epsilon_0 a}$ ④ 0

정답 01 ③ 02 ④ 03 ④

해설 | 전계의 세기

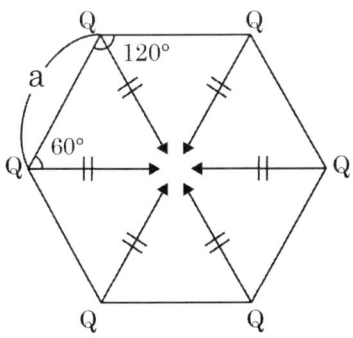

정육각형의 모든 정점에 동일한 전하가 놓여있을 때, 모든 정점에서 중심으로의 전계의 세기는 모두 동일하고, 방향이 반대인 것이 3쌍씩 있다.
따라서 정육각형 중심에서의 전계의 세기는 0이다.

04 어떤 콘덴서에 그림과 같이 판의 면적이 $\frac{1}{3}S$이고 두께가 d인 유전체와 판의 면적이 $\frac{1}{3}S$이고 두께가 $\frac{1}{2}d$인 유전체를 끼웠을 때의 정전용량은 처음의 몇 배인가? (단, 두 유전체 모두 $\epsilon_s = 3$이다)

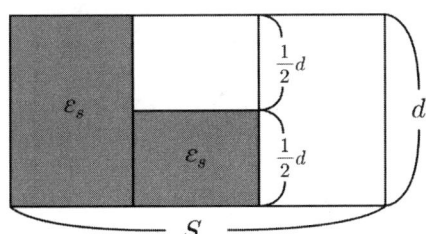

① $\frac{1}{6}$ ② $\frac{5}{6}$

③ $\frac{11}{6}$ ④ $\frac{1}{2}$

해설 | 콘덴서의 직렬, 병렬 연결

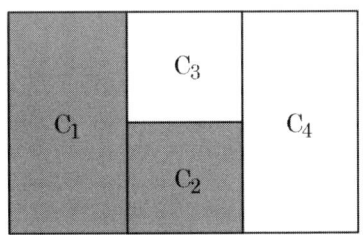

그림과 같이 구역을 나눠서 계산하자.
먼저, 유전체를 끼우기 전 처음 공기콘덴서의 정전용량은 $C = \epsilon \frac{S}{d}$이다.

첫 번째 구역은 면적이 $\frac{1}{3}S$, 두께가 d이므로 $C_1 = \dfrac{3\epsilon_0 \frac{1}{3}S}{d} = C$

두 번째 구역은 C_2와 C_3가 직렬연결 되어 있으므로 $\dfrac{C_2 C_3}{C_2 + C_3}$를 계산해야 한다.

$C_2 = \dfrac{3\epsilon_0 \frac{1}{3}S}{\frac{1}{2}d} = 2C$,

$C_3 = \dfrac{\epsilon_0 \frac{1}{3}S}{\frac{1}{2}d} = \frac{2}{3}C$ 이므로

$\dfrac{C_2 C_3}{C_2 + C_3} = \frac{1}{2}C$

$C_4 = \dfrac{\epsilon_0 \frac{1}{3}S}{d} = \frac{1}{3}C$

각 구역은 병렬연결 되어 있으므로 모두 더하면 된다.

$C_1 + C_2 + C_3 + C_4 = \dfrac{11}{6}C$

정답 04 ③

05 펠티에효과를 이용한 것은?

① 광전지　　② 열전대
③ 전자냉동　④ 수정 발진기

해설 | 제벡효과

서로 다른 두 금속 접속점에 온도차를 주게 되면 열기전력이 생성되는 현상

① 광전지 : 빛 에너지를 전기에너지로 변환하여 사용하는 전지 → 광전효과
② 열전대 : 서로 다른 두 금속 접합부의 기전력을 측정하여 온도를 측정하는 방법 → 제벡효과
③ 전자냉동 : 소자에 전압을 걸어주면 한쪽에서는 발열, 다른쪽에서는 흡열이 일어나는 모듈 → 펠티에효과
④ 수정 발진기 : 수정 표면에 인가된 교류 전압으로 진동을 일으키는 발전기 → 역압전효과

06 평행도선에 서로 반대 방향으로 전류가 흐르고 있다. 이때 두 도선 사이의 자계의 세기는 도선이 한 개일 때와 비교하여 어떻게 다른가?

① 더 강하다.
② 더 약하다.
③ 강해졌다가 점차 약해진다.
④ 약해졌다가 점차 강해진다.

해설 | 앙페르의 오른나사법칙

평행한 두 도선에 서로 반대방향으로 전류가 흐르고 있으므로, 도선 사이에서 각 도선이 만드는 자계의 방향은 서로 같다. 따라서 더 강해진다.

07 전기기기를 만들 때 규소강판을 성층하는 이유는?

① 와전류손을 줄이기 위해
② 제작을 쉽게 하기 위해
③ 히스테리시스손을 줄이기 위해
④ 동손을 줄이기 위해

해설 | 전기기기 철심의 구성

규소강판을 '사용'하면 히스테리시스손이 감소한다.
와전류손을 줄이는 방법은 규소강판을 '성층'하는 것이다.

08 비투자율 $\mu_r = 800$, 원형 단면적이 $S = 10$ [cm^2], 평균 자로 길이 $l = 16\pi \times 10^{-2}$ [m]의 환상철심에 600 [회] 코일을 감고 이 코일에 1 [A]의 전류를 흘리면 환상철심 내부의 자속은 몇 [Wb]인가?

① 1.2×10^{-3}　② 1.2×10^{-5}
③ 2.4×10^{-3}　④ 2.4×10^{-5}

해설 | 자기 인덕턴스

$$L = \frac{N\phi}{I} = \frac{N}{I} \times \frac{NI}{R_m} = \frac{N^2}{R_m}$$

$$= \frac{N^2}{\frac{l}{\mu S}} = \frac{\mu S N^2}{l} [H]$$

$$\phi = \frac{LI}{N} = \frac{\mu S N^2}{l} \times I \times \frac{1}{N}$$

$$= \frac{4\pi \times 10^{-7} \times 10^{-4} \times 600^2}{16\pi \times 10^{-2}} \times 1 \times \frac{1}{600}$$

$$= 12 \times 10^{-4} = 1.2 \times 10^{-3} [Wb]$$

TIP $\mu_0 = 4\pi \times 10^{-7}$

정답　05 ③　06 ①　07 ①　08 ①

09 전계와 자계의 관계식으로 옳은 것은?

① $\sqrt{\epsilon}H = \sqrt{\mu}E$ ② $\sqrt{\epsilon\mu} = EH$
③ $\sqrt{\mu}H = \sqrt{\epsilon}E$ ④ $\epsilon\mu = EH$

해설 | 전자파 고유 임피던스

$$Z_0 = \frac{E}{H} = \sqrt{\frac{\mu}{\epsilon}}$$

---

10 반지름 a [m]인 접지구도체의 중심에서 d [m]되는 거리에 점전하 Q [C]를 놓았을 때, 구도체에 유도된 전하량은 몇 [C]인가? (단, $d > a$)

① $-\frac{a}{d}Q$

② $-\frac{d}{a}Q$

③ $+\frac{a^2}{d}Q$

④ $+\frac{a}{d^2}Q$

해설 | 전기영상법

접지구도체의 영상전하 $Q' = -\frac{a}{d}Q\,[C]$

TIP '접지'라는 단어를 보자마자 영상전하를 떠올리자.

---

11 전하 Q_1, Q_2 간의 작용력이 F_1일 때 근처에 전하 Q_3을 놓을 경우 Q_1과 Q_2 사이의 전기력을 F_2라 하면?

① $F_1 = F_2$

② $F_1 < F_2$

③ $F_1 > F_2$

④ Q_3의 크기에 따라 다르다.

해설 | 쿨롱의 힘

$$F = QE = \frac{Q_1 Q_2}{4\pi\varepsilon_0 \varepsilon_s r^2}\,[N]$$

다른 전하가 추가되더라도 Q_1과 Q_2 사이의 전기력은 항상 동일하다.

---

12 어떤 코일에 흐르는 전류가 0.1초 동안에 일정하게 50 [A]로부터 10 [A]로 바뀔 때에 40 [V]의 기전력이 발생한다면 자기 인덕턴스는 몇 [H]인가?

① 0.1 ② 0.2
③ 0.3 ④ 0.4

해설 | 자기 인덕턴스

유기기전력 $e = -L\dfrac{di}{dt}$

$40 = -L\dfrac{-40}{0.1}$,

$L = \dfrac{40 \times 0.1}{40} = 0.1\,[H]$

정답 09 ③ 10 ① 11 ① 12 ①

13 다음 물질 중 반자성체는 무엇인가?

① 비스무트 ② 백금
③ 철   ④ 망간

해설 | 자성체의 종류
- 강자성체 : 니켈, 코발트, 철, 망간
- 상자성체 : 알루미늄, 백금, 텅스텐
- 역(반)자성체 : 금, 은, 동, 비스무트, 안티몬, 아연

14 전자파의 진행방향은 어떻게 되는가?

① 전계 E의 방향과 같다.
② 자계 H의 방향과 같다.
③ $E \times H$의 방향과 같다.
④ $\nabla \times E$의 방향과 같다.

해설 | 포인팅 벡터
전자파의 진행 방향은 포인팅 벡터와 같은 방향인 $E \times H$ 방향이다.

15 평행판 콘덴서의 극판 사이가 진공일 때의 용량을 C_0, 비유전율 ϵ_s의 유전체를 채웠을 때의 용량을 C라고 할 때, 이들의 관계식으로 옳은 것은?

① $\dfrac{C}{C_0} = \dfrac{1}{\epsilon_s}$

② $\dfrac{C}{C_0} = \dfrac{1}{\epsilon_s \epsilon_0}$

③ $\dfrac{C}{C_0} = \epsilon_s \epsilon_0$

④ $\dfrac{C}{C_0} = \epsilon_s$

해설 | 콘덴서의 정전용량
극판 사이가 진공일 때는 $C_0 = \dfrac{\epsilon_0 S}{d}\,[F]$,
유전체를 채웠을 때는
$$C = \dfrac{\epsilon_s \epsilon_0 S}{d} = \epsilon_s C_0\,[F]$$이므로
$$\therefore \dfrac{C}{C_0} = \epsilon_s$$

16 자기회로의 자기저항에 대한 설명으로 옳은 것은?

① 자기회로의 길이에 반비례한다.
② 자기회로의 단면적에 비례한다.
③ 길이의 제곱에 비례하고 단면적에 반비례한다.
④ 투자율에 반비례한다.

해설 | 자기저항
자기저항 $R_m = \dfrac{l}{\mu A}\,[AT/Wb]$

① 자기회로의 길이에 비례한다.
② 자기회로의 단면적에 반비례한다.
③ 길이에 비례하고 단면적에 반비례한다.

정답 13 ① 14 ③ 15 ④ 16 ④

17 두 종류의 유전율(ε_1, ε_2)을 가진 유전체가 서로 접하고 있는 경계면에 진전하가 존재하지 않을 때 성립하는 경계 조건으로 옳은 것은? (단, E_1, E_2는 각 유전체에서의 전계이고, D_1, D_2는 각 유전체에서의 전속밀도이고, θ_1, θ_2는 각각 경계면의 법선벡터와 E_1, E_2가 이루는 각이다)

① $E_1\cos\theta_1 = E_2\cos\theta_2$
   $D_1\sin\theta_1 = D_2\sin\theta_2$, $\dfrac{\tan\theta_1}{\tan\theta_2} = \dfrac{\epsilon_2}{\epsilon_1}$

② $E_1\cos\theta_1 = E_2\cos\theta_2$
   $D_1\sin\theta_1 = D_2\sin\theta_2$, $\dfrac{\tan\theta_1}{\tan\theta_2} = \dfrac{\epsilon_1}{\epsilon_2}$

③ $E_1\sin\theta_1 = E_2\sin\theta_2$
   $D_1\cos\theta_1 = D_2\cos\theta_2$, $\dfrac{\tan\theta_1}{\tan\theta_2} = \dfrac{\epsilon_2}{\epsilon_1}$

④ $E_1\sin\theta_1 = E_2\sin\theta_2$
   $D_1\cos\theta_1 = D_2\cos\theta_2$, $\dfrac{\tan\theta_1}{\tan\theta_2} = \dfrac{\epsilon_1}{\epsilon_2}$

해설 | 유전체의 경계 조건
- 전계는 접선성분이 같다.
  $E_1\sin\theta_1 = E_2\sin\theta_2$
- 전속밀도는 법선성분이 같다.
  $D_1\cos\theta_1 = D_2\cos\theta_2$
- 입사각과 굴절각은 유전율에 비례한다.
  $\dfrac{\tan\theta_1}{\tan\theta_2} = \dfrac{\epsilon_1}{\epsilon_2}$

18 무한장 솔레노이드에 전류가 흐를 때 발생되는 자장에 관한 설명 중 옳은 것은?

① 내부 자장은 평등 자장이다.
② 외부와 내부 자장의 세기는 같다.
③ 외부 자장은 평등 자장이다.
④ 내부 자장의 세기는 0이다.

해설 | 무한장 솔레노이드의 자계의 세기
무한장 솔레노이드의 내부 자장은
$H = \dfrac{NI}{l}$ 으로 평등 자장이다.
외부 자장은 0이다.

19 자장 내에서 도선에 발생하는 유기기전력의 방향은 어떤 법칙에 의해 결정되는가?

① Ampere의 오른나사법칙
② Fleming의 오른손법칙
③ Fleming의 왼손법칙
④ Lentz의 법칙

해설 | 앙페르의 오른나사법칙
① 어떤 도선에 전류가 흐를 때, 오른나사를 돌리는 방향으로 자계가 발생하는 법칙.
② 자기장 속에서 도선이 이동할 때, 도선 속의 전하가 로렌츠힘을 받아 전류가 흐르는 법칙.
③ 자기장 속에서 도선에 전류가 흐를 때, 도선이 받는 힘의 방향을 결정하는 규칙.
④ 패러데이의 법칙에서 유도기전력이 발생할 때 그 방향을 결정하는 규칙.
(변화를 방해하는 방향)

정답 17 ④ 18 ① 19 ④

20 내경의 반지름이 $a\,[m]$, 외경의 반지름이 $b\,[m]$, 내원통의 비투자율이 μ_s인 동축 원주 도체 내 전체 인덕턴스는 몇 $[H/m]$ 인가?

① $\dfrac{\mu_0}{2\pi}\left(\dfrac{\mu_s}{4} + \ln\dfrac{b}{a}\right)$

② $\dfrac{\mu_0}{2\pi}\left(\dfrac{\mu_s}{2} + \ln\dfrac{b}{a}\right)$

③ $\dfrac{\mu_0}{4\pi}\left(\dfrac{\mu_s}{2} + \ln\dfrac{b}{a}\right)$

④ $\dfrac{\mu_0}{4\pi}\left(\dfrac{\mu_s}{4} + \ln\dfrac{b}{a}\right)$

해설 | 전류밀도

내부 도체 인덕턴스는

원주 도체 인덕턴스 $L_i = \dfrac{\mu \ell}{8\pi}\,[H]$

외부 도체 인덕턴스 $L_o = \dfrac{\mu_0 \ell}{2\pi}\ln\dfrac{b}{a}\,[H]$

전체 인덕턴스는 두 값을 더한 값이다.

$L = \dfrac{\mu \ell}{8\pi} + \dfrac{\mu_0 \ell}{2\pi}\ln\dfrac{b}{a}$

$= \dfrac{\mu_0 \ell}{2\pi}\left(\dfrac{\mu_s}{4} + \ln\dfrac{b}{a}\right)\,[H]$

$= \dfrac{\mu_0}{2\pi}\left(\dfrac{\mu_s}{4} + \ln\dfrac{b}{a}\right)\,[H/m]$

정답 20 ①

전기자기학 2023년 3회

01 전기력선의 기본 성질에 관한 설명으로 옳지 않은 것은?

① 전계가 0이 아닌 곳에서 전기력선은 도체 표면과 직교한다.
② 전기력선은 자기 자신만으로 폐곡선을 만든다.
③ 전기력선은 전위가 높은 점에서 낮은 점으로 향한다.
④ 전기력선의 방향은 그 점에서의 전계 방향과 일치한다.

해설 | 전기력선의 기본 성질
- (+)에서 (-)방향으로 진행한다.
- 전하가 없는 곳에서 발생, 소멸이 없다.
- 고전위에서 저전위로 향한다.
- 전계의 방향이 곧 전기력선의 방향이다.
- 서로 교차하지 않으며 등전위면과 직교한다.
- 전기력선 자신만으로 폐곡면을 만들 수 없다.

02 비유전율 ϵ_s에 대한 설명으로 옳은 것은?

① ϵ_s의 단위는 [C/m]다.
② ϵ_s는 유전체의 종류에 따라 다르다.
③ ϵ_s는 항상 1보다 작다.
④ 진공의 비유전율은 0이고, 공기의 비유전율은 1이다.

해설 | 비유전율
① 비유전율은 유전율과 진공에서의 유전율의 비율이므로 단위는 없다.
③ 항상 1보다 크거나 같다.
④ 진공에서의 비유전율 값은 공기에서와 같은 1이다.

03 진공 중에 전류가 흐르고 있는 무한직선도체가 있다. 이 도체로부터 $2\,[m]$ 떨어진 점 P에서의 자계의 세기가 $\frac{4}{\pi}\,[AT/m]$일 때, 이 도체에 흐르는 전류는 몇 $[A]$인가?

① 2
② 4
③ 8
④ 16

해설 | 무한직선도체의 자계

무한직선도체의 자계 $H = \frac{I}{2\pi r}$ 에서
전류를 구하면 $I = 2\pi r H = 16\,[A]$

정답 01 ② 02 ② 03 ④

04 자기 인덕턴스와 상호 인덕턴스와의 관계에서 결합계수에 영향을 주지 않는 것은?

① 코일의 재질   ② 코일의 크기
③ 코일의 형상   ④ 코일의 상대위치

해설 | 결합계수

결합계수는 코일이 결합된 정도를 나타냄
$M = k\sqrt{L_1 L_2}$
코일의 크기, 형상, 상대위치에는 영향을 받지만 코일의 재질에는 영향을 받지 않는다.

05 대기 중의 두 전극 사이에 있는 어떤 점의 전계의 세기가 $E = 1.5\,[V/m]$, 지면의 도전율 $k = 10^{-4}\,[\mho/m]$일 때, 이 점의 전류밀도는 몇 $[A/m^2]$인가?

① 1.5×10^{-4} ② 3.0×10^{-4}
③ 3.5×10^{-4} ④ 4.5×10^{-4}

해설 | 전도전류밀도

전도전류밀도는 $i_c = kE$ 이므로
$i_c = kE = 1.5 \times 10^{-4}\,[A/m^2]$

06 그림과 같은 자성체가 진공 중에 놓여져 있다. 자극면적이 $2\,[cm^2]$, 간격이 $0.1\,[cm]$이고 자성체 내에서 포화자속밀도가 $2\,[Wb/m^2]$일 때 두 자극면 사이에서 작용하는 힘의 크기는 약 몇 $[N]$인가?

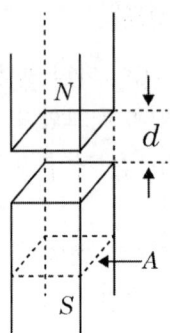

① 53   ② 106
③ 159   ④ 318

해설 | 자석의 흡인력

자석의 흡인력은 다음과 같다.
$F = \dfrac{1}{2}\mu H^2 S = \dfrac{B^2}{2\mu}S = \dfrac{1}{2}BHS\,[N]$

따라서 작용하는 힘의 크기는
$F = \dfrac{B^2}{2\mu}S = \dfrac{2^2}{2 \times 4\pi \times 10^{-7}} \times 2 \times 10^{-4}$
$= 318\,[N]$

07 그림에서 N = 1000 [회], l = 100 [cm], S = 10 [cm²]인 환상철심의 자기회로에 전류 I = 10 [A]를 흘렸을 때 축적되는 자계에너지는 몇 [J]인가? (단, 비투자율 μ_r = 100이다)

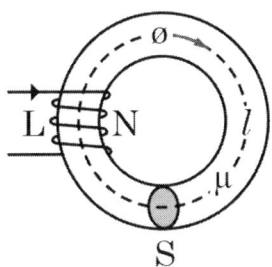

① $2\pi \times 10^{-3}$
② $2\pi \times 10^{-2}$
③ $2\pi \times 10^{-1}$
④ 2π

해설 | 축적된 자계에너지

$W = \frac{1}{2}LI^2$, $L = \frac{\mu SN^2}{\ell}$ 이므로

$W = \frac{1}{2}\left(\frac{100 \times 4\pi \times 10^{-7} \times 10^{-3} \times 10^6}{1}\right) \times 10^2$
$= 2\pi \ [J]$

08 변위전류에 대한 설명으로 옳지 않은 것은?

① 변위전류는 유전체 내 유전속밀도의 시간적 변화에 비례한다.
② 자계를 발생시킨다.
③ 시간적으로 변화하는 전속밀도에 의한 가상의 전류이다.
④ 변위전류와 전도전류는 모두 전자의 이동에 의해 발생한다.

해설 | 변위전류

변위전류밀도는

$i_d = \frac{I_d}{S} = \frac{\partial D}{\partial t} = \epsilon \frac{\partial E}{\partial t} = \omega \epsilon E \ [A/m^2]$

으로 전속밀도와 전계의 시간적 변화율에 비례하고, 전도전류처럼 자계를 발생시킨다. 그러나 변위전류는 전자의 이동에 의해 발생하는 것이 아니라, 축전기와 같이 거리상으로 떨어져 있어 전자가 직접적으로 이동하지 못하는 상황에서 전계의 변화로 인해 전자를 이동하도록 만드는 것이다.

09 히스테리시스 곡선(Hysteresis Loop)이 횡축과 만나는 점은 무엇을 나타내는가?

① 보자력
② 잔류자기
③ 자속밀도
④ 투자율

해설 | 히스테리시스 곡선

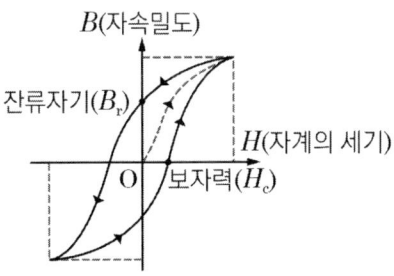

히스테리시스 곡선이 종축과 만나는 점은 잔류자기, 횡축과 만나는 점은 보자력이다.

10 극판의 면적 0.12 $[m^2]$, 간격 80 $[\mu m]$인 평행판 콘덴서에 전압 12 $[V]$를 인가하여 1 $[\mu J]$의 에너지가 축적되었을 때, 콘덴서 내 유전체의 비유전율은 얼마인가?

① 0.55
② 1.05
③ 1.23
④ 1.68

해설 | 콘덴서에 축적되는 에너지

콘덴서에 축적되는 에너지는
$$W = \frac{Q^2}{2C} = \frac{QV}{2} = \frac{CV^2}{2} \, [J] \cdots (1)$$

콘덴서의 정전용량은 $C = \varepsilon \frac{S}{d} = \varepsilon_0 \varepsilon_s \frac{S}{d}$

C를 식 (1)에 대입하면
$$W = \frac{1}{2} \epsilon_0 \epsilon_s \frac{S}{d} V^2 \text{이고,}$$

비유전율에 대해서 정리하면
$$\epsilon_s = \frac{2dW}{\epsilon_0 SV^2} \text{이다. 값을 대입하면}$$

$$\epsilon_s = \frac{2 \times 80 \times 10^{-6} \times 1 \times 10^{-6}}{8.85 \times 10^{-12} \times 0.12 \times 12^2} \approx 1.05$$

11 그림과 같은 길이가 1 [m]인 동축원통 사이의 정전용량은 몇 [F/m]인가?

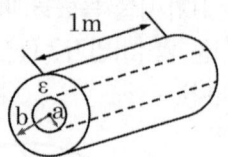

① $\dfrac{2\pi}{\epsilon \ln \dfrac{b}{a}}$
② $\dfrac{\epsilon}{2\pi \ln \dfrac{b}{a}}$
③ $\dfrac{2\pi\epsilon}{\ln \dfrac{b}{a}}$
④ $\dfrac{2\pi\epsilon}{\ln \dfrac{a}{b}}$

해설 | 동축원통의 정전용량

$$C = \frac{2\pi\epsilon}{\ln \dfrac{b}{a}} [F/m]$$

12 도전성을 가진 매질 내의 평면파에서 전송계수 γ를 표현한 것으로 알맞은 것은? (단, α는 감쇠정수, β는 위상정수이다)

① $\gamma = j\alpha + \beta$
② $\gamma = j\alpha - \beta$
③ $\gamma = \alpha + j\beta$
④ $\gamma = \alpha - j\beta$

해설 | 전달계수(전송계수)

$\gamma = \alpha + j\beta$

정답 10 ② 11 ③ 12 ③

13 진공 중에 존재하는 임의의 구도체의 표면 전하밀도가 σ일 때, 구도체 표면의 전계의 세기는 몇인가?

① $\dfrac{\sigma}{\epsilon_0}$ ② $\dfrac{2\sigma}{\epsilon_0}$

③ $\dfrac{\sigma}{2\epsilon_0}$ ④ $\dfrac{\sigma^2}{\epsilon_0}$

해설 | 구도체 표면의 전계의 세기

전계의 정의에 의해서

$$V = \int_r^\infty E \cdot dr = E \cdot A = \dfrac{Q}{\epsilon_0}$$

(A는 도체의 표면적)

$$E = \dfrac{Q}{\epsilon_0 A} = \dfrac{\sigma}{\epsilon_0}$$

14 맥스웰의 전자방정식으로 틀린 것은?

① $div\,B = \phi$ ② $div\,D = \rho$

③ $rot\,E = -\dfrac{\partial B}{\partial t}$ ④ $rot\,H = i + \dfrac{\partial D}{\partial t}$

해설 | 맥스웰 방정식의 미분형

- $div\,B = 0$ (가우스법칙)
- $div\,D = \rho$ (가우스법칙)
- $rot\,E = -\dfrac{\partial B}{\partial t}$ (패러데이법칙)
- $rot\,H = i_c + \dfrac{\partial D}{\partial t}$ (암페어 주회적분법칙)

15 전자석의 재료로 가장 적당한 것은?

① 잔류자기와 보자력이 모두 커야 한다.
② 잔류자기는 작고, 보자력은 커야 한다.
③ 잔류자기와 보자력이 모두 작아야 한다.
④ 잔류자기는 크고, 보자력은 작아야 한다.

해설 | 전자석의 구비 조건

- 전자석 : 잔류자기가 크고 보자력은 작아야 한다.
- 영구자석 : 잔류자기, 보자력 모두 커야 한다.

16 직류전압 인가 시 전류가 도선 중심 쪽으로 집중되어 흐르는 현상을 뭐라고 하는가?

① 홀효과
② 핀치효과
③ 톰슨효과
④ 제벡효과

해설 | 핀치효과

① 홀효과 : 전류가 흐르고 있는 도체에 자계를 가하면 도체 측면에 분극현상이 일어나며 두 면 간에 전위차가 발생하는 현상이다.
② 핀치효과 : 기체 속을 흐르는 전류가 같은 방향의 평행전류의 흡인력에 의해 중심으로 수축하는 효과
③ 톰슨효과 : 같은 금속의 두 접속점에 온도차를 주고 전류를 주면, 열의 흡수 또는 발열이 일어나는 현상
④ 제벡효과 : 서로 다른 두 금속 접속점에 온도차를 주게 되면 열기전력이 생성되는 현상

17 다음 중 자계의 보존장을 나타낸 것은?

① $\nabla \cdot B = 0$ ② $\nabla \cdot B = \infty$
③ $\nabla \times H = 0$ ④ $\nabla \times H = \infty$

해설 | 보존장

보존장이란 어떤 폐경로에 대한 선적분 값이 항상 0이 되는 장으로, 따라서 모든 점에서 회전이 0벡터가 된다.

18 어떤 자성체 내에서의 자계의 세기가 800 [AT/m]이고 자속밀도가 0.05 [Wb/m²]일 때 이 자성체의 투자율은 몇 [H/m]인가?

① 3.25×10^{-5}
② 4.25×10^{-5}
③ 5.25×10^{-5}
④ 6.25×10^{-5}

해설 | 자성체의 투자율

$\mu = \dfrac{B}{H} = \dfrac{0.05}{800} = 6.25 \times 10^{-5} \, [H/m]$

19 강자성체의 자화의 세기 J와 자화력 H 사이의 관계로 옳은 것은?

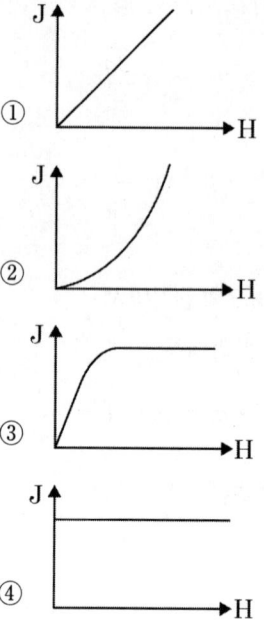

해설 | 자화의 세기

자화의 세기는 $J = B\left(1 - \dfrac{1}{\mu_s}\right) [Wb/m^2]$

으로 자속밀도와 비례관계이다.

$B = \mu H$에서, H가 어느 한계값 이상 증가하면 자기포화에 의해서 더 이상 증가하지 않고 일정하게 유지된다. 따라서 자기포화 현상에 의해 $J-H$곡선도 ③번과 같은 형태를 그려야 한다.

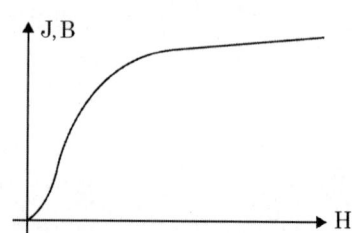

20 반경 $a\,[m]$인 비접지구도체의 중심으로부터 $d\,[m]\,(d>a)$만큼 떨어진 지점에 점전하 $Q\,[C]$를 놓고 전기영상법으로 공간을 해석하려 한다. 이때 영상전하의 개수와 총 전하량의 합은 각각 얼마인가?

① 0개, 0 [C]
② 1개, -Q [C]
③ 2개, +Q [C]
④ 2개, 0 [C]

해설 | 전기영상법, 도체의 성질

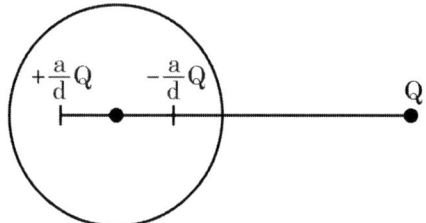

점전하에 의한 접지구도체의 영상전하의 크기는 $Q' = -\dfrac{a}{d}Q\,[C]$이다. 하지만 문제의 조건은 비접지구도체이므로 도체 표면의 전위를 0으로 만들어주기 위한 영상전하 $+\dfrac{a}{d}Q\,[C]$가 생겨야 한다. 따라서 영상전하의 개수는 2개이고, 총 전하량은 $Q + \dfrac{a}{d}Q + \left(-\dfrac{a}{d}Q\right) = Q\,[C]$이다.

정답 20 ③

01 전계 E의 x, y, z성분을 E_x, E_y, E_z라 할 때 divE는 얼마인가?

① $\dfrac{\partial E_x}{\partial x} + \dfrac{\partial E_y}{\partial y} + \dfrac{\partial E_z}{\partial z}$

② $i\dfrac{\partial E_x}{\partial x} + j\dfrac{\partial E_y}{\partial y} + k\dfrac{\partial E_z}{\partial z}$

③ $\dfrac{\partial^2 E_x}{\partial x^2} + \dfrac{\partial^2 E_y}{\partial y^2} + \dfrac{\partial^2 E_z}{\partial z^2}$

④ $i\dfrac{\partial^2 E_x}{\partial x^2} + j\dfrac{\partial^2 E_y}{\partial y^2} + k\dfrac{\partial^2 E_z}{\partial z^2}$

해설 | 발산(Divergence)

$\nabla \cdot E$
$= \left(\dfrac{\partial}{\partial x}i + \dfrac{\partial}{\partial y}j + \dfrac{\partial}{\partial z}k\right) \cdot (E_x i + E_y j + E_z k)$
$= \dfrac{\partial E_x}{\partial x} + \dfrac{\partial E_y}{\partial y} + \dfrac{\partial E_z}{\partial z}$

02 투자율이 $\mu[H/m]$, 자계의 세기가 $H[At/m]$, 자속밀도가 $B[Wb/m^2]$인 지점에서의 자계에너지 밀도는 몇인가?

① $\dfrac{H^2}{2\mu}$ ② $\dfrac{B^2}{2\mu}$

③ $2\mu H^2$ ④ $2\mu B^2$

해설 | 자계에너지 밀도

$w = \dfrac{1}{2}\mu H^2 = \dfrac{1}{2}BH = \dfrac{B^2}{2\mu} \ [J/m^3]$

03 유전체 내부의 전속밀도가 $D[C/m^2]$, 단위체적당 정전에너지가 w_s일 때, 유전체의 비유전율은 얼마인가?

① $\dfrac{D}{\epsilon_0 w_s}$ ② $\dfrac{D^2}{\epsilon_0 w_s}$

③ $\dfrac{D}{2\epsilon_0 w_s}$ ④ $\dfrac{D^2}{2\epsilon_0 w_s}$

해설 | 단위체적당 축적되는 에너지

$w = \dfrac{\dfrac{\epsilon E^2 Sl}{2}}{Sl} = \dfrac{\epsilon E^2}{2} = \dfrac{ED}{2}$
$= \dfrac{D^2}{2\epsilon} \ [J/m^3]$

04 전계의 세기가 E, 자계의 세기가 H일 때, 포인팅 벡터 P는 얼마인가?

① $P = E \times H$ ② $P = 2E \times H$

③ $P = E \cdot H$ ④ $P = 2E \cdot H$

해설 | 포인팅 벡터

전자파의 진행 방향을 나타내는 포인팅 벡터는 전계와 자계의 방향벡터의 외적으로 표현된다.

∴ $P = E \times H \ [W/m^2]$

정답 01 ① 02 ② 03 ④ 04 ①

05 유전체의 초전효과(파이로효과)에 대한 설명으로 옳지 않은 것은?

① 온도 변화와 관계없이 발생한다.
② 열에너지를 전기에너지로 변환한다.
③ 초전효과가 일어난 유전체를 공기 중에 두면 중화된다.
④ 자발분극이 발생하는 효과다.

해설 | 초전효과의 특징

결정체에 가열, 냉각을 할 시 결정체 양면에 분극현상이 일어나는 효과로서 온도 변화에 따라 자발분극이 발생하는 효과. 자발분극을 가진 유전체에서만 발생하며, 공기 중에 놓아두면 다시 중화된다.

06 포아송 방정식을 바르게 나타낸 것은?

① $\nabla V = -\dfrac{\rho}{\epsilon_0}$ ② $\nabla \cdot V = 0$
③ $\nabla^2 V = -\dfrac{\rho}{\epsilon_0}$ ④ $\nabla^2 V = 0$

해설 | 포아송 방정식

$\nabla^2 V = -\dfrac{\rho}{\epsilon_0}$

07 그림과 같은 반지름 a [m]인 원형전류 I [A]의 중심 자계의 세기(AT/m)는 얼마인가?

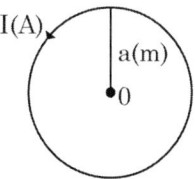

① $\dfrac{I}{a}$ ② $\dfrac{I}{2a}$
③ $\dfrac{I}{a^2}$ ④ $\dfrac{I^2}{a}$

해설 | 원형전류가 만드는 자기장의 세기

원형 코일이므로 $N = 1$
$H = \dfrac{NI}{2r} = \dfrac{I}{2a} \, [AT/m]$

08 다음 중 고유저항과 관계없는 것은?

① 단면적 ② 단면적의 모양
③ 물질의 종류 ④ 도체의 길이

해설 | 고유저항 ρ

$R = \rho \dfrac{l}{S}$ 에서 단면적의 모양은 관계없다.

09 진공 중의 도체구에 표면 전하밀도 σ $[C/m^2]$가 분포되어 있다. 도체구 내부의 전속밀도는 몇 $[C/m^2]$인가?

① σ
② 0
③ $\dfrac{\sigma}{\epsilon_0}$
④ ∞

해설 | 콘덴서에 축적되는 에너지

표면에 전하밀도가 분포되어 있으므로 도체구 내부에는 전하가 없다. 도체 내부의 폐곡면 속 전하가 0이므로 전속밀도 또한 0이다.
∵ 가우스법칙
임의의 폐곡면을 통과하는 전속은 폐곡면 속의 전하량과 비례한다.

10 다음 중 감자율이 0인 것은?

① 가늘고 짧은 막대 자성체
② 환상 솔레노이드
③ 굵고 긴 막대 자성체
④ 굵고 짧은 막대 자성체

해설 | 감자율

환상 솔레노이드의 감자율은 0

TIP 균등하게 자화된 구 자성체의 감자율은 $\dfrac{1}{3}$

11 철심이 들어있는 환상코일이 있다. 1차 코일의 권수와 자기 인덕턴스가 각각 $N_1 = 100$회, 0.02 $[H]$이고, 2차 코일의 권수가 $N_2 = 200$회일 때, 상호 인덕턴스는 몇 $[H]$인가? (단, 결합계수 k = 1)

① 0.01
② 0.02
③ 0.03
④ 0.04

해설 | 상호 인덕턴스

L_2가 주어지지 않았으므로 L_2를 L_1으로 표현해보자.

$L = \dfrac{N^2}{R_m} [H]$이므로

자기 인덕턴스 L은 N^2에 비례한다.

$L_2 = \left(\dfrac{N_2}{N_1}\right)^2 L_1$

상호 인덕턴스 $M = k\sqrt{L_1 L_2}$
$k = 1$이므로

$M = \sqrt{L_1 L_2} = \sqrt{L_1 \times \left(\dfrac{N_2}{N_1}\right)^2 L_1}$

$= \dfrac{N_2}{N_1} L_1 = 2 \times 0.02 = 0.04 [H]$

정답 09 ② 10 ② 11 ④

12 점(-1, 2, 3) [m]과 점(2, -1, 1) [m]에 각각 위치해 있는 점전하 1 [μC]과 2 [μC]에 의해 발생된 전계 내에 저장된 정전에너지는 몇 [mJ]인가?

① 2
② 4
③ 6
④ 9

해설 | 전계 내에 저장된 정전에너지

두 점전하 사이의 거리 r은
$\sqrt{(2-2)^2+(1-1)^2+(3-1)^2} = 2 \ [m]$
점전하 1 [μC]에 의한 성분들을 Q_1, V_1, W_1, 점전하 2 [μC]에 의한 성분들을 Q_2, V_2, W_2라 하자.

정전에너지 $W = \frac{1}{2}QV \ [J]$이므로

$W_1 = \frac{1}{2}Q_1V_2 = \frac{1}{2}Q_1\frac{Q_2}{4\pi\epsilon_0 r} = \frac{Q_1Q_2}{8\pi\epsilon_0 r}$

$W_2 = \frac{1}{2}Q_2V_1 = \frac{1}{2}Q_2\frac{Q_1}{4\pi\epsilon_0 r} = \frac{Q_1Q_2}{8\pi\epsilon_0 r}$

$W = W_1 + W_2 = 2W_1$
$= \frac{9 \times 10^9 \times 1 \times 10^{-6} \times 2 \times 10^{-6}}{2}$
$= 9 \times 10^{-3} \ [J] = 9 \ [mJ]$

TIP $\frac{1}{4\pi\epsilon_0} = 9 \times 10^9$ 암기하자.

---

13 도체계에서 임의의 도체를 일정 전위의 도체로 완전 포위하면 내외 공간의 전계를 완전히 차단할 수 있다. 이것을 무엇이라 하는가?

① 정전차폐
② 전자차폐
③ 표피효과
④ 핀치효과

해설 | 정전차폐

- 정전차폐 : 진공 중인 도체계에 임의의 도체를 일정 전위의 도체로 완전히 포위함으로써 내외 공간의 전계를 완전히 차단시키는 방법
- 표피효과 : 도체에 고주파 전류가 흐를 때, 전류가 도체 표면에만 흐르는 현상
- 전자차폐 : 어떤 장치로 도체를 포위하여 외부자계나 전계가 도체 내부에 영향을 미치지 못하게 하는 것
- 핀치효과 : 직류전압 인가 시 전류가 도선 중심 쪽으로 집중되어 흐르는 현상

---

14 $\frac{1}{\sqrt{\epsilon_0 \mu_0}}$ [m/sec]의 값은 얼마인가?

① 9×10^9
② 3×10^8
③ 8.85×10^{-12}
④ 4π

해설 | 진공 중의 유전율과 투자율의 값

$\epsilon_0 = 8.85 \times 10^{-12}$
$\mu_0 = 4\pi \times 10^{-7}$
$\frac{1}{\sqrt{\epsilon_0 \mu_0}} = 3 \times 10^8$

15 강자성체에서 자구의 크기에 대한 설명으로 옳은 것은?

① 물질의 종류와 상태에 따라 다르다.
② 물질의 종류와 관계없이 일정하다.
③ 분자량에 따라 달라진다.
④ 역자성체 외의 모든 자성체에서 같다.

해설 | 강자성체의 성질

강자성체의 자구의 크기는 물질의 종류와 상태에 따라서 달라진다. 분자량과는 관계없다.

16 자유공간에서 전자파가 진행할 때, 전계와 자계의 시간적 위상관계는 어떻게 되는가?

① 위상이 서로 같다.
② 전계가 자계보다 빠르다.
③ 전계가 자계보다 느리다.
④ 서로 관련이 없다.

해설 | 전자기파에서 전계와 자계의 관계

전자기파가 진행할 때, 전계와 자계의 시간적 위상차는 없고, 방향은 서로 직교한다.

17 반경 $a\,[m]$의 반구도체가 고유저항이 $\rho\,[\Omega \cdot m]$인 대지표면에 부딪혔을 때, 접지저항은 몇 $[\Omega]$인가?

① $\dfrac{\rho}{2\pi a}$ ② $\dfrac{\rho}{\pi a}$

③ $\pi \rho a$ ④ $2\pi \rho a$

해설 | 정전용량과 접지저항

도체구의 정전용량은 $C = 4\pi\epsilon_0 r\,[F]$
반구도체이므로 정전용량은 도체구의 절반이다. 따라서 $C_{반구} = 2\pi\epsilon_0 r\,[F]$
$RC = \rho\epsilon$에서
$R = \dfrac{\rho\epsilon}{C} = \dfrac{\rho\epsilon_0}{2\pi\epsilon_0 a} = \dfrac{\rho}{2\pi a}\,[\Omega]$

18 대지 중의 두 전극 사이에 있는 어떤 점의 전계의 세기가 $2\,[V/cm]$, 지면의 도전율이 $10^{-4}\,[\mho/m]$일 때, 이 점의 전류밀도는 몇 $[A/m^2]$인가?

① 2×10^{-1} ② 2×10^{-2}
③ 2×10^{-3} ④ 2×10^{-4}

해설 | 전류밀도 구하기

전류밀도 $J = kE$
전계의 세기가 $2\,[V/cm]$,
도전율이 $10^{-4}\,[\mho/m]$이므로
$J = 10^{-4} \times 2 \times 10^2 = 2 \times 10^{-2}\,[a/m^2]$

정답 15 ① 16 ① 17 ① 18 ②

19 압전현상에서 분극이 기계적 응력에 수평한 방향으로 발생하는 현상은?

① 횡효과　　② 종효과
③ 초전효과　④ 볼타효과

해설 | 압전현상

수평한 방향으로 발생하면 종효과, 수직한 방향으로 발생하면 횡효과이다.
③ 초전효과 : 온도가 변화하면 분극현상이 일어나는 효과
④ 볼타효과 : 서로 다른 두 종류의 금속을 접촉 후 떼어내면 정, 부로 대전되는 효과

20 유도계수의 단위는 어느 것인가?

① [C/V]　　② [C/F]
③ [C]　　　④ [C/m]

해설 | 유도계수의 단위

$Q_i = \sum_{j=1}^{n} q_{ij} V_j [C]$ 에서 용량계수는 q_{ii}, 유도계수는 $q_{ij}(i \neq j)$ 이다.

위 식을 유도계수에 대해서 정리하면

$\sum_{j=1}^{n} q_{ij} = \dfrac{Q_i}{V_j} [C/V]$ 이므로

단위는 $[C/V]$
(용량계수와 유도계수의 단위는 같다)

TIP [C/V] = [F]

2022년 2회

01 유전체 내부의 전속밀도가 $D\,[C/m^2]$, 단위체적당 정전에너지가 w_s일 때, 유전체의 비유전율은 얼마인가?

① $\dfrac{D}{\epsilon_0 w_s}$ ② $\dfrac{D^2}{\epsilon_0 w_s}$

③ $\dfrac{D}{2\epsilon_0 w_s}$ ④ $\dfrac{D^2}{2\epsilon_0 w_s}$

해설 | 단위체적당 축적되는 에너지

$$w = \frac{\frac{\epsilon E^2 Sl}{2}}{Sl} = \frac{\epsilon E^2}{2} = \frac{ED}{2} = \frac{D^2}{2\epsilon}\;[J/m^3]$$

02 철심이 들어있는 환상코일의 1차 코일 권수가 $N_1 = 100$, 자기 인덕턴스는 0.01 $[H]$다. 여기에 2차 코일을 $N_2 = 300$회 감았을 때 상호 인덕턴스 M은 몇 $[H]$인가? (단, k = 1)

① 0.01 ② 0.03
③ 0.06 ④ 0.09

해설 | 상호 인덕턴스

1차 코일의 자기 인덕턴스 $L_1 = \dfrac{\mu S N_1^2}{l}$

이므로 상호 인덕턴스 M은

$$M = \frac{N_1 N_2}{R_m} = \frac{N_1 N_2}{\frac{l}{\mu S}} = \frac{L_1 N_2}{N_1}\;[H]$$

$$\frac{0.01 \times 300}{100} = 0.03\;[H]$$

03 전계 내의 전하 $+Q$가 어떤 폐회로를 따라서 일주했을 때, 전계가 한 일은 몇 [J]인지 구하시오.

① 0 ② ∞
③ -Q ④ +Q

해설 | 전계가 한 일

폐회로를 따라 전하가 일주한다는 말은 전하가 결국 제자리로 돌아온다는 말과 같다. 변위가 0일 때 일의 값은 항상 0이다.

정답 01 ④ 02 ② 03 ①

04 정전용량이 C인 평행판 콘덴서의 양극판 면적 S를 2배, 간격 d를 $\frac{1}{2}$배 했을 때, 바뀐 정전용량의 값을 바르게 표현한 것은?

① C
② $2C$
③ $4C$
④ $\frac{1}{2}C$

해설 | 콘덴서의 정전용량

콘덴서의 정전용량 $C = \epsilon_0 \frac{S}{d}$ 이므로

바뀐 정전용량 C'은

$$C' = \epsilon_0 \frac{2S}{\frac{1}{2}d} = 4\epsilon_0 \frac{S}{d} = 4C[F]$$

05 각 도체의 전위를 $V_1, V_2, \cdots V_N$으로 만들기 위한 각 도체의 유도계수와 용량계수에 대한 설명으로 옳은 것은?

① 유도계수는 일반적으로 0보다 같거나 작다.
② 용량계수와 유도계수의 단위는 [V/C]이다.
③ q_{11}, q_{22}, q_{33} 등은 유도계수다.
④ q_{12}, q_{13}, q_{14} 등은 용량계수다.

해설 | 유도계수와 용량계수
① 반대 극성의 전하가 유도되므로 일반적으로 계수는 0보다 같거나 작다(옳음).
② 단위는 [C/V] = [F]이다.
③ q_{11}, q_{22}, q_{33} 등은 용량계수다.
④ q_{12}, q_{13}, q_{14} 등은 유도계수다.

06 100 [AT/m]의 자계 중에 어떤 자극을 놓았을 때 3×10^2 [N]의 힘을 받았다고 한다. 자극의 세기 [Wb]는?

① 0.03
② 0.3
③ 3
④ 30

해설 | 자계의 세기와 자극의 세기

$F = mH$ 에서

$$m = \frac{F}{H} = \frac{3 \times 10^2}{100} = 3[Wb]$$

07 진공 중의 어떤 대전체의 전속이 Q일 때, 이 대전체를 비유전율 3.4인 유전체에 넣었을 경우의 전속은 얼마인가?

① $3.4Q$
② Q
③ 0
④ $3.4\epsilon_0 Q$

해설 | 전속과 전기력선의 차이

전속은 전하에서 나오는 선속으로, 매질과 관련없이 전하량과 같은 개수의 전속선이 나온다. 매질에 따라 값이 달라지는 것은 전기력선수($\frac{Q}{\epsilon}$)이다.

정답 04 ③ 05 ① 06 ③ 07 ②

08 두 벡터 $A = i3 + j4$, $B = i7 + j$가 이루는 각은 몇 도인가?

① 0°   ② 30°
③ 45° ④ 60°

해설 | 두 벡터가 이루는 각

벡터의 내적 $A \cdot B = |A||B|\cos\theta$에서

$$\cos\theta = \frac{A \cdot B}{|A||B|}$$

$$= \frac{3 \times 7 + 4 \times 1}{\sqrt{3^2 + 4^2} \times \sqrt{7^2 + 1^2}} = \frac{1}{\sqrt{2}}$$

$\cos\theta = \frac{1}{\sqrt{2}}$ 이므로 $\theta = 45°$

09 전자파 파동 임피던스 관계식으로 옳은 것은?

① $\sqrt{\varepsilon\mu} = EH$ ② $\sqrt{\varepsilon}H = \sqrt{\mu}E$
③ $\varepsilon\mu = EH$ ④ $\sqrt{\varepsilon}E = \sqrt{\mu}H$

해설 | 파동 임피던스

전자파 고유 임피던스 $\eta = \frac{E}{H} = \sqrt{\frac{\mu}{\varepsilon}}$

$H = \sqrt{\frac{\varepsilon}{\mu}} E$에서, $\sqrt{\varepsilon}E = \sqrt{\mu}H$

10 접지구도체와 점전하에 의한 영상전하에 대한 설명으로 틀린 것은?

① 영상전하는 점전하와 구의 중심을 이은 축 위에 존재한다.
② 영상전하는 점전하와 크기가 같고 부호는 반대이다.
③ 영상전하는 구도체 내부에 존재한다.
④ 영상전하의 크기는 도체의 반지름과 구의 중심에서 점전하까지의 거리에 의해 결정된다.

해설 | 전기영상법

접지구도체와 점전하에 의한 영상전하의 크기는 $Q' = -\frac{a}{d}Q\,[C]$으로. 도체의 반지름과 구의 중심에서 점전하까지의 거리에 의해 결정된다.

11 전계가 5 [V/m], 주파수가 10 [MHz]인 전자파의 포인팅 벡터는 몇 [W/m^2]인가?

① 5.0×10^{-2} ② 5.6×10^{-2}
③ 6.0×10^{-2} ④ 6.6×10^{-2}

해설 | 포인팅 벡터

고유 임피던스의 값을 기억하고 있어야 한다. 진공 중 고유 임피던스의 값은

$$\eta_0 = \frac{E}{H} = \sqrt{\frac{\mu_0}{\varepsilon_0}} = 120\pi = 377\,[\Omega]$$

따라서

$$P = EH = E\left(\sqrt{\frac{\varepsilon_0}{\mu_0}}E\right) = \frac{1}{377}E^2$$

전계가 5 [V/m]이므로 대입하면

$$P = \frac{1}{377} \times 5^2 = 6.6 \times 10^{-2}$$

정답 08 ③ 09 ④ 10 ④ 11 ④

12 $gradV$의 방향에 대한 설명으로 옳은 것은? (V는 전압)

① 스칼라량이다.
② 전계의 방향이다.
③ 전계와 반대 방향이다.
④ 등전위면의 방향이다.

해설 | 전위와 전계의 관계

$E = -\nabla V = -gradV\,[V/m]$이므로 전계와 전위기울기는 서로 반대 방향이다.

13 평형상태인 도체의 전하분포와 전계에 대한 설명으로 틀린 것은?

① 대전된 도체의 표면은 동일 전위에 있다.
② 대전된 도체의 전하는 도체 내부에 존재한다.
③ 도체 내부의 전계는 0이다.
④ 대전된 도체 표면상 각 점의 전기력선은 표면과 수직이다.

해설 | 도체의 성질

대전된 도체의 전하는 도체 표면에만 존재한다. 따라서 도체 내부에는 전하가 존재하지 않으며, 전계 또한 0이다.

14 강자성체가 아닌 것은?

① 망간
② 코발트
③ 텅스텐
④ 니켈

해설 | 자성체의 종류

- 강자성체 : 니켈, 코발트, 철, 망간
- 상자성체 : 백금, 알루미늄, 산소, 공기, 텅스텐
- 반자성체 : 비스무트, 아연, 구리, 납, 은

15 반경 10 [m]인 진공 중의 도체구의 표면 전하밀도가 $\frac{10^8}{36\pi}[C/m^2]$이 되도록 하는 도체구의 전위는 약 몇 [V]인가?

① 100
② 110
③ 200
④ 220

해설 | 도체구의 전위

전위 $V = Er$을 전하밀도에 대한 식으로 나타내면 다음과 같다.

$V = \frac{D}{\epsilon_0}r = \frac{10^{-8}}{36\pi} \times \frac{1}{8.85 \times 10^{-12}} \times 10 = 100$

16 자기 인덕턴스가 각각 L₁, L₂인 두 코일이 있다. 두 코일을 유도결합이 없도록 병렬로 연결했을 때의 합성 인덕턴스는 몇 [H]인가?

① $L_1 L_2$
② $\dfrac{L_1 + L_2}{L_1 L_2}$
③ $\dfrac{L_1 L_2}{L_1 + L_2}$
④ $L_1 + L_2$

해설 | 병렬합성 인덕턴스

- 가동결합인 경우 : $L_0 = \dfrac{L_1 L_2 - M^2}{L_1 + L_2 - 2M}$
- 차동결합인 경우 : $L_0 = \dfrac{L_1 L_2 - M^2}{L_1 + L_2 + 2M}$

코일 간 간섭이 없으므로 $M = 0$

따라서 합성은 $L_0 = \dfrac{L_1 L_2}{L_1 + L_2} [H]$

17 자기회로의 퍼미언스(Permeance)에 대응하는 전기회로의 요소는 무엇인가?

① 정전용량(Electrostatic Capacity)
② 컨덕턴스(Conductance)
③ 어드미턴스(Admittance)
④ 서셉턴스(Susceptance)

해설 | 전기회로와 자기회로의 대응 요소

퍼미언스는 자기저항의 역수이다. 전기회로와 대응관계인 것은 전기저항의 역수인 컨덕턴스이다.

① 정전용량 : 콘덴서에 전하를 얼마나 축적할 수 있는가를 나타내는 양
③ 어드미턴스 : 교류회로의 전류가 얼마나 잘 흐르는지 나타내는 수치. 임피던스의 역수
④ 서셉턴스 : 어드미턴스의 허수부분

18 전동기의 원리에서 회전력의 방향을 결정하는 법칙은?

① 암페어의 오른손법칙
② 플레밍의 왼손법칙
③ 플레밍의 오른손법칙
④ 렌츠의 법칙

해설 | 플레밍의 왼손법칙

① 암페어의 오른손법칙 : 전류에 의한 자계의 방향을 결정한다.
② 플레밍의 왼손법칙(정답)
③ 플레밍의 오른손법칙 : 플레밍의 왼손법칙의 반대. 발전기에서 회전력의 방향을 결정한다.
④ 렌츠의 법칙 : 패러데이법칙에서 기전력의 방향을 결정한다.

19 금속도체의 전기저항과 온도는 일반적으로 어떤 관계인가?

① 금속의 종류에 따라서 온도가 증가하면 전기저항은 증가하기도 하고 감소하기도 한다.
② 전기저항은 온도와 무관하다.
③ 온도가 증가하면 전기저항은 감소한다.
④ 온도가 증가하면 전기저항도 증가한다.

해설 | 전기저항과 온도의 관계

- 도체의 전기저항은 온도가 증가하면 함께 증가한다.
- 반도체의 전기저항은 온도가 올라가면 감소한다.

20 그림과 같이 Z축을 따라 무한직선도선 l이 놓여있고, +z 방향으로 전류 i_1이 흐른다. $y-z$ 평면에는 사각코일 $ABCD$가 놓여있고, $ABCD$ 방향으로 i_2가 흐른다. 사각코일의 네 변 중 +z 방향의 힘이 작용하는 변은 무엇인가?

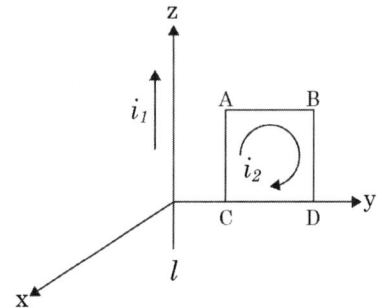

① AB
② BC
③ CD
④ DA

해설 | 두 도선 사이에 작용하는 힘

무한직선도선 l은 주위 도체를 밀거나 잡아당기므로 z축 방향으로는 힘을 가하지 않는다. 따라서 사각 코일 내부의 힘만 고려하면 된다.
평행도선의 전류가 서로 반대방향으로 흐를 때 반발력이 작용하므로 사각코일의 모든 변은 서로 밀어낸다. 따라서 +z축 방향으로 힘이 작용하는 변은 AB이다.

2022년 3회 전기산업기사 전기자기학

01 자유공간에서 전자파의 전파속도는 몇 $[m/s]$인가?

① 3.0×10^8 ② 2.0×10^8
③ 3.8×10^8 ④ 2.4×10^8

해설 | 전자파의 전파속도

자유공간에서 전자파의 전파속도는 3.0×10^8 [m/s]이다.

02 어떤 자성체 내에서 자계의 세기가 1000 $[AT/m]$이고 자속밀도가 0.03 $[Wb/m^2]$일 때, 이 자성체의 투자율은 몇 $[H/m]$인가?

① 3×10^{-3} ② 3×10^{-4}
③ 3×10^{-5} ④ 3×10^{-6}

해설 | 자속밀도와 투자율

자속밀도 $B = \dfrac{\phi}{S} = \mu H \ [Wb/m^2]$

을 투자율에 대해서 정리하면

$\mu = \dfrac{B}{H} = \dfrac{0.03}{1000} = 3 \times 10^{-5} \ [H/m]$

03 도체를 대지에 접지시켰을 때 도체의 전위는 어떻게 되는가?

① 정전위   ② 부전위
③ 0   ④ ∞

해설 | 접지

대지는 무한히 큰 것으로 간주하여 도체를 접지시켰을 때의 전위는 항상 0이다.

04 유도계수의 단위에 해당하는 것은?

① [V/C]   ② [C/V]
③ [V/m]   ④ [C/f]

해설 | 유도계수의 단위

유도계수의 정의에 의하면

$Q_i = \sum\limits_{j=1}^{n} q_{ij} V_j \ [C]$

$\rightarrow \sum\limits_{j=1}^{n} q_{ij} = \dfrac{Q_i}{V_j} \ [C/V]$

유도계수의 단위는 [C/V]으로 용량계수의 단위와 같다.

정답 01 ① 02 ③ 03 ③ 04 ②

05 전위 분포가 $V = x^2 + 2y^2 + 4z^2 [V]$으로 표현되는 공간의 전하밀도는 몇 $[C/m^2]$인가?

① $7\epsilon_0$
② $-7\epsilon_0$
③ $14\epsilon_0$
④ $-14\epsilon_0$

해설 | 포아송 방정식

포아송 방정식은 $\nabla^2 V = -\dfrac{\rho}{\epsilon_0} \cdots (1)$

$\nabla^2 V = (\dfrac{\partial^2}{\partial x^2} + \dfrac{\partial^2}{\partial y^2} + \dfrac{\partial^2}{\partial z^2})(x^2 + 2y^2 + 4z^2)$
$= 2 + 4 + 8 = 14$

$\nabla^2 V = 14$ 이므로 식 (1)에 대입하면

$-\dfrac{\rho}{\epsilon_0} = 14$

$\rho = -14\epsilon_0 [C/m^2]$

TIP 라플라시안 $\nabla^2 = \dfrac{\partial^2}{\partial x^2} + \dfrac{\partial^2}{\partial y^2} + \dfrac{\partial^2}{\partial z^2}$

06 강자성체의 성질로 옳은 것은?

① 일정 온도 이상에서 자성을 상실한다.
② 외부자계와 반대방향으로 자화된다.
③ 투자율은 외부자계와 무관하다.
④ 외부자계가 사라지면 자화도 사라진다.

해설 | 강자성체의 성질

① 퀴리온도 : 강자성체의 온도를 높일 때, 열운동으로 인해 배열이 흐트러져 강자성을 잃기 시작하는 온도.
② 외부자계와 같은 방향으로 자화된다.
③ 자기포화현상 : 자기포화현상이 발생하면 자계와 반비례하여 투자율이 감소한다.
④ 외부자계가 사라져도 자화가 유지된다.

07 유전체 내의 단위체적당 정전에너지 식으로 옳지 않은 것은?

① $\dfrac{D^2}{2\epsilon}$
② $\dfrac{1}{2}ED$
③ $\dfrac{1}{2}\epsilon D$
④ $\dfrac{1}{2}\epsilon E^2$

해설 | 정전에너지

유전체 내의 정전에너지는
$W = \dfrac{1}{2}CV^2 = \dfrac{1}{2}\dfrac{\epsilon S}{d}(El)^2 = \dfrac{\epsilon E^2 Sl}{2}$

단위체적당 정전에너지는
$w = \dfrac{\dfrac{\epsilon E^2 Sl}{2}}{Sl} = \dfrac{\epsilon E^2}{2} = \dfrac{ED}{2} = \dfrac{D^2}{2\epsilon}$

08 진공 중의 도체계에서 임의의 도체를 일정 전위의 도체로 완전 포위하면 내외 공간의 전계를 완전 차단시킬 수 있는데 이것을 무엇이라 하는가?

① 홀효과　　② 정전차폐
③ 핀치효과　　④ 전자차폐

해설 | 정전차폐

진공 중의 도체계에 임의의 도체를 일정 전위의 도체로 완전히 포위함으로써 내외 공간의 전계를 완전히 차단시키는 방법
- 홀효과 : 도체가 자기장 속에 놓여 있고, 그 자기장에서 직각방향으로 전류를 흘릴 때 전류와 자기장의 방향에 수직하게 전압차가 형성됨
- 핀치효과 : 직류전압 인가 시 전류가 도선 중심 쪽으로 집중되어 흐르는 현상
- 전자차폐 : 어떤 장치로 도체를 포위하여 외부자계나 전계가 도체 내부에 영향을 미치지 못하게 하는 것

09 어떤 작은 물체가 질량 $m[kg]$, 전하 $Q[C]$을 가지고, 중력의 방향과 직각을 이루는 무한도체평면의 $d[m]$ 아래쪽에 놓여있다. 정전력과 중력이 평형을 이루게 하는 $Q[C]$의 값은?

① $4d\sqrt{\pi\epsilon_0 mg}$　　② $d\sqrt{\pi\epsilon_0 mg}$
③ $d\sqrt{mg}$　　④ $\sqrt{mg}$

해설 | 영상전하와 중력

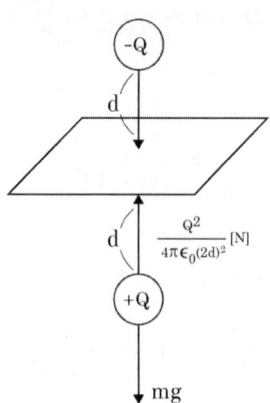

무한도체평면의 위쪽에는 $-Q[C]$을 가진 영상전하가 생기고, 이로 인해 어떤 작은 물체가 받는 쿨롱 힘은 $\dfrac{Q^2}{4\pi\epsilon_0(2d)^2}$

정전력과 중력이 평형을 이뤄야 하므로
$$\dfrac{Q^2}{4\pi\epsilon_0(2d)^2} = mg.$$
Q에 대해 정리하면
$$Q = \sqrt{16\pi\epsilon_0 d^2 mg} = 4d\sqrt{\pi\epsilon_0 mg}\ [C]$$

10 두 대의 자력선이 동일한 방향으로 흐르면 자계의 강도는 한 개의 자력선에 비해서 어떻게 되는가?

① 더 약해진다
② 더 강해진다.
③ 주기적으로 약해지거나 강해진다.
④ 강해지다가 약해진다.

해설 | 자기력선과 자계의 세기

자기력선의 밀도가 자계이다. 따라서 자기력선이 증가하면 자계의 강도는 더 강해진다.

정답　08 ②　09 ①　10 ②

11 앙페르의 주회적분의 법칙은 어느 관계를 직접적으로 표현하는가?

① 전하와 전위
② 전류와 자계
③ 전류와 인덕턴스
④ 전하와 전계

해설 | 앙페르의 주회적분

$$\oint_c H \cdot dl = NI$$

임의의 폐회로에 흐르는 전류의 합은 자계의 선적분과 같다는 법칙이다.

12 영역 1의 유전체 $\varepsilon_{r1} = 16$, $\mu_{r1} = 4$, $\sigma_1 = 0$과 영역 2의 유전체 $\varepsilon_{r2} = 9$, $\mu_{r2} = 1$, $\sigma_2 = 0$일 때 영역 1에서 영역 2로 입사된 전자파에 대한 반사계수는?

① -0.2
② -5.0
③ 0.2
④ 0.8

해설 | 반사계수

$R = \dfrac{\eta_2 - \eta_1}{\eta_2 + \eta_1}$ 이므로 η_1, η_2를 구하면,

$\eta_1 = \dfrac{E_1}{H_1} = \sqrt{\dfrac{\mu_1}{\varepsilon_1}} = \sqrt{\dfrac{\mu_0 \mu_{r1}}{\varepsilon_0 \varepsilon_{r1}}}$

$= 377\sqrt{\dfrac{\mu_{r1}}{\varepsilon_{r1}}} = 377\sqrt{\dfrac{1}{4}} = 188.5 [\Omega]$

$\eta_2 = \dfrac{E_2}{H_2} = \sqrt{\dfrac{\mu_2}{\varepsilon_2}} = \sqrt{\dfrac{\mu_0 \mu_{r2}}{\varepsilon_0 \varepsilon_{r2}}}$

$= 377\sqrt{\dfrac{\mu_{r2}}{\varepsilon_{r2}}} = 377\sqrt{\dfrac{1}{9}} = 125.7 [\Omega]$

$\therefore R = \dfrac{\eta_2 - \eta_1}{\eta_2 + \eta_1} = \dfrac{125.7 - 188.5}{125.7 + 188.5} = -0.2$

13 그림 (a)의 인덕턴스에 그림 (b)와 같이 전류가 흐를 때, 2초에서 4초 사이의 인덕턴스 전압은 몇 $[V]$인가?

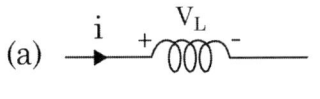
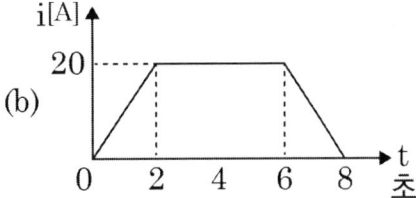

① 0
② 10
③ 20
④ -20

해설 | 인덕턴스

인덕턴스 전압 $V_L = -L\dfrac{di}{dt} [V]$

2초에서 4초 사이에는 $\dfrac{di}{dt} = 0$이므로 인덕턴스 전압도 0이다.

14 그림과 같은 직각 좌표계에서 z축상에 가는 도선이 있다. 전류가 +z방향으로 흐를 때, +y축상의 임의의 점에서 자계의 방향은 어떻게 되는가?

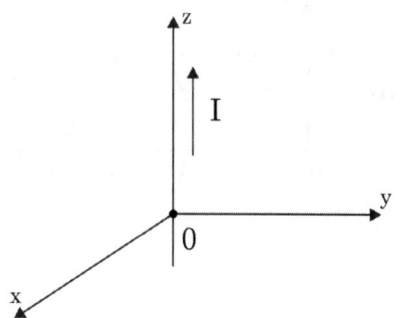

① -y축 방향
② +y축 방향
③ -x축 방향
④ +x축 방향

해설 | 암페어(앙페르)의 오른나사법칙
자계의 방향은 전류의 진행 방향의 오른나사 진행 방향과 같다.

15 도체의 저항에 대한 설명으로 옳은 것은?

① 도체의 단면적에 비례한다.
② 온도가 올라가면 저항도 증가한다.
③ 저항률이 클수록 저항은 작아진다.
④ 도체의 길이에 반비례한다.

해설 | 합성 인덕턴스와 상호 인덕턴스

저항률(고유저항) $R = \rho \dfrac{l}{S} = \dfrac{l}{kS} [\Omega]$

① 도체의 단면적에 반비례한다.
② 온도가 올라가면 저항도 증가한다.
③ 저항률이 클수록 저항은 커진다.
④ 도체의 길이에 비례한다.

16 직류 200 [V] 절연저항계로 절연저항을 측정하니 2 [MΩ]이 되었다면 누설전류는 몇 [μA]인가?

① 10 ② 20
③ 100 ④ 200

해설 | 누설전류

$I_g = \dfrac{V}{R_i} = \dfrac{200}{2 \times 10^6} = 100 \times 10^{-6}$
$= 100 \, [\mu A]$

I_g : 누설전류, R_i : 절연저항, V : 사용전압

17 역자성체 내에서 비투자율 μ_s는 얼마인가?

① $\mu_s \gg 1$
② $\mu_s > 1$
③ $\mu_s < 1$
④ $\mu_s = 1$

해설 | 자성체의 구분

구분	μ_s	χ
강자성체	〉〉1	〉〉0
상자성체	〉1	〉0
반자성체	〈1	〈0

18 평등자계 내에 놓여있는 전류가 흐르는 직선도선이 받는 힘에 대한 설명으로 틀린 것은?

① 힘은 전류에 비례한다.
② 힘은 자계의 세기에 비례한다.
③ 힘은 도선의 길이에 반비례한다.
④ 힘은 전류의 방향과 자장의 방향의 사이각의 정현에 관계된다.

해설 | 플레밍의 왼손법칙

$F = (I \times B)l = IBl\sin\theta \, [F]$

힘은 전류, 자계의 세기, 도선의 길이에 비례한다. 방향은 $\sin\theta$값에 관계된다.

19 거리 r에 반비례하는 전계의 크기를 주는 대전체는 무엇인가?

① 무한평면전하   ② 점전하
③ 구전하   ④ 선전하

해설 | 동축케이블의 정전용량

① 무한평면전하의 전계 :

$E = \dfrac{\sigma}{2\epsilon_0} \, [V/m]$

② 점전하의 전계 : $E = \dfrac{Q}{4\pi\epsilon_0 r^2} \, [V/m]$

③ 구전하의 전계 : $E = \dfrac{Q}{4\pi\epsilon_0 r^2} \, [V/m]$

④ 선전하의 전계 : $E = \dfrac{\lambda}{2\pi\epsilon_0 r} \, [V/m]$

반비례하는 것은 ④ 선전하의 전계이다.

20 다음 내용은 어떤 법칙을 설명한 것인가?

> 어떤 한 폐곡면을 통과하는 전기선속은 폐곡면 안의 모든 전하량의 합과 같다.

① 패러데이의 법칙   ② 가우스의 법칙
③ 맥스웰 방정식   ④ 쿨롱의 법칙

해설 | 패러데이의 법칙 $e = -N\dfrac{d\phi}{dt} \, [V]$

① 패러데이의 법칙 $e = -N\dfrac{d\phi}{dt}$
② 가우스법칙 $\nabla \cdot D = \rho$
③ 맥스웰 방정식 : 전기, 자기의 여러 형성을 나타내는 편미분방정식 4개로 이루어져 있다. 가우스법칙도 이에 포함된다.
④ 쿨롱의 법칙 $F = \dfrac{1}{4\pi\varepsilon} \times \dfrac{Q_1 Q_2}{r^2} \, [N]$

정답 18 ③ 19 ④ 20 ②

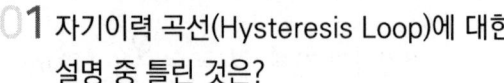

2021년 1회

01 자기이력 곡선(Hysteresis Loop)에 대한 설명 중 틀린 것은?

① 자화의 경력이 있을 때나 없을 때나 곡선은 항상 같다.
② Y축은 자속밀도이다.
③ 자화력이 0일 때 남아있는 자기가 잔류자기이다.
④ 잔류자기를 상쇄시키려면 역방향의 자화력을 가해야 한다.

해설 | 히스테리시스 곡선
히스테리시스 곡선은 자화의 경력이 없을 때 발생하는 곡선이다.
②, ③, ④번은 히스테리시스 곡선의 특성이다.

02 길이 1 [cm]마다 권수 50을 가진 무한장 솔레노이드에 500 [mA]의 전류를 흘릴 때 내부자계는 몇 [AT/m]인가?

① 1250   ② 2500
③ 12500   ④ 25000

해설 | 무한장 솔레노이드 $H = \dfrac{NI}{l}$

$H = \dfrac{50 \times 0.5}{0.01} = 2500 \ [AT/m]$

03 안테나에서 파장 20 [cm]인 평면파가 자유공간에 전파될 때 발신 주파수는 몇 [MHz]인가?

① 1500   ② 800
③ 750   ④ 100

해설 | 빛의 속도
빛의 속도 $v = f\lambda$에서 주파수 f는
$f = \dfrac{v}{\lambda} = \dfrac{3 \times 10^8}{0.2} = 1500000000 \ [Hz]$
$f = 1500 \ [MHz]$

TIP 자유공간에서 빛의 속도 : $3 \times 10^8 [m/s]$

04 한 폐곡선에 대한 H(자계의 세기)의 선적분이 이 폐곡선으로 둘러싸이는 전류와 같음을 정의한 법칙은 무엇인가?

① 가우스법칙
② 쿨롱의 법칙
③ 비오 - 사바르 법칙
④ 앙페르의 주회적분법칙

해설 | 앙페르의 주회적분

$\oint_c H \cdot dl = NI$

임의의 폐곡선에 대한 자계의 선적분이다.

정답 01 ① 02 ② 03 ① 04 ④

05 다음 중 전계의 보존장을 나타낸 것은?

① $\nabla \cdot E = 0$　　② $\nabla \cdot E = \infty$
③ $\nabla \times E = 0$　　④ $\nabla \times E = \infty$

해설 | 보존장
보존장이란 어떤 폐경로에 대한 선적분 값이 항상 0이 되는 장으로, 따라서 모든 점에서 회전이 0벡터가 된다.

06 감자력에 대한 설명으로 옳은 것은?

① 자속에 비례한다.
② 자극의 세기에 반비례한다.
③ 자화의 세기에 비례한다.
④ 자계의 세기에 반비례한다.

해설 | 감자력의 세기
감자력의 세기 $H' = \dfrac{N}{\mu_0}J$는
자화의 세기 J에 비례한다.

07 액체 유전체를 넣은 콘덴서의 용량이 20 [μF]이다. 여기에 500 [kV]의 전압을 가하면 누설전류는 몇 [A]인가? (단, 비유전율 ε_s = 2.2, 고유저항 ρ = 10^{11} [$\Omega \cdot$m]이다)

① 4.2　　② 5.13
③ 54.5　　④ 61

해설 | 누설전류 $I = \dfrac{CV}{\rho\epsilon}$

$RC = \rho\epsilon$에서 $R = \dfrac{\rho\epsilon}{C}$

이를 $V = IR$에 대입해서 누설전류 I에 대해 정리하면

$I = \dfrac{20 \times 10^{-6} \times 500 \times 10^3}{10^{11} \times 2.2 \times \epsilon_0} = 5.13 \, [A]$

08 반지름 a [m] 되는 도선의 1 [m]당 내부 자기 인덕턴스는 몇 [H/m]인가?

① $\mu a/8\pi$　　② $\mu a/4\pi$
③ $\mu/8\pi$　　④ $\mu/4\pi$

해설 | 원주 도체의 내부 인덕턴스

$L_i = \dfrac{\mu l}{8\pi} \, [H]$

1 [m]당 내부 자기 인덕턴스를 구해야 하므로 길이를 나눠주면 $L_i = \dfrac{\mu}{8\pi}$ [H/m]가 된다.

09 전하 q [C]이 공기 중의 자계 H [AT/m] 내에서 자계와 수직방향으로 v [m/s]의 속도로 움직일 때 받는 힘은 몇 [N]인가?

① $qH/\mu_0 v$　　② qvH/μ_0
③ qvH　　④ $\mu_0 qvH$

해설 | 전하가 움직이며 받는 힘
로렌츠힘 $F = q(\vec{v} \times \vec{B})$
전하가 자계와 수직방향으로 운동하고 있으므로 $\sin\theta = 1$
$F = qvB = qv(\mu_0 H) \, [N]$

정답　05 ③　06 ③　07 ②　08 ③　09 ④

10 지표면에 대지로 향하는 500 [V/m]의 전계가 있다면 지표면의 전하밀도의 크기는 몇 [C/m^2]인가?

① 1.33×10^{-9} ② 4.43×10^{-9}
③ 1.33×10^{-7} ④ 4.43×10^{-7}

해설 | 무한평면도체 사이의 면전하밀도

무한평면 사이의 전계 $E = \dfrac{\sigma}{\epsilon_0} \rightarrow \sigma = \epsilon_0 E$

$\sigma = \epsilon_0 E = 8.85 \times 10^{-12} \times 500$
$\quad\quad = 4.43 \times 10^{-9} \ [C/m^2]$

11 C = 5 [μF]인 평행판 콘덴서에 5 [V]인 전압을 걸어줄 때 콘덴서에 축적되는 에너지는 몇 [J]인가?

① 6.25×10^{-5} ② 6.25×10^{-3}
③ 1.25×10^{-5} ④ 1.25×10^{-3}

해설 | 콘덴서에 축적되는 에너지

$W = \dfrac{1}{2} CV^2 \ [J]$

$W = \dfrac{1}{2} \times 5 \times 10^{-6} \times 5^2 = 6.25 \times 10^{-5} \ [J]$

12 맥스웰의 전자 방정식 중 패러데이의 법칙에 의하여 유도된 방정식은 어느 것인가?

① $\nabla \times H = i_c + \dfrac{\partial D}{\partial t}$

② $\nabla \times E = -\dfrac{\partial B}{\partial t}$

③ $div D = \rho$

④ $div B = 0$

해설 | 맥스웰 방정식 $\nabla \times E = -\dfrac{\partial B}{\partial t}$

패러데이법칙 : 시간에 따라 변하는 자기장이 존재하면 회전하는 성분의 전기장이 발생하고 부호는 반대이다.
① : 앙페르의 주회적분법칙
③, ④ : 가우스정리

13 전기저항 R과 정전용량 C, 고유저항 ρ 및 유전율 ε 사이의 관계로 옳은 것은?

① R = ερC   ② Rρ = Cε
③ C = Rρε   ④ RC = ρε

해설 | 저항과 정전용량의 관계

$R = \rho \dfrac{l}{S}, \ C = \epsilon \dfrac{S}{l}, \ RC = \dfrac{\rho l}{S} \dfrac{\epsilon S}{l} = \rho \epsilon$

$RC = \rho \epsilon$

정답 10 ② 11 ① 12 ② 13 ④

14 $\varepsilon_1 > \varepsilon_2$의 유전체 경계면에 전계가 수직으로 입사할 때 경계면에 작용하는 힘과 방향에 대한 설명으로 옳은 것은?

① 힘이 ϵ_1에서 ϵ_2로 작용
$$f = \frac{1}{2}\left(\frac{1}{\epsilon_2} - \frac{1}{\epsilon_1}\right)D^2$$

② 힘이 ϵ_2에서 ϵ_1로 작용
$$f = \frac{1}{2}\left(\frac{1}{\epsilon_1} - \frac{1}{\epsilon_2}\right)E^2$$

③ 힘이 ϵ_1에서 ϵ_2로 작용
$$f = \frac{1}{2}(\epsilon_2 - \epsilon_1)E^2$$

④ 힘이 ϵ_2에서 ϵ_1로 작용
$$f = \frac{1}{2}(\epsilon_1 - \epsilon_2)D^2$$

해설 | 전계가 유전체 경계면에 수직으로 작용할 때 경계면에 작용하는 힘

전계가 경계면에 수직 또는 수평으로 작용할 때 경계면에 수직으로 작용하는 힘을 맥스웰 응력이라 하고 다음과 같이 구한다.
$$F = \frac{1}{2}\left(\frac{1}{\epsilon_2} - \frac{1}{\epsilon_1}\right)D^2 \ [\mathrm{N/m^2}]$$

방향은 유전율이 큰 쪽에서 작은 쪽으로 작용한다.

15 정전계에 대한 설명으로 옳은 것은?

① 전계 에너지가 최소로 되는 전하분포의 전계이다.
② 전계 에너지가 최대로 되는 전하분포의 전계이다.
③ 전계 에너지가 항상 0인 전기장을 말한다.
④ 전계 에너지가 항상 ∞인 전기장을 말한다.

해설 | 정전계

정전계는 전계 에너지가 최소로 되는 전하분포의 전계이다.

16 제벡(Seebeck)효과를 이용한 것은?

① 광전지　　② 열전대
③ 전자냉동　④ 수정 발진기

해설 | 제벡효과

서로 다른 두 금속 접속점에 온도차를 주게 되면 열기전력이 생성되는 현상

① 광전지 : 빛에너지를 전기에너지로 변환하여 사용하는 전지 → 광전효과
② 열전대 : 서로 다른 두 금속 접합부의 기전력을 측정하여 온도를 측정하는 방법 → 제벡효과
③ 전자냉동 : 소자에 전압을 걸어주면 한쪽에서는 발열, 다른쪽에서는 흡열이 일어나는 모듈 → 펠티에효과
④ 수정 발진기 : 수정 표면에 인가된 교류 전압으로 진동을 일으키는 발전기 → 역압전효과

정답　14 ①　15 ①　16 ②

17 유전체에 가한 전계 E [V/m]와 분극의 세기 P [C/m²]와의 관계로 옳은 것은?

① $P = \varepsilon_s(\varepsilon_0 + 1)E$　② $P = \varepsilon_s(\varepsilon - 1)E$
③ $P = \varepsilon_0(\varepsilon_s + 1)E$　④ $P = \varepsilon_0(\varepsilon_s - 1)E$

해설 | 분극의 세기

$$P = \epsilon_o(\epsilon_s - 1)E = \left(1 - \frac{1}{\epsilon_r}\right)D$$
$$= D - \epsilon_o E \ [C/m^2]$$

18 자기 인덕턴스 0.05 [H]의 회로에 흐르는 전류가 매초 500 [A]의 비율로 증가할 때 자기 유도기전력의 크기는 몇 [V]인가?

① 2.5　② 25
③ 100　④ 1000

해설 | 유도기전력

$$e = L\frac{di}{dt} = 0.05 \times \frac{500}{1} = 25 \ [V]$$

19 두 개의 코일에서 각각의 자기 인덕턴스가 L₁ = 0.5 [H], L₂ = 0.75 [H]이고, 상호 인덕턴스는 M = 0.1 [H]라고 하면 이때 코일의 결합계수는 약 얼마인가?

① 0.108　② 0.121
③ 0.142　④ 0.163

해설 | 상호 인덕턴스 $M = k\sqrt{L_1 L_2}$

$$k = \frac{0.1}{\sqrt{0.5 \times 0.75}} = 0.163$$

20 내구의 반지름 a [m], 외구의 반지름 b [m]인 동심구도체 간에 도전율이 k [S/m]인 저항물질이 채워져 있을 때 내외구간의 합성저항은 몇인가?

① $\dfrac{1}{8\pi k}\left(\dfrac{1}{a} - \dfrac{1}{b}\right)$

② $\dfrac{1}{4\pi k}\left(\dfrac{1}{a} - \dfrac{1}{b}\right)$

③ $\dfrac{1}{2\pi k}\left(\dfrac{1}{a} - \dfrac{1}{b}\right)$

④ $\dfrac{1}{\pi k}\left(\dfrac{1}{a} - \dfrac{1}{b}\right)$

해설 | 동심구도체의 합성저항

$$R = \frac{\rho\epsilon}{C} = \frac{1}{4\pi k}\left(\frac{1}{a} - \frac{1}{b}\right) \ [\Omega]$$

정답　17 ④　18 ②　19 ④　20 ②

전기자기학 — 2021년 2회

01 벡터 A = i + 4j + 3k와 벡터 B = 4i + 2j − 4k 는 서로 어떤 관계에 있는가?

① 평행 ② 면적
③ 접근 ④ 수직

해설 | 벡터의 내적

$A \cdot B = |A||B|\cos\theta$

$\cos\theta = \dfrac{A \cdot B}{|A||B|} = \dfrac{4+8-12}{\sqrt{26}\sqrt{36}} = 0$

$\theta = 0$ 이므로 수직이다.

02 한 변의 길이가 a [m]인 정사각형 ABCD 의 각 정점에 각각 Q [C]의 전하를 놓을 때, 정사각형의 중심 O의 전위는 몇 [V]인가?

① $\dfrac{3Q}{4\pi\epsilon_0 a}$ ② $\dfrac{3Q}{\pi\epsilon_0 a}$

③ $\dfrac{\sqrt{2}Q}{\pi\epsilon_0 a}$ ④ $\dfrac{2Q}{\pi\epsilon_0 a}$

해설 | 정사각형의 중심 O의 전위

전위 $V = \dfrac{Q}{4\pi\epsilon_0 r}$, r은 떨어진 거리이므로

정사각형 중심까지의 거리 $r = \dfrac{\sqrt{2}a}{2}$

전위 $V = \dfrac{Q}{4\pi\epsilon_0 \dfrac{\sqrt{2}a}{2}} = \dfrac{Q}{2\sqrt{2}\pi\epsilon_0 a}$

정점에 전하를 놓았으므로 $4 \times \dfrac{Q}{2\sqrt{2}\pi\epsilon_0 a}$

따라서 정사각형의 중심 전위

$V = \dfrac{\sqrt{2}Q}{\pi\epsilon_0 a}$ [V]

03 한쪽 지름이 다른 쪽 지름의 6배인 2개의 금속구가 가늘고 긴 전선으로 접속되어 대전되어 있다. 큰 쪽은 작은 쪽보다 몇 배의 정전에너지가 축적되는가?

① 3 ② 6
③ 18 ④ 36

해설 | 정전에너지의 축적

정전에너지 $W = \dfrac{1}{2}CV^2$ 이고

금속구의 정전용량 $C = 4\pi\epsilon r$ 이므로 이 둘은 비례관계에 있다. 따라서 6배가 축적된다.

정답 01 ④ 02 ③ 03 ②

04 자성체의 스핀(Spin) 배열 상태를 표시한 것 중 상자성체의 스핀의 배열 상태를 표시한 것은? (단, 표시는 스핀 자기(磁氣)모멘트의 크기와 방향을 표시한 것이다)

①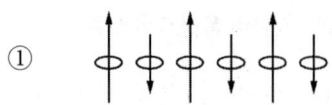

②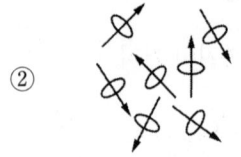

③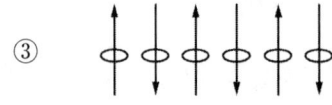

④

해설 | 자성체의 스핀

① 페리자성체
② 상자성체
③ 반강자성체
④ 강자성체

05 35 [℃]에서 저항이 20 [Ω]인 코일이 있다. 90 [℃]에서 코일의 저항은 몇 [Ω]인가? (단, 35 [℃]에서 코일의 저항 온도계수는 0.006이다)

① 14 ② 18.4
③ 22.2 ④ 26.6

해설 | 저항의 온도계수
$R_T = R_o [1 + \alpha(t_T - t_o)]$
$R_T = 20 \times [1 + 0.006(90 - 35)]$
$\quad = 26.6 [\Omega]$

06 v [m/s]의 속도로 전자가 B [Wb/m²]의 평등자계에 직각으로 들어가며 원운동을 한다. 이때의 각속도 w [rad/s]와 주파수 f [Hz]에 해당되는 것은? (단, 전자의 질량은 m, 전자의 전하량은 e이다)

① $w = \dfrac{m}{eB}, f = \dfrac{2\pi m}{eB}$

② $w = \dfrac{eB}{m}, f = \dfrac{eB}{2\pi m}$

③ $w = \dfrac{mv}{eB}, f = \dfrac{2\pi m}{Bv}$

④ $w = \dfrac{em}{B}, f = \dfrac{2\pi B}{mv}$

해설 | 전자의 원운동

원운동하고 있으므로 구심력 = 원심력
$\dfrac{mv^2}{r} = Bev, r = \dfrac{mv}{Be}$,

$v = rw, w = \dfrac{v}{r} = \dfrac{v}{\dfrac{mv}{Be}} = \dfrac{Be}{m}$

$w = 2\pi f [rad/s], f = \dfrac{w}{2\pi} = \dfrac{Be}{2\pi m} [Hz]$

정답 04 ② 05 ④ 06 ②

07 정전용량이 1 [μF], 2 [μF]인 콘덴서에 각각 2×10^{-4} [C] 및 3×10^{-4} [C]의 전하를 주고 극성을 같게 하여 병렬로 접속할 때 콘덴서에 축적된 에너지는 약 몇 [J]인가?

① 0.042 ② 0.063
③ 0.084 ④ 0.126

해설 | 콘덴서의 축적된 에너지

$$W = \frac{Q^2}{2C} [J]$$

$$W = \frac{(2 \times 10^{-4} + 3 \times 10^{-4})^2}{2 \times (1 \times 10^{-6} + 2 \times 10^{-6})}$$
$$= 0.042 [J]$$

08 전기력선의 기본 성질을 설명한 것 중 옳지 않은 것은?

① 전기력선의 방향은 그 점의 전계의 방향과 일치한다.
② 전기력선은 전위가 높은 곳에서 낮은 곳으로 향한다.
③ 전기력선은 자신만으로 폐곡선이 된다.
④ 전기력선은 전계의 세기가 0인 곳을 제외하고는 등전위면과 직교한다.

해설 | 전기력선의 기본 성질

전기력선 자신만으로 폐곡면을 만들 수는 없다.

09 전류의 세기가 I [A], 반지름 r [m]인 원형 선전류 중심에 m [Wb]인 가상 점자극을 둘 때 원형 선전류가 받는 힘은 얼마인가?

① $\frac{mI}{2\pi r}$ ② $\frac{mI}{2r}$
③ $\frac{mI^2}{2\pi r}$ ④ $\frac{mI}{2\pi r^2}$

해설 | 원형 코일의 자계 $H = \frac{I}{2r} [AT/m]$

$F = mH$ 이므로 $F = \frac{mI}{2r} [N]$

10 진공 중에서 대전도체 표면의 표면 전하밀도가 σ [C/m²]이라면 표면 전계는 얼마인가?

① $E = \frac{\sigma}{\epsilon_0}$ ② $E = \frac{\sigma}{2\epsilon_0}$
③ $E = \frac{\sigma}{2\pi\epsilon_0}$ ④ $E = \frac{\sigma}{4\pi r^2}$

해설 | 표면 전하밀도

$E = \frac{\sigma}{\epsilon_0} [V/m]$

정답 07 ① 08 ③ 09 ② 10 ①

11 내압이 1 [kV]이고, 용량이 각각 0.01 [μF], 0.02 [μF], 0.05 [μF]인 콘덴서를 직렬로 연결했을 때의 전체 내압은 몇 [V]인가?

① 1500　　② 1600
③ 1700　　④ 1800

해설 | 콘덴서 직렬연결 시 전체 내압

- 전하량 $Q = CV$ 이므로
  전하량 $Q_1 = 1 \times 10^3 \times 0.01 \times 10^{-6}$
  　　　　　$= 1 \times 10^{-5}$ [C]
  전하량 $Q_2 = 1 \times 10^3 \times 0.02 \times 10^{-6}$
  　　　　　$= 2 \times 10^{-5}$ [C]
  전하량 $Q_3 = 1 \times 10^3 \times 0.05 \times 10^{-6}$
  　　　　　$= 5 \times 10^{-5}$ [C]
- 전하량보다 높은 전압이 걸리면 콘덴서가 파괴되므로 가장 낮은 전압을 기준으로 한다.
- 따라서 Q_1을 기준으로 하면
  Q_1 : 1000 [V], Q_2 : 500 [V],
  Q_3 : 200 [V]이므로
  전체 전압은 1700 [V]가 된다.

12 극판 면적 10 [cm²], 간격 1 [mm] 평행판 콘덴서에 비유전율이 3인 유전체를 채웠을 때 전압 100 [V]를 가하면 축적되는 에너지는 약 몇 [J]인가?

① 1.32×10^{-7}　　② 1.32×10^{-9}
③ 2.64×10^{-7}　　④ 2.64×10^{-9}

해설 | 콘덴서에 축적된 에너지

$$W = \frac{1}{2}CV^2 \text{ [J]}, \quad C = \epsilon \frac{S}{d}$$

$$W = \frac{1}{2} \times \left(3 \times \epsilon_0 \times \frac{10 \times 10^{-4}}{10^{-3}}\right) \times 100^2$$
$$= 1.33 \times 10^{-7} \text{ [J]}$$

13 유전율 ε, 투자율 μ인 매질 중을 주파수 f [Hz]의 전자파가 전파되어 나갈 때의 파장은 몇 [m]인가?

① $f\sqrt{\epsilon\mu}$　　② $\dfrac{\sqrt{\epsilon\mu}}{f}$
③ $\dfrac{f}{\sqrt{\epsilon\mu}}$　　④ $\dfrac{1}{f\sqrt{\epsilon\mu}}$

해설 | 전자파의 파장

전자파 전파속도 $v = f\lambda = \dfrac{1}{\sqrt{\epsilon\mu}}$ 이므로

$\lambda = \dfrac{1}{f\sqrt{\epsilon\mu}}$ [m]

14 반지름 10 [cm]인 도체구 A에 9 [C]의 전하가 분포되어 있다. 이 도체구에 반지름 5 [cm]인 도체구 B를 접촉시켰을 때 도체구 B로 이동한 전하는 몇 [C]인가?

① 3　　② 9
③ 18　　④ 24

정답 11 ③ 12 ① 13 ④ 14 ①

해설 | 등전위 도체

두 도체구를 접촉시키면 등전위상태가 된다($V_A = V_B$)
접촉 후 도체구 A, B의 전하량을 각각 Q_A, Q_B, 이동 전 도체구 A의 전하량을 Q라고 하면
$Q_A = Q - Q_B \cdots$ (1)
전위는 $V = \dfrac{Q}{4\pi\epsilon r}$ 이므로
$V_A = V_B$
→ $\dfrac{Q_A}{4\pi\epsilon r_A} = \dfrac{Q_B}{4\pi\epsilon r_B}$
→ $r_B Q_A = r_A Q_B$
위 식에 식 (1)과 각각의 반지름 값을 대입하면
$Q = 3Q_B$
$Q = 9\,[C]$ 이므로 $Q_B = 3\,[C]$

15
자기 인덕턴스가 10 [H]인 코일에 3 [A]의 전류가 흐를 때 코일에 축적된 자계에너지는 몇 [J]인가?

① 30　　② 45
③ 60　　④ 90

해설 | 코일에 축적된 자계에너지

$W = \dfrac{1}{2}LI^2\,[J]$
$W = \dfrac{1}{2} \times 10 \times 3^2 = 45\,[J]$

16
액체 유전체를 포함한 콘덴서 용량이 C [F]인 것에 V [V]의 전압을 가했을 경우에 흐르는 누설전류는 몇인가? (단, 유전체의 유전율은 ϵ, 고유저항은 ρ라 한다)

① $\dfrac{\rho\epsilon}{C}V$　　② $\dfrac{C}{\rho\epsilon}V$
③ $\dfrac{C}{\rho\epsilon}V^2$　　④ $\dfrac{\rho\epsilon}{CV}$

해설 | 누설전류

$RC = \rho\epsilon$ 이므로 $R = \dfrac{\rho\epsilon}{C}$
$I = \dfrac{V}{R}$ 이므로 $I = \dfrac{V}{\dfrac{\rho\epsilon}{C}} = \dfrac{CV}{\rho\epsilon}\,[A]$

17
두 자기 인덕턴스를 직렬로 연결하여 두 코일이 만드는 자속이 동일 방향일 때 합성 인덕턴스를 측정하였더니 75 [mH]가 되었고, 두 코일이 만드는 자속이 서로 반대인 경우에는 25 [mH]가 되었다. 두 코일의 상호 인덕턴스는 몇 [mH]인가?

① 25　　② 20
③ 17.5　　④ 12.5

해설 | 두 코일의 상호 인덕턴스

$L_가 = L_1 + L_2 + 2M$
$L_차 = L_1 + L_2 - 2M$
$L_가 - L_차 = 4M$,
$M = \dfrac{L_가 - L_차}{4} = \dfrac{75 - 25}{4} = 12.5\,[mH]$

정답　15 ②　16 ②　17 ④

18 완전 유전체에서 경계 조건을 설명한 것 중 맞는 것은?

① 전속밀도의 접선성분은 같다.
② 전계의 법선성분은 같다.
③ 경계면에 수직으로 입사한 전속은 굴절하지 않는다.
④ 유전율이 큰 유전체에서 유전율이 작은 유전체로 전계가 입사하는 경우 굴절각은 입사각보다 크다.

해설 | 유전체의 경계 조건
① 전속밀도의 법선성분은 같다.
② 전계의 접선성분은 같다.
③ 경계면에 수직으로 입사한 전속은 굴절하지 않는다(정답).
④ 굴절 시 $\epsilon_1 > \epsilon_2$ 이면 $\dfrac{\tan\theta_1}{\tan\theta_2} = \dfrac{\epsilon_1}{\epsilon_2}$ 에서 $\tan\theta_1 > \tan\theta_2$, $\theta_1 > \theta_2$ 이 되므로 입사각이 굴절각보다 크다.

19 다음 내용은 어떤 법칙을 설명한 것인가?

> 유도되는 기전력은 폐회로에 쇄교하는 자속의 시간적 변화율과 권수의 곱에 비례한다.

① 쿨롱의 법칙　　② 가우스의 법칙
③ 맥스웰의 법칙　④ 패러데이의 법칙

해설 | 패러데이의 법칙 $e = -N\dfrac{d\phi}{dt}\,[V]$

① 쿨롱의 법칙 $F = \dfrac{1}{4\pi\varepsilon} \times \dfrac{Q_1 Q_2}{r^2}\,[N]$
② 가우스법칙 $\nabla \cdot D = \rho$, $\nabla \cdot B = 0$
③ 맥스웰의 법칙(X) : 맥스웰 방정식은 전기, 자기의 여러 형성을 나타내는 편미분방정식 4개로 이루어져있다. 가우스 법칙도 이에 포함된다.
④ 패러데이의 법칙 $e = -N\dfrac{d\phi}{dt}$

20 임의의 절연체에 대한 유전율의 단위로 옳은 것은?

① [F/m]　　　　② [V/m]
③ [N/m]　　　　④ [C/m²]

해설 | 유전율의 단위 [F/m]

$C = \epsilon \dfrac{S}{d}$ 의 단위를 생각해보자.

$C[F] = \epsilon[?] \cdot \dfrac{S}{d}[m]$

정답　18 ③　19 ④　20 ①

2021년 3회

01 한 도체의 전하를 Q가 되도록 대전시키고 여기에 다른 도체를 접촉했을 때 그 도체가 얻은 전하 Q_2를 전위계수로 표시하면 어떻게 되는가?

① $Q_2 = \dfrac{P_{11} - P_{12}}{P_{11} - 2P_{12} + P_{22}} Q$

② $Q_2 = \dfrac{P_{11} - P_{12}}{P_{11} - P_{12} + P_{22}} Q$

③ $Q_2 = \dfrac{P_{11} - P_{12}}{P_{11} + P_{12} + P_{22}} Q$

④ $Q_2 = \dfrac{P_{11} + P_{12}}{P_{11} - P_{12} + P_{22}} Q$

해설 | 전위계수

$V_1 = P_{11} Q_1 + P_{12} Q_2$

$V_2 = P_{21} Q_1 + P_{22} Q_2$

문제 조건에 의해, 접촉 후 한 도체의 전하량은 $Q_1 = Q - Q_2$이다.

$V_1 = P_{11}(Q - Q_2) + P_{12} Q_2$

$V_2 = P_{12}(Q - Q_2) + P_{22} Q_2$ 가 되므로 다른 도체를 접촉시켰으므로 $V_1 = V_2$가 된다.

정리하면 $Q_2 = \dfrac{P_{11} - P_{12}}{P_{11} - 2P_{12} + P_{22}} Q$ 이다.

02 전류에 의한 자계의 방향을 결정하는 법칙은 무엇인가?

① Ampere의 오른나사법칙
② Fleming의 오른손법칙
③ Fleming의 왼손법칙
④ Lentz의 법칙

해설 | 앙페르의 오른나사법칙

① 어떤 도선에 전류가 흐를 때, 오른나사를 돌리는 방향으로 자계가 발생하는 법칙
② 자기장 속에서 도선이 이동할 때, 도선 속의 전하가 로렌츠힘을 받아 전류가 흐르는 법칙
③ 자기장 속에서 도선에 전류가 흐를 때, 도선이 받는 힘의 방향을 결정하는 규칙
④ 패러데이의 법칙에서 유도기전력이 발생할 때 그 방향을 결정하는 규칙(변화를 방해하는 방향)

정답 01 ① 02 ①

03 비유전율 9, 비투자율 1인 공간에서 전자파의 전파속도는 몇 [m/s]인가?

① 1.25×10^7 ② 2.5×10^7
③ 5.0×10^7 ④ 10.0×10^7

해설 | 전자파의 전파속도

$$v = \frac{1}{\sqrt{\mu\epsilon}} = \frac{1}{\sqrt{1 \times \mu_0 \times 9 \times \epsilon_0}}$$

$$= \frac{1}{3\sqrt{\mu_0\epsilon_0}} = \frac{3 \times 10^8}{3}$$

$$= 10.0 \times 10^7 \,[m/s]$$

TIP 진공에서의 전파속도

$$\frac{1}{\sqrt{\mu_0\epsilon_0}} = 3 \times 10^8 \,[m/s]$$

04 전위 분포가 V = 6x + 3 [V]로 주어졌을 때 점(10,0) [m]에서의 전계의 크기 및 방향은 어떻게 되는가?

① $6a_x$ ② $-6a_x$
③ $3a_x$ ④ $-3a_x$

해설 | 전계의 크기 및 방향

$E = -grad\,V$ 이므로

$-grad\,V = -\dfrac{\partial(6x)}{\partial x} = -6a_x\,[V]$

05 표피효과에 관한 설명으로 옳지 않은 것은?

① 도체에 교류가 흐르면 전류밀도는 표면에 가까울수록 커진다.
② 고주파일수록 심하지 않아 실효저항이 감소한다.
③ 고주파일수록 현저하게 나타난다.
④ 내부 도체는 전도에 거의 관여하지 않으므로 외견상 단면적이 감소하여 저항이 커진 것 같은 현상이다.

해설 | 표피효과

• 도체에 고주파 전류가 흐를 때, 전류가 도체 표면에만 흐르는 현상이다.
• 전류의 주파수가 증가함에 따라 도체 내부 전류밀도가 지수함수적으로 감소하는 현상이다.
• 표피효과 $\propto \dfrac{1}{침투깊이}$

06 균일한 자계의 세기 H [AT/m] 내에 자극의 세기가 ±m [Wb], 길이 l [m]인 막대자석을 그 중심 주위에 회전할 수 있도록 놓는다. 이때 자석과 자계의 방향이 이룬 각을 θ라고 하면 자석이 받는 회전력은 몇 [N·m]인가?

① mlHcosθ ② mlHsinθ
③ 2mlHsinθ ④ 2mlHtanθ

해설 | 자석이 받는 회전력

$T = M \times H = mlH\sin\theta\,[N \cdot m]$

정답 03 ④ 04 ② 05 ② 06 ②

07 극판의 면적이 50 [cm²], 극판 사이의 간격이 1 [mm], 극판 사이 매질의 비유전율이 5인 평행판 콘덴서의 정전용량은 약 몇 [pF]인가?

① 220
② 22
③ 250
④ 25

해설 | 평행판 콘덴서의 정전용량

$$C = \epsilon \frac{S}{d} = 5 \times \epsilon_0 \times \frac{50 \times 10^{-4}}{1 \times 10^{-3}}$$
$$= 25\epsilon_0 = 2.21 \times 10^{-10}$$
$$\fallingdotseq 220 \times 10^{-12} \, [F] \fallingdotseq 220 \, [pF]$$

TIP $\epsilon_0 = 8.85 \times 10^{-12}$

08 전계 E [V/m] 및 자계 H [A/m]의 에너지가 자유공간에서 v [m/sec]의 속도로 전파될 때 단위시간에 단위면적을 지나는 에너지는 얼마인가?

① P = 1/2EH [W/m²]
② P = EH [W/m²]
③ P = 377EH [W/m²]
④ P = EH/377 [W/m²]

해설 | 포인팅 벡터

$$P = \frac{(방사전력)}{S} = EH \, [W/m^2]$$

09 유전율이 각각 ϵ_1, ϵ_2인 두 유전체가 접해 있는 경우, 경계면에서 전속선의 방향이 그림과 같이 될 때 $\epsilon_1 > \epsilon_2$이면 입사각과 굴절각은 어떻게 되는가?

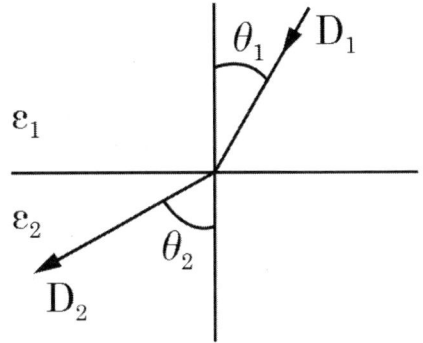

① $\theta_1 = \theta_2$이다.
② $\theta_1 + \theta_2 = 90°$이다.
③ $\theta_1 < \theta_2$이다.
④ $\theta_1 > \theta_2$이다.

해설 | 입사각과 굴절각

굴절 시, $\epsilon_1 > \epsilon_2$이면 $\frac{\tan\theta_1}{\tan\theta_2} = \frac{\epsilon_1}{\epsilon_2}$에서 $\tan\theta_1 > \tan\theta_2$, $\theta_1 > \theta_2$이 된다.

10 면적 S [m²], 간격 d [m]인 평행판 콘덴서에 그림과 같이 두께 d_1, d_2 [m]이며 유전율 ε_1, ε_2 [F/m]인 두 유전체를 극판 간에 평행으로 채웠을 때 정전용량은 몇 [F]인가?

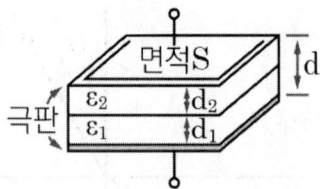

① $\dfrac{S}{\dfrac{d_1}{\epsilon_1}+\dfrac{d_2}{\epsilon_2}}$ ② $\dfrac{S^2}{\dfrac{d_1}{\epsilon_2}+\dfrac{d_2}{\epsilon_1}}$

③ $\dfrac{\epsilon_1 S}{d_1}+\dfrac{\epsilon_2 S}{d_2}$ ④ $\dfrac{\epsilon_1\epsilon_2 S}{d}$

해설 | 콘덴서의 연결

콘덴서의 정전용량 $C_1 = \epsilon_1\dfrac{S}{d_1}$

콘덴서의 정전용량 $C_2 = \epsilon_2\dfrac{S}{d_2}$

콘덴서의 직렬연결 $C_t = \dfrac{C_1 \times C_2}{C_1 + C_2}$

$C_t = \dfrac{\epsilon_1\epsilon_2\dfrac{S^2}{d_1 d_2}}{\epsilon_1\dfrac{S}{d_1}+\epsilon_2\dfrac{S}{d_2}} = \dfrac{\epsilon_1\epsilon_2\dfrac{S^2}{d_1 d_2}}{\dfrac{S(\epsilon_1 d_2 + \epsilon_2 d_1)}{d_1 d_2}}$

$= \dfrac{S}{\dfrac{d_1}{\epsilon_1}+\dfrac{d_2}{\epsilon_2}}$ [F]

11 반지름이 3 [m], 4 [m]인 절연 도체구의 전위를 각각 6 [V], 8 [V]로 한 후 가는 도선으로 두 도체구를 연결하면 공통 전위는 몇 [V]가 되는가?

① 4.9 ② 6.2
③ 7.1 ④ 8.4

해설 | 가는 도선으로 연결 = 병렬연결

두 도체구의 전압이 같아지므로 콘덴서의 병렬연결과 같다고 볼 수 있다.
콘덴서의 병렬연결식은 다음과 같다.
$C_1 V_1 + C_2 V_2 = C_t V_t$

$V_t = \dfrac{C_1 V_1 + C_2 V_2}{C_t}$

도체구의 정전용량 $C = 4\pi\epsilon_0 r$ [F]

$\dfrac{4\pi\epsilon_0 a_1 V_1 + 4\pi\epsilon_0 a_2 V_2}{4\pi\epsilon_0 a_1 + 4\pi\epsilon_0 a_2}$

$= \dfrac{a_1 V_1 + a_2 V_2}{a_1 + a_2}$ [V]

12 점전하 +Q의 무한평면도체에 대한 영상전하는 얼마인가?

① +2Q ② -2Q
③ +Q   ④ -Q

해설 | 전기영상법

무한평면 너머의 영상전하는 크기는 같으며 부호는 반대

정답 10 ① 11 ③ 12 ④

13 그림과 같이 반지름 a [m], 중심간격 d [m]인 평행원통도체가 공기 중에 있다. 원통도체의 선전하밀도가 각각 ±ρL [C/m]일 때 두 원통도체 사이의 단위길이당 정전용량은 약 몇 [F/m]인가? (단, d ≫ a이다)

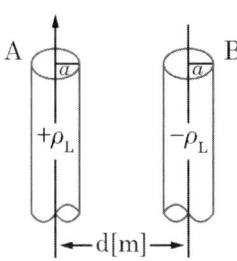

① $\dfrac{4\pi\epsilon_0}{\ln\dfrac{a}{d}}$ ② $\dfrac{4\pi\epsilon_0}{\ln\dfrac{d}{a}}$

③ $\dfrac{\pi\epsilon_0}{\ln\dfrac{a}{d}}$ ④ $\dfrac{\pi\epsilon_0}{\ln\dfrac{d}{a}}$

해설 | 원통도체 정전용량

$C_{AB} = \dfrac{\pi\varepsilon_0 l}{\ln\dfrac{d-a}{a}}\ [F]$

단위길이당 정전용량이므로 길이를 나눠준다.

따라서 $C_{AB} = \dfrac{\pi\varepsilon_0}{\ln\dfrac{d-a}{a}}\ [F/m]$

14 유전율 ε, 투자율 μ인 매질 내에서 전자파의 전파속도는 얼마인가?

① $\sqrt{\epsilon\mu}$ ② $\sqrt{\dfrac{\epsilon}{\mu}}$

③ $\dfrac{1}{\sqrt{\epsilon\mu}}$ ④ $\sqrt{\dfrac{\mu}{\epsilon}}$

해설 | 전자파의 전파속도

$v = \dfrac{1}{\sqrt{\epsilon\mu}}\ [m/s]$

15 그림과 같이 권수가 1이고 반지름 a [m]인 원형 전류 I [A]가 만드는 자계의 세기는 몇 [AT/m]인가?

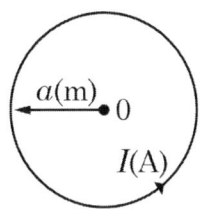

① I/a   ② I/2a
③ I/3a   ④ I/4a

해설 | 원형 코일의 자계

$H = \dfrac{I}{2a}\ [AT/m]$

16 전류밀도 J, 전계 E, 입자의 이동도 μ, 도전율을 σ라 할 때 전류밀도 [A/m²]를 옳게 표현한 것은?

① J = 0   ② J = E
③ J = σE   ④ J = μE

해설 | 전도전류밀도

$J = \dfrac{I}{S} = \dfrac{V}{RS} = \dfrac{V}{\dfrac{l}{\sigma S}S} = \sigma E\ [A/m^2]$

정답 13 ④ 14 ③ 15 ② 16 ③

17 두 벡터가 A = 2a$_x$ + 4a$_y$ - 3a$_z$, B = a$_x$ - a$_y$일 때 A × B는 얼마인가?

① 6a$_x$ - 3a$_y$ + 3a$_z$
② 6a$_x$ + 3a$_x$ - 3a$_z$
③ -3a$_x$ - 3a$_y$ - 6a$_z$
④ -3a$_x$ + 3a$_y$ + 6a$_z$

해설 | 벡터의 외적

$$A \times B = \begin{pmatrix} a_x & a_y & a_z \\ 2 & 4 & -3 \\ 1 & -1 & 0 \end{pmatrix} = -3a_x - 3a_y - 6a_z$$

18 공기 중 임의의 점에서 자계의 세기(H)가 20 [AT/m]일 때 자속밀도(B)는 약 몇 [Wb/m^2]인가?

① 2.5×10^{-5} ② 3.5×10^{-5}
③ 4.5×10^{-5} ④ 5.5×10^{-5}

해설 | 자속밀도

$$B = \mu_0 H = \mu_0 \times 20 = 2.5 \times 10^{-5} \, [\text{Wb/m}^2]$$

TIP $\mu_0 = 4\pi \times 10^{-7}$

19 4 [Wb/m^2]인 평등자계 속에 길이가 50 [cm]인 도선이 자계와 직각 방향으로 놓여있다. 이 도선이 자계와 30°의 방향으로 20 [m/s]의 속도로 이동할 때, 도체 양단에 유기되는 기전력의 크기는 몇[V]인가?

① 10   ② 20
③ 30   ④ 40

해설 | 유기기전력

$$e = Blv \sin\theta = 4 \times 0.5 \times 20 \times \frac{1}{2} = 20 \, [V]$$

20 자기 인덕턴스의 성질을 설명한 것으로 옳은 것은?

① 경우에 따라 정(+) 또는 부(-)의 값을 갖는다.
② 항상 부(-)의 값을 갖는다.
③ 항상 정(+)의 값을 갖는다.
④ 항상 0이다.

해설 | 자기 인덕턴스

자기 인덕턴스는 항상 정(+)의 값을 갖는다.

정답 17 ③ 18 ① 19 ② 20 ③

2020년 1, 2회

01 유전율이 각각 다른 두 종류의 유전체 경계면에 전속이 입사될 때 이 전속은 어떻게 되는가? (단, 경계면에 수직으로 입사하지 않는 경우이다)

① 굴절 ② 반사
③ 회전 ④ 직진

해설 | 유전체의 경계 조건
수직으로 입사하는 경우를 제외하고 전속은 굴절한다.

02 반지름이 9 [cm]인 도체구 A에 8 [C]의 전하가 균일하게 분포되어 있다. 이 도체구에 반지름 3 [cm]인 도체구 B를 접촉시켰을 때 도체구 B로 이동한 전하는 몇 [C]인가?

① 1 ② 2
③ 3 ④ 4

해설 | 도체구 접촉 시 이동하는 전하
접촉하는 순간 등전위가 되므로
$\dfrac{Q_A}{4\pi\epsilon r_A} = \dfrac{Q_B}{4\pi\epsilon r_B}$, $Q_B = \dfrac{3}{9} Q_A$ 가 되고

Q_B로 전하가 이동하므로 $Q_A = Q - Q_B$

$Q_B = \dfrac{1}{3}(Q - Q_B)$, $\dfrac{4}{3} Q_B = \dfrac{1}{3} Q$, $Q = 8$

∴ $Q_B = 2\,[C]$

03 내구의 반지름 a [m], 외구의 반지름 b [m]인 동심구도체 간에 도전율이 k [S/m]인 저항물질이 채워져 있을 때 내외구간의 합성저항은 몇 [Ω]인가?

① $\dfrac{1}{8\pi k}\left(\dfrac{1}{a} - \dfrac{1}{b}\right)$

② $\dfrac{1}{4\pi k}\left(\dfrac{1}{a} - \dfrac{1}{b}\right)$

③ $\dfrac{1}{2\pi k}\left(\dfrac{1}{a} - \dfrac{1}{b}\right)$

④ $\dfrac{1}{\pi k}\left(\dfrac{1}{a} + \dfrac{1}{b}\right)$

해설 | 동심구도체의 정전용량
$C = \dfrac{4\pi\epsilon}{\left(\dfrac{1}{a} - \dfrac{1}{b}\right)}$

• 저항과 정전용량 관계식 : $RC = \rho\epsilon$

$R = \dfrac{\rho\epsilon}{C} = \dfrac{\rho\epsilon}{4\pi\epsilon}\left(\dfrac{1}{a} - \dfrac{1}{b}\right)$

$= \dfrac{1}{4\pi k}\left(\dfrac{1}{a} - \dfrac{1}{b}\right)\,[\Omega]$

정답 01 ① 02 ② 03 ②

04 대전된 도체 표면의 전하밀도를 σ [C/m²] 이라고 할 때 대전된 도체 표면의 단위면적이 받는 정전응력 [N/m²]은 전하밀도 σ와 어떤 관계가 있는가?

① $\sigma^{\frac{1}{2}}$ 에 비례
② $\sigma^{\frac{3}{2}}$ 에 비례
③ σ 에 비례
④ σ^2 에 비례

해설 | 정전응력과 전하밀도의 관계

- 대전된 도체 표면의 전계 $E = \dfrac{\sigma}{\epsilon_0}$
- 정전응력 $w = \dfrac{1}{2}\epsilon E^2 \ [N/m^2]$

따라서 E^2이므로 σ^2에 비례한다.

05 양극판의 면적이 S [m²], 극판 간의 간격이 d [m], 정전용량이 C_1 [F]인 평행판 콘덴서가 있다. 양극판 면적을 각각 $3S$ [m²]로 늘이고 극판 간격을 $\dfrac{1}{3}d$ [m]로 줄였을 때 정전용량 C_2 [F]는 어떻게 되는가?

① $C_2 = C_1$
② $C_2 = 3C_1$
③ $C_2 = 6C_1$
④ $C_2 = 9C_1$

해설 | 정전용량

$C_1 = \epsilon_0 \dfrac{S}{d}$

$C_2 = \epsilon_0 \dfrac{3S}{\frac{1}{3}d} = 9\epsilon_0 \dfrac{S}{d}$

$\therefore C_2 = 9C_1$

06 투자율이 각각 μ_1, μ_2인 두 자성체의 경계면에서 자기력선의 굴절의 법칙을 나타낸 식은?

① $\dfrac{\mu_1}{\mu_2} = \dfrac{\sin\theta_1}{\sin\theta_2}$
② $\dfrac{\mu_1}{\mu_2} = \dfrac{\sin\theta_2}{\sin\theta_1}$
③ $\dfrac{\mu_1}{\mu_2} = \dfrac{\tan\theta_1}{\tan\theta_2}$
④ $\dfrac{\mu_1}{\mu_2} = \dfrac{\tan\theta_1}{\tan\theta_2}$

해설 | 자성체의 경계 조건

경계 조건에 관한 자속밀도와 자계의 식 두 가지를 연립하면 투자율에 관한 식을 유도할 수 있다.

$B_1 \cos\theta_1 = B_2 \cos\theta_2$

$H_1 \sin\theta_1 = H_2 \sin\theta_2$

입사각과 굴절각은 투자율에 비례한다.

$\dfrac{\tan\theta_1}{\tan\theta_2} = \dfrac{\mu_1}{\mu_2}$

07 전계 내에서 폐회로를 따라 단위전하가 일주할 때 전계가 한 일은 몇 [J]인가?

① ∞
② π
③ 1
④ 0

해설 | 폐회로상에서 전계가 행하는 일

$\oint_c QE\,dl = Q\oint_c E\,dl = 0$이므로 폐회로상 전하를 일주시킬 때 전계가 하는 일은 항상 0이다.

정답 04 ④ 05 ④ 06 ③ 07 ④

08 진공 중에서 멀리 떨어져 있는 반지름이 각각 a_1 [m], a_2 [m]인 두 도체구를 V_1 [V], V_2 [V]인 전위를 갖도록 대전시킨 후 가는 도선으로 연결할 때 연결 후의 공통 전위 V [V]는?

① $\dfrac{V_1}{a_1} + \dfrac{V_2}{a_2}$ ② $\dfrac{V_1 + V_2}{a_1 a_2}$

③ $a_1 V_1 + a_2 V_2$ ④ $\dfrac{a_1 V_1 + a_2 V_2}{a_1 + a_2}$

해설 | 가는 도선으로 연결 = 병렬연결

두 도체구의 전압이 같아지므로 콘덴서의 병렬연결과 같다고 볼 수 있다.
콘덴서의 병렬연결식은 다음과 같다.
$C_1 V_1 + C_2 V_2 = C_t V_t$
$V_t = \dfrac{C_1 V_1 + C_2 V_2}{C_t}$
도체구의 정전용량 $C = 4\pi\epsilon_0 r$ [F]
$\dfrac{4\pi\epsilon_0 a_1 V_1 + 4\pi\epsilon_0 a_2 V_2}{4\pi\epsilon_0 a_1 + 4\pi\epsilon_0 a_2} =$
$\dfrac{a_1 V_1 + a_2 V_2}{a_1 + a_2}$ [V]

09 그림과 같이 도체 1을 도체 2로 포위하여 도체 2를 일정 전위로 유지하고 도체 1과 도체 2의 외측에 도체 3이 있을 때 용량계수 및 유도계수의 성질로 옳은 것은?

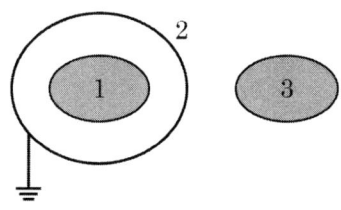

① $q_{23} = q_{11}$ ② $q_{13} = -q_{11}$
③ $q_{31} = q_{11}$ ④ $q_{21} = -q_{11}$

해설 | 용량계수 및 유도계수의 성질

• 정전차폐 : 도체를 접지하여 다른 도체 간에 정전현상이 미치지 않도록 완전히 차단된 상태
• 도체 1을 도체 2로 포위하였으므로 도체 1과 도체 3 사이에 아무런 관계가 없다.
 따라서 $q_{13} = q_{31} = 0$, $q_{23} \neq q_{11}$
• 용량, 유도계수 특징
 유도계수 $q_{ij} = q_{ji} \leq 0$
 (정전유도에 의해 반대극성의 전하가 유도된다)
 $q_{ii} \geq -(q_{12} + q_{13} + q_{14} \cdots q_{1r})$

10 와전류(Eddy Current)손에 대한 설명으로 틀린 것은?

① 주파수에 비례한다.
② 저항에 반비례한다.
③ 도전율이 클수록 크다.
④ 자속밀도의 제곱에 비례한다.

해설 | 와류손

$P_e \propto k(tfB_m)^2$ 이므로 주파수의 제곱에 비례한다.

정답 08 ④ 09 ④ 10 ①

11 전계 E [V/m] 및 자계 H [AT/m]의 에너지가 자유공간 사이클 C [m/s]의 속도로 전파될 때 단위시간에 단위면적을 지나는 에너지(W/m²)는 얼마인가?

① $\frac{1}{2}EH$ ② EH

③ EH^2 ④ E^2H

해설 | 포인팅 벡터

전자계 내의 한 점을 통과하는 단위면적당 전력

P = E × H [W/m²]

12 공기 중에 선간거리 10 [cm]의 평행왕복도선이 있다. 두 도선 간에 작용하는 힘이 4×10⁻⁶ [N/m]이었다면 도선에 흐르는 전류는 몇 [A]인가?

① 1   ② 2
③ $\sqrt{2}$ ④ $\sqrt{3}$

해설 | 평행왕복도선

$F = \frac{2 \times I_1 \times I_2}{r} \times 10^{-7} [N/m]$

평행왕복도선의 전류 $I_1 = -I_2$

따라서 $I = \sqrt{\frac{Fr}{2 \times 10^{-7}}} [A]$

$I = \sqrt{\frac{4 \times 10^{-6} \times 0.1}{2 \times 10^{-7}}} = \sqrt{2} [A]$

13 자기 인덕턴스가 L_1, L_2이고 상호 인덕턴스가 M인 두 회로의 결합계수가 1일 때, 성립되는 식은 어느 것인가?

① $L_1 \cdot L_2 = M$
② $L_1 \cdot L_2 < M^2$
③ $L_1 \cdot L_2 > M^2$
④ $L_1 \cdot L_2 = M^2$

해설 | 상호 인덕턴스

상호 인덕턴스 $M = k\sqrt{L_1 L_2}$,

$k = 1$인 경우

$M = \sqrt{L_1 L_2}$, $M^2 = L_1 L_2$

14 어떤 콘덴서가 비유전율 ε_s인 유전체로 채워져 있을 때의 정전용량 C와 공기로 채워져 있을 때의 정전용량 C_0의 비(C/C_0)는 얼마인가?

① ε_s ② $\frac{1}{\varepsilon_s}$

③ $\sqrt{\varepsilon_s}$ ④ $\frac{1}{\sqrt{\varepsilon_s}}$

해설 | 콘덴서의 정전용량

$C = \epsilon_0 \epsilon_s \frac{S}{d}$, $C_0 = \epsilon_0 \frac{S}{d}$

∴ $C/C_0 = \epsilon_s$

15 유전체에서의 변위전류에 대한 설명으로 틀린 것은?

① 변위전류가 주변에 자계를 발생시킨다.
② 변위전류의 크기는 유전율에 반비례한다.
③ 전속밀도의 시간적 변화가 변위전류를 발생시킨다.
④ 유전체 중의 변위전류는 진공 중의 전계 변화에 의한 변위전류와 구속전자의 변위에 의한 분극전류와의 합이다.

해설 | 변위전류

변위전류란 가상전류로써 시간적으로 변화하는 전속밀도에 의한 전류로, 전도전류처럼 자계를 발생시킨다.

$I_d = \dfrac{\partial D}{\partial t} S = \epsilon \dfrac{\partial E}{\partial t} S = w\epsilon ES$

∴ 유전율에 비례한다.

16 환상 솔레노이드의 자기 인덕턴스(H)와 반비례하는 것은?

① 철심의 투자율
② 철심의 길이
③ 철심의 단면적
④ 코일의 권수

해설 | 환상 솔레노이드의 인덕턴스

$L = \dfrac{\mu S N^2}{l} [H]$

따라서 길이에 반비례한다.

17 자성체에 대한 자화의 세기를 정의한 것으로 틀린 것은?

① 자성체의 단위체적당 자기모멘트
② 자성체의 단위면적당 자화된 자화량
③ 자성체의 단위면적당 자화선의 밀도
④ 자성체의 단위면적당 자기력선의 밀도

해설 | 자성체에 대한 자화의 세기

• 자화의 세기 $J = \dfrac{m}{S}$
 (단위면적당 자화량)

• 자화의 세기 $J = \dfrac{ml}{Sl}$
 (단위면적당 자화선 밀도)

• 자화의 세기 $J = \dfrac{M}{V}$
 (단위체적당 자기모멘트)

• 자화선 : 자석 내부의 자화상태, 즉 자화의 세기를 표시하는 자력선

• 자기력선 : 자기력이 N극에서 나와 S극으로 들어가는 선

18 두 전하 사이 거리의 세제곱에 반비례하는 것은?

① 두 구전하 사이에 작용하는 힘
② 전기쌍극자에 의한 전계
③ 직선 전하에 의한 전계
④ 전하의 의한 전위

해설 | 전기쌍극자에 의한 전계

① $F = \dfrac{Q_1 Q_2}{4\pi\epsilon_0 r^2}$ 제곱에 반비례

② $E = \dfrac{M}{4\pi\epsilon_0 r^3}\sqrt{1+3\cos^2\theta}$ 세제곱에 반비례

③ $E = \dfrac{\lambda}{2\pi\epsilon_0 r}$ 반비례

④ $V = \dfrac{Q}{4\pi\epsilon_0 r}$ 반비례

※ 출제 오류 문항
원 기출문제는 두 전하 사이 거리의 세제곱에 '비례'하는 것을 물어보았지만, 비례하는 것은 없다. 따라서 전항 정답처리된 문항이다. 본 교재에는 '반비례'로 수정하여 수록하였다.

19 정사각형 회로의 면적을 3배로, 흐르는 전류를 2배로 증가시키면 정사각형의 중심에서의 자계의 세기는 약 몇 [%]가 되는가?

① 47   ② 115
③ 150 ④ 225

해설 | 정사각형 중심에서의 자계의 세기

$H = \dfrac{2\sqrt{2}\,I}{\pi l}\,[AT/m]$

∴ 면적을 3배로, 전류를 2배로 증가시켰을 때 $\dfrac{2}{\sqrt{3}}$ 배가 되므로 115%가 된다.

20 그림과 같이 권수가 1이고 반지름이 a [m]인 원형 코일에 전류 I [A]가 흐르고 있다. 원형 코일 중심에서의 자계의 세기는 몇 [AT/m]인가?

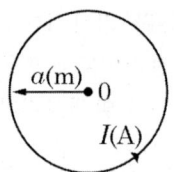

① $\dfrac{I}{a}$ ② $\dfrac{I}{2a}$
③ $\dfrac{I}{3a}$ ④ $\dfrac{I}{4a}$

해설 | 원형 코일 중심에서의 자계의 세기

비오 - 사바르의 법칙

$H = \displaystyle\int_0^{2\pi} \dfrac{I}{4\pi(a^2+x^2)} \cdot \dfrac{a}{\sqrt{a^2+x^2}}\,a\,d\theta$

$= \dfrac{I}{2}\dfrac{a^2}{(a^2+x^2)^{3/2}}\,[AT/m]$

에서 코일 중심이므로 $x = 0$
따라서 원형 코일 중심에서의 자계의 세기는

$H = \dfrac{I}{2a}\,[AT/m]$

정답 18 ② 19 ② 20 ②

2020년 3회

01 표의 ㉠, ㉡과 같은 단위로 옳게 나열한 것은?

㉠	$\Omega \cdot s$
㉡	s / Ω

① ㉠ : H, ㉡ : F
② ㉠ : H/m, ㉡ : F/m
③ ㉠ : F, ㉡ : H
④ ㉠ : F/m, ㉡ : H/m

해설 | R-L, R-C 회로의 시정수

- R-L 회로
$$\tau = \frac{L}{R} \rightarrow L = \tau R [\Omega \cdot s] = [H]$$

- R-C 회로
$$\tau = RC \rightarrow C = \frac{\tau}{R}[\mho \cdot s] = [F]$$

02 진공 중에 판간 거리가 d [m]인 무한 평판 도체 간의 전위차는 몇 [V]인가? (단, 각 평판 도체에는 면전하밀도 $+\sigma$ [C/m²], $-\sigma$ [C/m²]가 각각 분포되어 있다)

① σd
② $\dfrac{\sigma}{\epsilon_0}$
③ $\dfrac{\epsilon_0 \sigma}{d}$
④ $\dfrac{\sigma d}{\epsilon_0}$

해설 | 전위차 V = Ed [V]

무한평면도체의 전계 $E = \dfrac{\sigma}{\epsilon_0} [V/m]$

03 어떤 자성체 내에서의 자계의 세기가 800 [AT/m]이고 자속밀도가 0.05 [Wb/m²]일 때 이 자성체의 투자율은 몇 [H/m]인가?

① 3.25×10^{-5}
② 4.25×10^{-5}
③ 5.25×10^{-5}
④ 6.25×10^{-5}

해설 | 자속밀도 B = μH

$$\mu = \frac{B}{H} = \frac{0.05}{800} = 6.25 \times 10^{-5} [H/m]$$

04 자기 인덕턴스의 성질을 설명한 것으로 옳은 것은?

① 경우에 따라 정(+) 또는 부(-)의 값을 갖는다.
② 항상 정(+)의 값을 갖는다.
③ 항상 부(-)의 값을 갖는다.
④ 항상 0이다.

해설 | 자기 인덕턴스

- 코일 자체 유도전력을 나타낸 양이다.
- 쇄교 자속 수이므로 항상 정(+)의 값을 갖는다.

정답 01 ① 02 ④ 03 ④ 04 ②

05 자기회로에 대한 설명으로 틀린 것은? (단, S는 자기회로의 단면적이다)

① 자기저항의 단위는 H(Henry)의 역수이다.
② 자기저항의 역수를 퍼미언스(Permeance)라고 한다.
③ "자기저항 = (자기회로의 단면을 통과하는 자속)/(자기회로의 총 기자력)"이다.
④ 자속밀도 B가 모든 단면에 걸쳐 균일하다면 자기회로의 자속은 B·S이다.

해설 | 자기저항

$$R_m = \frac{F}{\phi} = \frac{NI}{BS} = \frac{Hl}{\mu HS} = \frac{l}{\mu S} [AT/Wb]$$

자기저항 = 자기회로의 총 기자력/자기회로의 단면을 통과하는 자속

06 비유전율이 2.8인 유전체에서의 전속밀도가 D = 3.0 × 10⁻⁷ [C/m²]일 때 분극의 세기 P는 약 몇 [C/m²]인가?

① 1.93 × 10⁻⁷
② 2.93 × 10⁻⁷
③ 3.50 × 10⁻⁷
④ 4.07 × 10⁻⁷

해설 | 분극의 세기

$$P = D - \epsilon_0 E = \left(1 - \frac{1}{\epsilon_r}\right)D$$

$$\left(1 - \frac{1}{2.8}\right)3.0 \times 10^{-7} \fallingdotseq 1.93 \times 10^{-7} [C/m^2]$$

07 전계의 세기가 5 × 10² [V/m]인 전계 중 8 × 10⁻⁸ [C]의 전하가 놓일 때 전하가 받는 힘은 몇 [N]인가?

① 4 × 10⁻²
② 4 × 10⁻³
③ 4 × 10⁻⁴
④ 4 × 10⁻⁵

해설 | 전하가 받는 힘

$F = QE$,
$8 \times 10^{-8} \times 5 \times 10^2 = 4 \times 10^{-5} [N]$

08 지름 2 [mm]의 동선에 π [A]의 전류가 균일하게 흐를 때 전류밀도는 몇 [A/m²]인가?

① 10^3
② 10^4
③ 10^5
④ 10^6

해설 | 전류밀도

지름이 2 [mm]이므로 반지름은 1 [mm]

$$i = \frac{I}{S} = \frac{I}{\pi r^2} = \frac{\pi}{\pi \times 0.001^2} = 10^6 [A/m^2]$$

09 반지름이 a [m]인 도체구에 전하 Q [C]을 주었을 때, 구 중심에서 r [m] 떨어진 구 외부(r > a)의 한 점에서의 전속밀도 D는 몇 [C/m²]인가?

① $\frac{Q}{4\pi a^2}$
② $\frac{Q}{4\pi r^2}$
③ $\frac{Q}{4\pi \epsilon a^2}$
④ $\frac{Q}{4\pi \epsilon r^2}$

정답 05 ③ 06 ① 07 ④ 08 ④ 09 ②

해설 | 구 외부의 한 점에서의 전속밀도

전계 $E = \dfrac{Q}{4\pi\epsilon_0 r^2}$ [V/m], $D = \epsilon_0 E$

$D = \epsilon_0 \times \dfrac{Q}{4\pi\epsilon_0 r^2} = \dfrac{Q}{4\pi r^2}$ [C/m²]

10 2 [Wb/m²]인 평등자계 속에 길이가 30 [cm]인 도선이 자계와 직각 방향으로 놓여 있다. 이 도선이 자계와 30°의 방향으로 30 [m/s]의 속도로 이동할 때, 도체 양단에 유기되는 기전력의 크기는 몇 [V]인가?

① 3
② 9
③ 30
④ 90

해설 | 유기기전력

$e = Blv\sin\theta$

$e = 2 \times 0.3 \times 30 \times \dfrac{1}{2} = 9$ [V]

11 공기 중에 있는 무한직선도체에 전류 I [A]가 흐르고 있을 때 도체에서 r [m] 떨어진 점에서의 자속밀도는 몇 [Wb/m²]인가?

① $\dfrac{1}{2\pi r}$
② $2\mu_0 I$
③ $\dfrac{\mu_0 I}{r}$
④ $\dfrac{\mu_0 I}{2\pi r}$

해설 | 자속밀도

$B = \mu_0 H$

무한직선도체의 자계 $H = \dfrac{I}{2\pi r}$

$B = \mu_0 H = \mu_0 \times \dfrac{I}{2\pi r} = \dfrac{\mu_0 I}{2\pi r}$ [Wb/m²]

12 무한평면도체로부터 d [m]인 곳에 점전하 Q [C]가 있을 때 도체 표면상에 최대로 유도되는 전하밀도는 몇 [C/m²]인가?

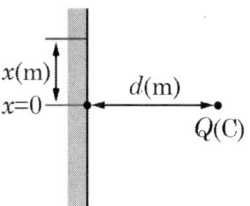

① $-\dfrac{Q}{2\pi d^2}$
② $-\dfrac{Q}{2\pi\epsilon_0 d^2}$
③ $-\dfrac{Q}{4\pi d^2}$
④ $-\dfrac{Q}{4\pi\epsilon_0 d^2}$

해설 | 최대전하밀도의 크기

도체 표면의 전하 분포는

$\sigma = -D = -\varepsilon_0 E$

$= -\dfrac{Qd}{2\pi\sqrt{(d^2+x^2)^3}}$ [C/m²]

이다. 여기서 전하밀도가 최대가 되는 경우는 $x = 0$이다.

$\sigma_{\max} = -\dfrac{Q}{2\pi d^2}$ [C/m²]

13 선간전압이 66000 [V]인 2개의 평행왕복 도선에 10 [kA]의 전류가 흐르고 있을 때 도선 1 [m]마다 작용하는 힘의 크기는 몇 [N/m]인가? (단, 도선 간의 간격은 1 [m] 이다)

① 1 　　　　② 10
③ 20　　　　④ 200

해설 | 평행왕복도선

$$F = \frac{2 \times I_1 \times I_2}{r} \times 10^{-7}$$

$$F = \frac{2 \times (10 \times 10^3)^2}{1} \times 10^{-7} = 20\ [N/m]$$

14 무손실 유전체에서 평면 전자파의 전계 E 와 자계 H 사이 관계식으로 옳은 것은?

① $H = \sqrt{\dfrac{\epsilon}{\mu}}\,E$　　② $H = \sqrt{\dfrac{\mu}{\epsilon}}\,E$

③ $H = \dfrac{\epsilon}{\mu}\,E$　　　④ $H = \dfrac{\mu}{\epsilon}\,E$

해설 | 전자파 고유 임피던스

$$\eta = \frac{E}{H} = \sqrt{\frac{\mu}{\epsilon}}$$

$$\therefore H = E \times \sqrt{\frac{\epsilon}{\mu}}$$

15 대전도체 표면의 전하밀도는 도체 표면의 모양에 따라 어떻게 되는가?

① 곡률이 작으면 작아진다.
② 곡률 반지름이 크면 커진다.
③ 평면일 때 가장 크다.
④ 곡률 반지름이 작으면 작다.

해설 | 도체 표면의 모양과 전하밀도의 관계

곡률 $\propto \dfrac{1}{반지름} \propto$ 전하밀도

16 1 [Ah]의 전기량은 몇 [C]인가?

① $\dfrac{1}{3600}$　　② 1
③ 60　　　　④ 3600

해설 | 전하량 $Q = ne = It$

$Q = 1 \times 3600 = 3600\ [C]$

17 강자성체가 아닌 것은?

① 철　　　　② 구리
③ 니켈　　　④ 코발트

해설 | 자성체의 종류

- 강자성체 : 니켈, 코발트, 철, 망간
- 상자성체 : 알루미늄, 백금, 텅스텐, 산소, 공기
- 역(반)자성체 : 금, 은, 동(구리), 비스무트, 안티몬, 아연

18 맥스웰(Maxwell) 전자방정식의 물리적 의미 중 틀린 것은?

① 자계의 시간적 변화에 따라 전계의 회전이 발생한다.
② 전도전류와 변위전류는 자계를 발생시킨다.
③ 고립된 자극이 존재한다.
④ 전하에서 전속선이 발산한다.

해설 | 맥스웰(Maxwell) 전자방정식

- 자계의 시간적 변화에 따라 전계의 회전이 발생한다.
  $rotE = \nabla \times E = -\dfrac{\partial B}{\partial t} = -\mu \dfrac{\partial H}{\partial t}$
- 전도전류와 변위전류는 자계를 발생시킨다.
  $rotH = \nabla \times H = i + \dfrac{\partial D}{\partial t}$
- 고립된 자극은 존재하지 않는다.
  $\nabla \cdot B = \mu \nabla \cdot H = 0$
- 전하가 있을 때 전계는 발산하고 고립된 전하는 존재한다.
  $\nabla \cdot D = \epsilon \nabla \cdot E = \rho$

19 2 [μF], 3 [μF], 4 [μF]의 커패시터를 직렬로 연결하고 양단에 가한 전압을 서서히 상승시킬 때의 현상으로 옳은 것은? (단, 유전체의 재질 및 두께는 같다고 한다)

① 2 [μF]의 커패시터가 제일 먼저 파괴된다.
② 3 [μF]의 커패시터가 제일 먼저 파괴된다.
③ 4 [μF]의 커패시터가 제일 먼저 파괴된다.
④ 3개의 커패시터가 동시에 파괴된다.

해설 | 정전용량과 내압이 다른 경우

서서히 양단의 전압을 높일 때, 전하량이 낮은 순서대로 파괴된다.
따라서 2 [μF]이 가장 낮으므로 2 [μF]의 커패시터가 먼저 파괴된다.

20 패러데이관의 밀도와 전속밀도는 어떠한 관계인가?

① 동일하다.
② 패러데이관의 밀도가 항상 높다.
③ 전속밀도가 항상 높다.
④ 항상 틀리다.

해설 | 패러데이관

패러데이관의 밀도와 전속밀도는 같다.

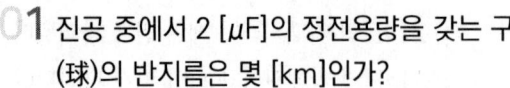

01 진공 중에서 2 [μF]의 정전용량을 갖는 구(球)의 반지름은 몇 [km]인가?

① 1.8   ② 18
③ 180   ④ 1800

해설 | 도체구의 정전용량

$C = 4\pi\epsilon_0 r$ 이므로 $r = \dfrac{C}{4\pi\epsilon_0}$

따라서 $r = \dfrac{2 \times 10^{-6}}{4\pi\epsilon_0} = 18\,[km]$

TIP $\dfrac{1}{4\pi\epsilon_0} = 9 \times 10^9$

02 두 개의 저항 R_1, R_2를 직렬로 연결하면 28 [Ω], 병렬로 연결하면 5.25 [Ω]이 된다. 두 저항값은 각각 몇 [Ω]인가?

① 2와 18   ② 4와 20
③ 7과 21   ④ 8과 24

해설 | 저항값 계산

$R_1 + R_2 = 28$, $\dfrac{R_1 \times R_2}{R_1 + R_2} = 5.25$

$R_1 = 28 - R_2$, $\dfrac{28R_2 - R_2^2}{28} = 5.25$

$R_2^2 - 28R_2 + 147 = 0$

$(R_2 - 7)(R_2 - 21) = 0$

∴ 두 저항값은 7과 21

03 다음 설명 중 옳은 것은?

① 강자성체는 자화율이 0보다 매우 크고, 투자율이 1보다 매우 크다.
② 상자성체는 투자율이 1보다 작고, 반자성체에서는 투자율이 1보다 크다.
③ 반자성체에서는 자화율이 0보다 크고, 투자율이 1보다 크다.
④ 상자성체에서는 자화율이 0보다 크고, 투자율이 1보다 작다.

해설 | 자성체의 비투자율과 자화율과의 관계

구분	μ_s	χ
강자성체	≫1	≫0
상자성체	>1	>0
반자성체	<1	<0

04 코일을 지나는 자속이 cos ωt에 따라 변화할 때 코일에 유도되는 유도기전력의 최댓치는 주파수와 어떤 관계가 있는가?

① 주파수에 반비례
② 주파수에 비례
③ 주파수 제곱에 반비례
④ 주파수 제곱에 비례

해설 | 유기기전력 최댓값

$E_m = wNSB = 2\pi f NSB\,[V]$

따라서 주파수에 비례한다.

정답 01 ② 02 ③ 03 ① 04 ②

05 접지구도체와 점전하 간에 작용하는 힘은 무엇인가?

① 조건적 반발력이다.
② 항상 반발력이다.
③ 조건적 흡인력이다.
④ 항상 흡인력이다.

해설 | 전기영상법

접지구도체는 점전하와 극성이 반대이므로 항상 흡인력이다.

06 두 개의 자력선이 동일한 방향으로 흐르면 자계의 강도는 한 개의 자력선에 비하여 어떻게 되는가?

① 더 약해진다.
② 주기적으로 강도가 변화한다.
③ 더 강해진다.
④ 강해졌다가 약해진다.

해설 | 자기력선의 수

정의에 의해 자기력선의 밀도 = 자계의 세기이므로 더 강해진다.
식으로도 한 번 유도해보자.

자기력선의 수 $N = \dfrac{m}{\mu_0}$ 에서

양변을 면적으로 나누면 $\dfrac{N}{S} = \dfrac{m}{\mu_0 S}$

m = 자속선의 수이므로 $\dfrac{m}{S}$ 는 자속밀도 B이다.

따라서 $\dfrac{N}{S} = \dfrac{B}{\mu_0} = H$

자기력선의 밀도 ($\dfrac{N}{S}$) = 자계의 세기(H)

07 전계와 자계의 관계식으로 옳은 것은?

① $\sqrt{\epsilon}H = \sqrt{\mu}E$
② $\sqrt{\epsilon\mu} = EH$
③ $\sqrt{\mu}H = \sqrt{\epsilon}E$
④ $\epsilon\mu = EH$

해설 | 전자파 고유 임피던스

$Z_0 = \dfrac{E}{H} = \sqrt{\dfrac{\mu}{\epsilon}}$

08 대전도체의 내부전위는 어떠한가?

① 항상 0이다.
② 표면전위와 같다.
③ 대지전압과 전하의 곱으로 표현된다.
④ 공기의 유전율과 같다.

해설 | 도체의 성질

도체 표면 및 내부전위는 등전위이다.

09 어떤 코일에 흐르는 전류가 0.01초 동안에 일정하게 50 [A]로부터 10 [A]로 바뀔 때 20 [V]의 기전력이 발생한다면 자기 인덕턴스는 몇 [mH]인가?

① 5
② 7
③ 9
④ 12

해설 | 자기 인덕턴스

유기기전력 $e = -L\dfrac{di}{dt}$

$20 = -L\dfrac{-40}{0.01}$, $L = \dfrac{20 \times 0.01}{40} = 0.005$

$[mH]$로 환산하면 5 $[mH]$가 된다.

정답 05 ④ 06 ③ 07 ③ 08 ② 09 ①

10 면적이 S [m²], 극판 간격이 d [m], 유전율이 ε [F/m]인 평행판 콘덴서에 V [V]의 전압이 가해졌을 때 축적되는 전하 Q는 몇 [C]인가?

① $\dfrac{\epsilon_0 S}{d} V$ ② $\dfrac{\epsilon_0}{dS} V$

③ $\dfrac{\epsilon S}{d} V$ ④ $\dfrac{dS}{\epsilon} V$

해설 | 전하량 $Q = CV$

평행판 콘덴서의 정전용량 $C = \epsilon \dfrac{S}{d}$

따라서 전하량 $Q = \epsilon \dfrac{S}{d} V [C]$

---

11 도체 표면의 전류밀도가 커지고 도체 중심으로 갈수록 전류밀도가 작아지는 효과는?

① 표피효과   ② 홀효과
③ 펠티에효과   ④ 제벡효과

해설 | 표피효과

- 표피효과 : 도체에 고주파 전류가 흐를 때, 전류가 도체 표면에만 흐르는 현상
- 홀효과 : 도체가 자기장 속에 놓여 있고, 그 자기장에서 직각 방향으로 전류를 흘릴 때 전류와 자기장의 방향에 수직하게 전압차가 형성됨
- 펠티에효과 : 서로 다른 두 금속에 전류를 흘릴 시 접속점에 온도차가 발생하는 현상
- 제벡효과 : 서로 다른 두 금속 접속점에 온도차를 주게 되면 열기전력이 생성되는 현상

---

12 자유공간 중의 전위계에서 $V = 5(x^2 + 2y^2 - 3z^2)$일 때, 점 $P(2, 0, -3)$에서의 전하밀도 ρ의 값은 얼마인가?

① 0   ② 2
③ 7   ④ 9

해설 | 포아송 방정식

$\nabla^2 V = -\dfrac{\rho}{\epsilon_0}$

$\nabla^2 V = 5(2 + 4 - 6) = 0 = -\dfrac{\rho}{\epsilon_0}$

따라서 ρ의 값은 0이다.

---

13 두 벡터 $A = A_x i + 2j$, $B = 3i - 3j - k$가 서로 직교하려면 A_x의 값은 얼마인가?

① 0   ② 2
③ 1/2   ④ -2

해설 | 두 벡터가 직교가 되는 조건

서로 직교하면 $\theta = \dfrac{\pi}{2}$, 즉 $\cos\theta = 0$이므로 내적의 값이 0이어야 한다.

$A \cdot B = 0$
$A = (A_x, 2, 0), B = (3, -3, -1)$이므로
$A \cdot B = 3A_x + (2) \times (-3) + (0) \times (-1)$
$\quad\quad = 0$

따라서 $A_x = 2$

14 옴의 법칙에서 전류는 어떤 관계를 갖는가?

① 저항에 반비례하고 전압에 비례한다.
② 저항에 반비례하고 전압에도 반비례한다.
③ 저항에 비례하고 전압에 반비례한다.
④ 저항에 비례하고 전압에도 비례한다.

해설 | 옴의 법칙

$I = \dfrac{V}{R} [A]$

15 다음 물질 중 반자성체는 무엇인가?

① 구리   ② 백금
③ 니켈   ④ 알루미늄

해설 | 자성체의 종류
- 강자성체 : 니켈, 코발트, 철, 망간
- 상자성체 : 알루미늄, 백금, 텅스텐
- 역(반)자성체 : 금, 은, 동(구리), 비스무트, 안티몬, 아연

16 그림과 같이 도선에 전류 I [A]를 흘릴 때 도선의 바로 밑에 자침이 이 도선과 나란히 놓여 있다고 하면 자침의 N극의 회전력의 방향은 어떻게 되는가?

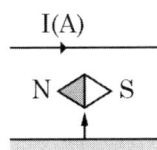

① 우측에서 좌측으로 향하는 방향이다.
② 좌측에서 우측으로 향하는 방향이다.
③ 지면을 뚫고 들어가는 방향이다.
④ 지면을 뚫고 나오는 방향이다.

해설 | 앙페르의 오른나사법칙

앙페르의 오른나사법칙으로 인해 지면을 뚫고 들어가는 방향이다.
자기력선의 방향은 N극의 방향과 같다.

17 공간 도체 내에서 자속이 시간적으로 변할 때 성립되는 식은?

① $rot E = \dfrac{\partial H}{\partial t}$

② $rot E = -\dfrac{\partial B}{\partial t}$

③ $div E = -\dfrac{\partial B}{\partial t}$

④ $div E = -\dfrac{\partial H}{\partial t}$

해설 | 맥스웰 방정식의 해석, 패러데이 법칙

패러데이법칙

$\nabla \times E = -\dfrac{\partial B}{\partial t}$

시간에 따라 변하는 자기장이 존재하면 회전하는 성분의 전기장이 발생하고 부호는 반대이다.

18 전계의 세기가 1500 [V/m]인 전장에 5 [μC]의 전하를 놓았을 때 이 전하에 작용하는 힘은 몇 [N]인가?

① 4.5×10^{-3} ② 5.5×10^{-3}
③ 6.5×10^{-3} ④ 7.5×10^{-3}

해설 | 쿨롱의 힘 F = QE

$F = 5 \times 10^{-6} \times 1500 = 7.5 \times 10^{-3} [N]$

19 두 유전체의 경계면에서 정전계가 만족하는 것은?

① 전계의 법선성분이 같다.
② 전계의 접선성분이 같다.
③ 전속밀도의 접선성분이 같다.
④ 분극 세기의 접선성분이 같다.

해설 | 유전체의 경계 조건
- $E_1 \sin\theta_1 = E_2 \sin\theta_2$
  전계는 접선성분 연속
- $B_1 \cos\theta_1 = B_2 \cos\theta_2$
  전속밀도는 법선성분 연속

20 M.K.S 단위로 나타낸 진공에 대한 유전율은 얼마인가?

① 8.855×10^{-10} [N/m]
② 8.855×10^{-12} [N/m]
③ 8.855×10^{-10} [F/m]
④ 8.855×10^{-12} [F/m]

해설 | 진공에 대한 유전율
$\varepsilon_0 = 8.855 \times 10^{-12}$ [F/m]

TIP 팔팔한 오징어

정답 19 ② 20 ④

전기자기학 — 2019년 1회

01 그림과 같은 동축케이블에 유전체가 채워졌을 때의 정전용량은 몇 [F]인가? (단, 유전체의 비유전율은 ε_s이고 내반지름과 외반지름은 각각 a [m], b [m]이며 케이블의 길이는 l [m]이다)

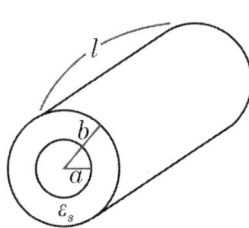

① $\dfrac{2\pi\varepsilon_s l}{\ln\dfrac{b}{a}}$ ② $\dfrac{2\pi\varepsilon_0\varepsilon_s l}{\ln\dfrac{b}{a}}$

③ $\dfrac{\pi\varepsilon_s l}{\ln\dfrac{b}{a}}$ ④ $\dfrac{\pi\varepsilon_0\varepsilon_s l}{\ln\dfrac{b}{a}}$

해설 | 동축케이블의 정전용량

- 선전하의 전계의 세기 $E = \dfrac{\lambda}{2\pi\varepsilon r}\,[V/m]$
- 전위 $V = -\int_b^a E\,dr = \dfrac{\lambda}{2\pi\varepsilon}\ln\dfrac{b}{a}\,[V]$
- 단위길이당 정전용량

$$C = \dfrac{\lambda}{V} = \dfrac{2\pi\varepsilon}{\ln\dfrac{b}{a}}\,[F/m]$$

그런데 길이가 제시되었으므로 케이블의 정전용량은

$$\therefore C = \dfrac{2\pi\varepsilon}{\ln\dfrac{b}{a}}l = \dfrac{2\pi\varepsilon_0\varepsilon_s l}{\ln\dfrac{b}{a}}\,[F]$$

02 두 벡터가 $A = 2a_x + 4a_y - 3a_z$, $B = a_x - a_y$ 일 때 $A \times B$는 얼마인가?

① $6a_x - 3a_y + 3a_z$
② $-3a_x - 3a_y - 6a_z$
③ $6a_x + 3a_x - 3a_z$
④ $-3a_x + 3a_y + 6a_z$

해설 | 벡터의 외적

$$A \times B = \begin{vmatrix} a_x & a_y & a_z \\ 2 & 4 & -3 \\ 1 & -1 & 0 \end{vmatrix}$$
$$= (-3)a_x - (3)a_y + (-2-4)a_z$$
$$= -3a_x - 3a_y - 6a_z$$

03 두 유전체가 접했을 때 $\dfrac{\tan\theta_1}{\tan\theta_2} = \dfrac{\varepsilon_1}{\varepsilon_2}$의 관계식에서 $\theta_1 = 0°$일 때의 표현으로 틀린 것은?

① 전속밀도는 불변이다.
② 전기력선은 굴절하지 않는다.
③ 전계는 불연속적으로 변한다.
④ 전기력선은 유전율이 큰 쪽에 모여진다.

해설 | 전기력선의 성질

전기력선은 유전율이 큰 쪽에서 작은 쪽으로 가려는 성질을 띤다.

정답 01 ② 02 ② 03 ④

04 공기 중 임의의 점에서 자계의 세기 H가 20 [AT/m]라면 자속밀도 B는 약 몇 [Wb/m²]인가?

① 2.5×10^{-5}
② 3.5×10^{-5}
③ 4.5×10^{-5}
④ 5.5×10^{-5}

해설 | 공기 중에서의 자속밀도

$B = \mu_0 H = 4\pi \times 10^{-7} \times 20$
$= 2.5 \times 10^{-5} [Wb/m^2]$

TIP $\mu_0 = 4\pi \times 10^{-7}$

05 공극(Air Gap)의 자속밀도를 B라 할 때 전자석의 흡인력은 다음의 어느 것에 비례하는가?

① B
② $B^{0.5}$
③ $B^{1.6}$
④ $B^{2.0}$

해설 | 가상변위의 원리

전자석의 한 극인 미소변위 Δx가 움직일 때의 에너지의 증가량 ΔW는 아래와 같다.

$\Delta W = \frac{1}{2} B^2 \Delta x S \left(\frac{1}{\mu} - \frac{1}{\mu_0} \right)$

여기서 힘은 일의 양을 변위로 나눈 값과 같으므로, 변위에 대해 미분을 취하면,

$F_x = -\frac{\Delta W}{\Delta x} = \left(\frac{B^2}{2\mu_0} - \frac{B^2}{2\mu} \right) S$

강자성체에선 $\mu_0 \ll \mu$이므로 $\frac{B^2}{2\mu_0} \gg \frac{B^2}{2\mu}$

따라서 흡인력 $F_x = \frac{B^2}{2\mu_0} S [N]$

$\therefore F_x \propto B^2$

06 그림과 같이 평행한 두 개의 무한직선도선에 전류가 각각 I, $2I$인 전류가 흐른다. 두 도선 사이의 점 P에서 자계의 세기가 0이다. 이때 $\frac{a}{b}$는 얼마인가?

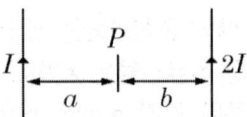

① 4
② 2
③ $\frac{1}{2}$
④ $\frac{1}{4}$

해설 | 직선 도체에 생성되는 자기장의 세기

• $I[A]$ 선전류에 생성되는 자계
$H_I = \frac{I}{2\pi a}$

• $2I[A]$ 선전류에 생성되는 자계
$H_{2I} = \frac{2I}{2\pi b}$

자계가 같다고 했으므로, $H_I = H_{2I}$

즉, $\frac{I}{2\pi a} = \frac{2I}{2\pi b} = \frac{I}{\pi b}$

$\therefore \frac{a}{b} = \frac{\pi}{2\pi} = \frac{1}{2}$

07 감자율(Demagnetization Factor)이 0인 자성체로 가장 알맞은 것은?

① 환상 솔레노이드
② 굵고 짧은 막대 자성체
③ 가늘고 긴 막대 자성체
④ 가늘고 짧은 막대 자성체

정답 04 ① 05 ④ 06 ③ 07 ①

해설 | 환상 솔레노이드

감자율이 0이 되는 도체는 환상 솔레노이드로 이는 중간에 끊어진 지점이 없기 때문이다.

TIP 암기법 : 구삼환영
환상 솔레노이드 감자율은 0
구 자성체와 환상 솔레노이드의 감자율은 꼭 기억하자.

08 질량이 m [kg]인 작은 물체가 전하 Q [C]를 가지고 중력방향과 직각인 무한도체평면 아래쪽 d [m]의 거리에 놓여있다. 정전력이 중력과 같게 되는데 Q의 크기는 몇 [C]인가?

① $d\sqrt{\pi\varepsilon_0 mg}$ ② $\frac{d}{2}\sqrt{\pi\varepsilon_0 mg}$

③ $2d\sqrt{\pi\varepsilon_0 mg}$ ④ $4d\sqrt{\pi\varepsilon_0 mg}$

해설 | 정전력과 중력이 같아질 조건

$$F = \frac{Q^2}{4\pi\varepsilon_0 r^2} = \frac{Q^2}{4\pi\varepsilon_0 (2d)^2} = \frac{Q^2}{16\pi\varepsilon_0 d^2}$$
$$= mg\ [N]$$

따라서

$$Q = \sqrt{mg \times 16\pi\varepsilon_0 d^2} = 4d\sqrt{\pi\varepsilon_0 mg}\ [C]$$

09 극판의 면적 S = 10 [cm²], 간격 d = 1 [mm]의 평행판 콘덴서에 비유전율 ε_s = 3인 유전체를 채웠을 때 전압 100 [V]를 인가하면 축적되는 에너지는 약 몇 [J]인가?

① 0.3×10^{-7} ② 0.6×10^{-7}

③ 1.3×10^{-7} ④ 2.1×10^{-7}

해설 | 콘덴서에 축적되는 에너지

$W = \frac{1}{2}CV^2 = \frac{1}{2} \times \varepsilon_0 \varepsilon_s \frac{S}{l} V^2$이므로

$W = \frac{1}{2} \times 3\varepsilon_0 \frac{10 \times 10^{-4}}{1 \times 10^{-3}} \times 100^2$

$= 1.33 \times 10^{-7}\ [J]$

10 자기 인덕턴스 0.5 [H]의 코일에 1/200초 동안에 전류가 25 [A]로부터 20 [A]로 줄었다. 이 코일에 유기된 기전력의 크기 및 방향은 어떻게 되는가?

① 50 [V], 전류와 같은 방향
② 50 [V], 전류와 반대 방향
③ 500 [V], 전류와 같은 방향
④ 500 [V], 전류와 반대 방향

해설 | 패러데이의 전자유도법칙

$e = -L\frac{di}{dt} = -0.5 \times \frac{(20-25)}{\frac{1}{200}}$

$= 500\ [V]$

방향은 전류와 같은 방향이다.

11 어느 점전하에 의하여 생기는 전위를 처음 전위의 1/2이 되게 하려면 전하로부터의 거리를 어떻게 해야 하는가?

① $\frac{1}{2}$로 감소시킨다.

② $\frac{1}{\sqrt{2}}$로 감소시킨다.

③ 2배 증가시킨다.

④ $\frac{1}{\sqrt{2}}$배 증가시킨다.

해설 | 점전하로부터의 전위

$V = \frac{Q}{4\pi\varepsilon r}$, $V \propto \frac{1}{r}$ 이므로 처음 전위의 $\frac{1}{2}$가 되기 위해서는 거리는 2배로 늘어나야 한다.

12 자계의 세기를 표시하는 단위가 아닌 것은?

① [A/m]   ② [Wb/m]
③ [N/Wb] ④ [AT/m]

해설 | 자기장의 세기

자계의 세기는 [AT/m] 혹은 [A/m]로 표현하며, [N/Wb]의 단위로도 표현할 수 있다.

13 그림과 같이 면적 S [m²], 간격 d [m]인 극판 간에 유전율 ε, 저항률 ρ인 매질을 채웠을 때 극판 간의 정전용량 C와 저항 R의 관계는 어떻게 되는가? (단, 전극판의 저항률은 매우 작은 것으로 한다)

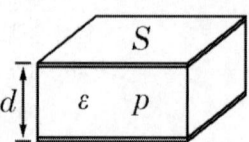

① $R = \frac{\varepsilon\rho}{C}$ ② $R = \frac{C}{\varepsilon\rho}$

③ $R = \varepsilon\rho C$ ④ $R = \frac{1}{\varepsilon\rho C}$

해설 | 도체의 저항과 정전용량과의 관계

$R = \rho \frac{l}{S}$에서 $\frac{\rho}{R} = \frac{S}{l}$

$C = \varepsilon \frac{S}{l}$에서 $\frac{C}{\varepsilon} = \frac{S}{l}$

즉, $\frac{S}{l} = \frac{\rho}{R} = \frac{C}{\varepsilon}$이므로

∴ $R = \frac{\varepsilon\rho}{C}$

14 점전하 Q [C]와 무한평면도체에 대한 영상전하는 어떤 관계인가?

① Q [C]와 같다.   ② -Q [C]와 같다.
③ Q [C]보다 크다. ④ Q [C]보다 작다.

해설 | 전기영상법

무한평면도체에 대한 영상전하는 극성이 반대이며 점전하의 크기와 같다.

정답 11 ③ 12 ② 13 ① 14 ②

15 전계의 세기 E, 자계의 세기가 H일 때 포인팅 벡터 P는 얼마인가?

① $P = E \times H$
② $P = \frac{1}{2} E \times H$
③ $P = H \, curl \, E$
④ $P = E \, curl \, H$

해설 | 포인팅 벡터

전자파의 진행방향을 나타내는 포인팅 벡터는 전계와 자계의 방향벡터의 외적으로 표현된다.

∴ $P = E \times H$

16 철심환의 일부에 공극(Air Gap)을 만들어 철심부의 길이 l [m], 단면적 A [m²], 비투자율이 μ_r이고 공극부의 길이 δ [m]일 때 철심부에서 총 권 수 N회인 도선을 감아 전류 I [A]를 흘리면 자속이 누설되지 않는다고 하고 공극 내에 생기는 자계의 자속 ϕ_0 [Wb]는 얼마인가?

① $\frac{\mu_0 A N I}{\delta \mu_r + l}$
② $\frac{\mu_0 A N I}{\delta + \mu_r l}$
③ $\frac{\mu_0 \mu_r A N I}{\delta \mu_r + l}$
④ $\frac{\mu_0 \mu_r A N I}{\delta + \mu_r l}$

해설 | 공극 내에 생기는 자계의 자속

총 자기저항 $R_m = R_\delta + R_l$

$$= \frac{\delta}{\mu_0 A} + \frac{l}{\mu A}$$

즉, $\phi_0 = \frac{NI}{R_m} = \frac{NI}{\frac{\delta}{\mu_0 A} + \frac{l}{\mu A}}$

$$= \frac{NI}{\frac{1}{\mu_0 \mu_r A}(\delta \mu_r + l)}$$

$$= \frac{\mu_0 \mu_r A N I}{\delta \mu_r + l} [Wb]$$

17 내구의 반지름이 6 [cm], 외구의 반지름이 8 [cm]인 동심구 콘덴서의 외구를 접지하고 내구에 전위 1800 [V]를 가했을 경우 내구에 충전된 전기량은 몇 [C]인가?

① 2.8×10^{-8}
② 3.8×10^{-8}
③ 4.8×10^{-8}
④ 5.8×10^{-8}

해설 | 동심구에 충전되는 전기량

• 외구가 접지된 구의 정전용량

$$C = 4\pi\varepsilon_0 \frac{ab}{b-a}$$

$$C = 4\pi\varepsilon_0 \frac{48 \times 10^{-2}}{2} = 2.67 \times 10^{-11} [F]$$

∴ $Q = CV = 2.67 \times 10^{-11} \times 1800$
$= 4.8 \times 10^{-8} [C]$

정답 15 ① 16 ③ 17 ③

18 다음 중 ( )에 들어갈 내용으로 옳은 것은?

> 맥스웰은 전극 간의 유전체를 통하여 흐르는 전류를 해석하기 위해 (㉠)의 개념을 도입하였고, 이것도 (㉡)를 발생한다고 가정하였다.

① ㉠ 와전류, ㉡ 자계
② ㉠ 변위전류, ㉡ 자계
③ ㉠ 전자전류, ㉡ 전계
④ ㉠ 파동전류, ㉡ 전계

해설 | 변위전류

유전체 내에서 전속밀도의 시간적 변화에 의한 전류로 $J_d = \dfrac{dD}{dt}$ 로 표시하며 전도전류처럼 자계를 발생시킨다.

19 권선 수가 N회인 코일에 전류 I [A]를 흘릴 경우, 코일에 ø [Wb]의 자속이 지나간다면 이 코일에 저장된 자계에너지는 몇 [J]인가?

① $\dfrac{1}{2}N\phi^2 I$
② $\dfrac{1}{2}N\phi I$
③ $\dfrac{1}{2}N^2\phi I$
④ $\dfrac{1}{2}N\phi I^2$

해설 | 코일에 축적되는 자계에너지

$W = \dfrac{1}{2}LI^2 = \dfrac{1}{2}N\phi I [J]$ ∵ $LI = N\phi$

20 다음 중 인덕턴스의 공식이 옳은 것은?(단, N은 권수, I는 전류, l은 철심의 길이, R_m은 자기저항, μ는 투자율, S는 철심 단면적이다)

① $\dfrac{NI}{R_m}$
② $\dfrac{N^2}{R_m}$
③ $\dfrac{\mu NS}{l}$
④ $\dfrac{\mu_0 NIS}{l}$

해설 | 자기 인덕턴스

$LI = N\phi$에서,

$L = \dfrac{N\phi}{I} = \dfrac{N}{I} \times \dfrac{NI}{R_m} = \dfrac{N^2}{R_m}$ 이며

$R_m = \dfrac{l}{\mu_0 S}$ 이므로

$L = \dfrac{N^2}{R_m} = \dfrac{N^2}{\dfrac{l}{\mu_0 S}} = \dfrac{\mu_0 S N^2}{l} [H]$

정답 18 ② 19 ② 20 ②

2019년 2회

01 전자파의 에너지 전달 방향은 어떻게 되는가?

① ▽ × E의 방향과 같다.
② E × H의 방향과 같다.
③ 전계 E의 방향과 같다.
④ 자계 H의 방향과 같다.

해설 | 포인팅 벡터

전자파의 진행 방향을 나타내는 포인팅 벡터는 전계와 자계의 방향벡터의 외적으로 표현된다.

$\therefore P = E \times H \ [W/m^2]$

02 자기회로의 자기저항에 대한 설명으로 틀린 것은?

① 단위는 [AT/Wb]이다.
② 자기회로의 길이에 반비례한다.
③ 자기회로의 단면적에 반비례한다.
④ 자성체의 비투자율에 반비례한다.

해설 | 자기저항

$R_m = \dfrac{l}{\mu S} \ [AT/Wb]$ 이므로 자기회로 길이에 비례한다.

03 자위의 단위에 해당되는 것은?

① [AT] ② [J/C]
③ [N/Wb] ④ [Gauss]

해설 | 자위의 단위

자위의 단위는 전기에서 전위와 대응하며, 단위는 기자력과 동일한 [AT]이다.

04 자기유도계수가 20 [mH]인 코일에 전류를 흘릴 때 코일과의 쇄교 자속 수가 0.2 [Wb]였다면 코일에 축적된 에너지는 몇 [J]인가?

① 1 ② 2
③ 3 ④ 4

해설 | 코일에 축적되는 에너지

$W = \dfrac{1}{2}LI^2 = \dfrac{(LI)^2}{2L} = \dfrac{(N\phi)^2}{2L}$
$= \dfrac{(0.2)^2}{2 \times 20 \times 10^{-3}} = 1 \ [J]$

정답 01 ② 02 ② 03 ① 04 ①

05
비자화율 $\chi_m = 2$이고 자속밀도 $B = 20ya_x$ [Wb/m^2]인 균일 물체가 있다. 자계의 세기 H는 약 몇 [AT/m]인가?

① $0.53 \times 10^7 ya_x$
② $0.13 \times 10^7 ya_x$
③ $0.53 \times 10^7 xa_y$
④ $0.13 \times 10^7 xa_y$

해설 | 자화율을 통한 자계의 세기

비자화율 $\chi_m = \mu_s - 1$,
$B = \mu_0 \mu_r H = \mu_0 (1 + \chi_m) H$ 이므로

$$\therefore H = \frac{B}{\mu_0(1+\chi_m)} = \frac{20ya_x}{4\pi \times 10^{-7}(1+2)}$$

$$= \frac{20ya_x}{12\pi \times 10^{-7}}$$

$$= 0.53 \times 10^7 ya_x \; [AT/m]$$

※ $\mu_0 = 4\pi \times 10^{-7}$

06
맥스웰 전자방정식에 대한 설명으로 틀린 것은?

① 폐곡면을 통해 나오는 전속은 폐곡면 내의 전하량과 같다.
② 폐곡면을 통해 나오는 자속은 폐곡면 내의 자극의 세기와 같다.
③ 폐곡선에 따른 전계의 선적분은 폐곡선 내를 통하는 자속의 시간 변화율과 같다.
④ 폐곡선에 따른 자계의 선적분은 폐곡선 내를 통하는 전류와 전속의 시간적 변화율을 더한 것과 같다.

해설 | 맥스웰 방정식의 미분형

- $div D = \rho$ (가우스법칙)
  → 폐곡면을 통해 발산되는 전속은 폐곡면 내의 전하밀도(전하량)과 같다.
- $div B = 0$ (가우스법칙)
  → 폐곡면을 통해 발산되는 자속은 0이다.
- $rot E = -\frac{\partial B}{\partial t}$ (패러데이법칙)
  → 전계의 생성에 따라 자속이 생성된다.
- $rot H = i_c + \frac{\partial D}{\partial t}$ (암페어 주회적분법칙)
  → 자계의 형성에 따라 전류와 전속이 생성된다.

07
진공 중 반지름이 a [m]인 원형 도체판 2매를 사용하여 극판 거리 d [m]인 콘덴서를 만들었다. 만약 이 콘덴서의 극판 거리를 2배로 하고 정전용량은 일정하게 하려면 이 도체판의 반지름 a는 얼마로 하면 되는가?

① $2a$
② $\frac{1}{2}a$
③ $\sqrt{2}a$
④ $\frac{1}{\sqrt{2}}a$

해설 | 콘덴서의 정전용량의 변화

$C = \varepsilon_0 \frac{S}{d}$ 에서 거리를 2배로 하면

$C' = \varepsilon_0 \frac{S'}{2d}$

여기서 $C = C'$이 되기 위한 면적 S은 $S = \pi a^2$, $S' = \pi a'^2$로 표현할 수 있다.

따라서

$C = \varepsilon_0 \frac{\pi a^2}{d} = \varepsilon_0 \frac{\pi a'^2}{2d} = C' \rightarrow a'^2 = 2a^2$

$\therefore a' = \sqrt{2}a$

정답 05 ① 06 ② 07 ③

08
비유전율 $\varepsilon_r = 5$인 유전체 내의 한 점에서 전계의 세기가 10^4 [V/m]라면, 이 점의 분극의 세기는 약 몇 [C/m²]인가?

① 3.5×10^{-7} ② 4.3×10^{-7}
③ 3.5×10^{-11} ④ 4.3×10^{-11}

해설 | 분극의 세기

$$P = \varepsilon_0(\varepsilon_r - 1)E = 4\varepsilon_0 \times 10^4$$
$$= 3.4 \times 10^{-7} [C/m^2]$$
$$(\because \varepsilon_0 = 8.854 \times 10^{-12} [F/m])$$

09
진공 중에 서로 떨어져 있는 두 도체 A, B가 있다. A에만 1 [C]의 전하를 줄 때 도체 A, B의 전위가 각각 3 [V], 2 [V]였다고 하면, A에 2 [C], B에 1 [C]의 전하를 주면 도체 A의 전위는 몇 [V]인가?

① 6 ② 7
③ 8 ④ 9

해설 | 전위계수

$Q_A = 1[C]$, $Q_B = 0[C]$일 때, 전위계수는
$V_A = P_{AA}Q_A + P_{AB}Q_B$,
$P_{AA} = 3 [V/C]$
$V_B = P_{BA}Q_A + P_{BB}Q_B$, P_{BA}
$= 2 [V/C]$
여기서 $Q_A = 2[C]$, $Q_B = 1[C]$일 때,
$V_A = P_{AA}Q_A + P_{AB}Q_B$
$= 3 \times 2 + 2 \times 1 = 8 [V]$

10
자기 인덕턴스 0.05 [H]의 회로에 흐르는 전류가 매초 500 [A]의 비율로 증가할 때 자기 유도기전력의 크기는 몇 [V]인가?

① 2.5 ② 25
③ 100 ④ 1000

해설 | 패러데이의 법칙

$$e = -L\frac{di}{dt} = -0.05 \times 500 = -50 [V]$$

크기를 물어 봤기 때문에 부호는 신경 쓰지 않는다. 부호는 전류의 반대 방향으로 기전력이 생성된다는 의미이다.

11
MKS 단위계에서 진공 유전율 값은 얼마인가?

① $4\pi \times 10^{-7} [H/m]$
② $\dfrac{1}{9 \times 10^9} [F/m]$
③ $\dfrac{1}{4\pi \times 9 \times 10^9} [F/m]$
④ $6.33 \times 10^{-4} [H/m]$

해설 | 진공 중의 유전율

$$\frac{1}{4\pi\varepsilon_0} = 9 \times 10^9$$
$$\therefore \varepsilon_0 = \frac{1}{4\pi \times 9 \times 10^9} [F/m]$$

정답 08 ① 09 ③ 10 ② 11 ③

12 원점 주위의 전류밀도가 $J = \dfrac{2}{r} a_r \ [A/m^2]$ 의 분포를 가질 때 반지름 $5\ [cm]$의 구면을 지나는 전류는 총 몇 $[A]$인가?

① 0.1π　　② 0.2π
③ 0.3π　　④ 0.4π

해설 | 전류밀도와 전류의 관계

$$I = \oint_s J \cdot ds = \oint_s \dfrac{2}{r} a_r \cdot a_r\, ds$$
$$(\because a_r = 1)$$
$$= \dfrac{2}{r} \oint_s 1\, ds = \dfrac{2}{r} s = \dfrac{2}{r} \times 4\pi r^2$$
$$= 8\pi r = 8\pi \times 0.05 = 0.4\pi\ [A]$$

13 유전체의 초전효과(Pyroelectric Effect)에 대한 설명이 아닌 것은?

① 온도 변화에 관계없이 일어난다.
② 자발 분극을 가진 유전체에서 생긴다.
③ 초전효과가 있는 유전체를 공기 중에 놓으면 중화된다.
④ 열에너지를 전기에너지로 변화시키는 데 이용된다.

해설 | 초전효과

결정체에 가열, 냉각을 할 시 결정체 양면에 분극현상이 일어나는 효과로 온도 변화에 따라 발생하게 된다.

14 권선 수가 400회, 면적이 $9\pi\ [cm^2]$인 장방형 코일에 $1\ [A]$의 직류가 흐르고 있다. 코일의 장방형 면과 평행한 방향으로 자속밀도가 $0.8\ [Wb/m^2]$ 인 균일한 자계가 가해져 있다. 코일의 평행한 두 변의 중심을 연결하는 선을 축으로 할 때 이 코일에 작용하는 회전력은 약 몇 $[N \cdot m]$인가?

① 0.3　　② 0.5
③ 0.7　　④ 0.9

해설 | 장방형(사각형) 코일에 작용하는 토크

$$T = BINS\cos\theta$$
$$= 0.8 \times 1 \times 400 \times 9\pi \times 10^{-4} \times \cos 90°$$
$$= 0.9\ [N \cdot m]$$

S : 장방형코일이 이루는 사각형 면적

15 점전하 $+Q$의 무한평면도체에 대한 영상전하는 얼마인가?

① $+Q$　　② $-Q$
③ $+2Q$　　④ $-2Q$

해설 | 전기영상법

무한평면도체에 대한 영상전하는 극성이 반대이며 점전하의 크기와 같다.

16 다음 조건 중 틀린 것은? (단, x_m : 비자화율, μ_r : 비투자율이다)

① $\mu_r \gg 1$이면 강자성체
② $x_m > 0$, $\mu_r < 1$이면 상자성체
③ $x_m < 0$, $\mu_r < 1$이면 반자성체
④ 물질은 x_m 또는 μ_r의 값에 따라 반자성체, 상자성체, 강자성체 등으로 구분한다.

정답　12 ④　13 ①　14 ④　15 ②　16 ②

해설 | 자성체의 성질

상자성체는 비투자율 μ_r이 1보다 커야한다.

구분	μ_s	χ
강자성체	〉〉1	〉〉0
상자성체	〉1	〉0
반자성체	〈1	〈0

17 등전위면을 따라 전하 Q [C]를 운반하는데 필요한 일은 얼마인가?

① 항상 0이다.
② 전하의 크기에 따라 변한다.
③ 전위의 크기에 따라 변한다.
④ 전하의 극성에 따라 변한다.

해설 | 등전위면에서의 전하의 일의 양

등전위면은 전위차가 없으므로
$W = QV = 0[J]$

18 접지된 직교 도체 평면과 점전하 사이에는 몇 개의 영상 전하가 존재하는가?

① 1 ② 2
③ 3 ④ 4

해설 | 영상전하의 개수

직교한 평면이 겹쳐있기 때문에 점전하 건너편의 가로, 세로의 맞은편 위치에 두 개, 대각선방향에 한 개로 총 3개다.

TIP 영상전하의 개수 $n = \dfrac{360°}{\theta} - 1$ [개]

19 두 개의 코일에서 각각의 자기 인덕턴스가 L_1 = 0.35 [H], L_2 = 0.5 [H]이고, 상호 인덕턴스는 M = 0.1 [H]라고 하면 이때 코일의 결합계수는 약 얼마인가?

① 0.175 ② 0.239
③ 0.392 ④ 0.586

해설 | 두 코일의 결합계수

상호 인덕턴스 $M = k\sqrt{L_1 L_2}$ 에서,
결합계수 k는
$\therefore k = \dfrac{M}{\sqrt{L_1 L_2}} = \dfrac{0.1}{\sqrt{0.35 \times 0.5}} = 0.239$

20 두 종류의 유전체 경계면에서 전속과 전기력선이 경계면에 수직으로 도달할 때에 대한 설명으로 틀린 것은?

① 전속밀도는 변하지 않는다.
② 전속과 전기력선은 굴절하지 않는다.
③ 전계의 세기는 불연속적으로 변한다.
④ 전속선은 유전율이 작은 유전체 쪽으로 모이려는 성질이 있다.

해설 | 유전체의 경계 조건

- 전속선은 유전율이 큰 쪽에 모이려는 성질이 있다.
- 전기력선은 유전율이 작은 쪽에 모이려는 성질이 있다.

TIP 전기력선과 전속선의 차이를 기억하자

2019년 3회

01 인덕턴스가 20 [mH]인 코일에 흐르는 전류가 0.2초 동안 6 [A]가 변화되었다면, 코일에 유기되는 기전력은 몇 [V]인가?

① 0.6 ② 1
③ 6　 ④ 30

해설 | 패러데이의 전자유도법칙

코일에 유기(유도)되는 기전력은
$e = -L\dfrac{di}{dt}$ 이다.

$\therefore e = -20 \times 10^{-3} \times \dfrac{6}{0.2} = -0.6\,[V]$

(부호는 방향을 나타내기 때문에 무시한다)

02 직류 500 [V] 절연저항계로 절연저항을 측정하니 2 [MΩ]이 되었다면 누설전류는 몇 [μA]인가?

① 25　 ② 250
③ 1000　 ④ 1250

해설 | 누설전류

$I_g = \dfrac{V}{R_i} = \dfrac{500}{2 \times 10^6} = 250 \times 10^{-6}$
$= 250\,[\mu A]$

I_g : 누설전류, R_i : 절연저항, V : 사용전압

03 동심구에서 내부 도체의 반지름이 a, 절연체의 반지름이 b, 외부 도체의 반지름이 c이다. 내부 도체에만 전하 Q를 주었을 때 내부 도체의 전위는 어떻게 되는가? (단, 절연체의 유전율은 ε_0이다)

① $\dfrac{Q}{4\pi\varepsilon_0 a}\left(\dfrac{1}{a} + \dfrac{1}{b}\right)$

② $\dfrac{Q}{4\pi\varepsilon_0}\left(\dfrac{1}{a} - \dfrac{1}{b}\right)$

③ $\dfrac{Q}{4\pi\varepsilon_0}\left(\dfrac{1}{a} - \dfrac{1}{b} - \dfrac{1}{c}\right)$

④ $\dfrac{Q}{4\pi\varepsilon_0}\left(\dfrac{1}{a} - \dfrac{1}{b} + \dfrac{1}{c}\right)$

해설 | 동심도체구의 전위

도체구의 내구의 외경을 a, 외구의 내경을 b, 외구의 외경을 c라고 할 때, 내부 도체의 전위는 $V = \dfrac{Q}{4\pi\varepsilon_0}\left(\dfrac{1}{a} - \dfrac{1}{b} + \dfrac{1}{c}\right)[V]$

정답　01 ①　02 ②　03 ④

04 어떤 물체에 F₁ = -3i + 4j - 5k와, F₂ = 6i + 3j - 2k의 힘이 작용하고 있다. 이 물체에 F₃을 가하였을 때 세 힘이 평형이 되기 위한 F₃은 얼마인가?

① $F_3 = -3i - 7j + 7k$
② $F_3 = 3i + 7j - 7k$
③ $F_3 = 3i - j - 7k$
④ $F_3 = 3i - j + 3k$

해설 | 벡터의 평형

$$F_1 + F_2 + F_3 = 0 \rightarrow F_3 = -(F_1 + F_2)$$
$$\therefore F_3 = -((-3, 4, -5) + (6, 3, -2))$$
$$= -(3, 7, -7) = -3i - 7j + 7k$$

05 M.K.S 단위로 나타낸 진공에 대한 유전율은 얼마인가?

① 8.855×10^{-12} [N/m]
② 8.855×10^{-10} [N/m]
③ 8.855×10^{-12} [F/m]
④ 8.855×10^{-10} [F/m]

해설 | 진공 중의 유전율

$$\varepsilon_0 = \frac{1}{4\pi \times 9 \times 10^9} = 8.855 \times 10^{-12} [F/m]$$

06 인덕턴스의 단위에서 1 [H]는 무엇인가?

① 1 [A]의 전류에 대한 자속이 1 [Wb]인 경우이다.
② 1 [A]의 전류에 대한 유전율이 1 [F/m] 이다.
③ 1 [A]의 전류가 1초 동안 변화하는 양이다.
④ 1 [A]의 전류에 대한 자계가 1 [AT/m] 인 경우이다.

해설 | 인덕턴스의 정의

$LI = N\phi$에서 $L = \dfrac{N\phi}{I}$이므로 1[H]은 1[A]의 전류에 대한 자속이 1[Wb]인 경우를 의미한다.
(권수는 따로 언급이 없으므로 1로 생략 가능)

07 자유공간의 변위전류가 만드는 것은?

① 전계 ② 전속
③ 자계 ④ 분극지력선

해설 | 암페어 주회적분법칙과 변위전류

$rot H = J + \dfrac{\partial D}{\partial t}$에서 자유공간의 전류밀도 J는 0이 되기 때문에 변위전류(밀도)는

$$\therefore i_d = \frac{\partial D}{\partial t} = rot H - J = rot H$$
$$(\because J = 0)$$

즉, 전류에 변화가 생기면 자기장(자계)가 형성됨을 알 수 있다.

08 평행한 두 도선 간의 전자력은 어떤 관계인가?

① r에 반비례
② r에 비례
③ r^2에 비례
④ r^2에 반비례

해설 | 평행한 두 도선 사이의 힘

$$F = \frac{I_1 I_2}{r} \times 2 \times 10^{-7} [N/m], \ F \propto \frac{1}{r}$$

09 간격 d [m]인 두 평행판 전극 사이에 유전율 ε인 유전체를 넣고 전극 사이에 전압 e = $E_m \sin\omega t$ [V]를 가했을 때 변위전류밀도는 몇 [A/m²]인가?

① $\dfrac{\varepsilon \omega E_m \cos\omega t}{d}$
② $\dfrac{\varepsilon E_m \cos\omega t}{d}$
③ $\dfrac{\varepsilon \omega E_m \sin\omega t}{d}$
④ $\dfrac{\varepsilon E_m \sin\omega t}{d}$

해설 | 변위전류밀도

$$i_d = \frac{\partial D}{\partial t} = \varepsilon \frac{\partial E}{\partial t} = \varepsilon \frac{\partial}{\partial t}\left(\frac{e}{d}\right)$$
$$= \frac{\varepsilon}{d} \times \frac{\partial}{\partial t}(E_m \sin\omega t)$$
$$= \frac{\varepsilon}{d} \times \omega E_m \cos\omega t$$
$$= \frac{\varepsilon \omega E_m \cos\omega t}{d} [A/m^2]$$

10 10^6 [cal]의 열량은 약 몇 [kWh]의 전력량인가?

① 0.06
② 1.16
③ 2.27
④ 4.17

해설 | 열량과 전력량의 관계

$1 [J] = 0.24 [cal]$
$1 [cal] = 4.2 [J]$
$10^6 [cal] = 4200 [kJ]$
$[J] = [W \cdot s] = [\frac{1}{3600} Wh]$ 이므로

$\therefore 10^6 [cal] = 4200 [kJ] = \dfrac{4200}{3600} [kWh]$
$= 1.167 [kWh]$

11 전기기기의 철심(자심)재료로 규소강판을 사용하는 이유는?

① 동손을 줄이기 위해
② 와전류손을 줄이기 위해
③ 히스테리시스손을 줄이기 위해
④ 제작을 쉽게 하기 위해

해설 | 전기기기 철심의 구성

규소강판을 '사용'하면 히스테리시스손이 감소한다.
와전류손을 줄이는 방법은 규소강판을 '성층'하는 것이다.

정답 08 ① 09 ① 10 ② 11 ③

12 접지구도체와 점전하 사이에 작용하는 힘은 어떠한가?

① 항상 반발력이다.
② 항상 흡인력이다.
③ 조건적 반발력이다.
④ 조건적 흡인력이다.

해설 | 접지구도체와 점전하 사이의 작용력
접지구도체와 점전하 사이의 극성은 항상 반대이므로 흡인력이 작용한다.

13 플레밍의 왼손법칙에서 왼손의 엄지, 검지, 중지의 방향에 해당되지 않는 것은?

① 전압
② 전류
③ 자속밀도
④ 힘

해설 | 플레밍의 왼손법칙에서 각 손가락의 방향
- 엄지 : 도체가 받는 힘의 방향 (F)
- 검지 : 자속의 진행방향 (B)
- 중지 : 전류의 진행방향 (I)

14 반지름 1 [m]의 원형 코일에 1 [A]의 전류가 흐를 때 중심점의 자계의 세기는 몇 [AT/m]인가?

① $\frac{1}{4}$
② $\frac{1}{2}$
③ 1
④ 2

해설 | 원형 코일 중심의 자기장 세기
$$H = \frac{I}{2r} = \frac{1}{2 \times 1} = \frac{1}{2} [AT/m]$$

15 전류가 흐르는 도선을 자계 내에 놓으면 이 도선에 힘이 작용한다. 평등자계의 진공 중에 놓여있는 직선전류 도선이 받는 힘에 대한 설명으로 옳은 것은?

① 도선의 길이에 비례한다.
② 전류의 세기에 반비례한다.
③ 자계의 세기에 반비례한다.
④ 전류와 자계 사이의 각에 대한 정현(Sine)에 반비례한다.

해설 | 직선전류 도선이 받는 힘(전자력)
$$F = BIl\sin\theta = \mu HIl\sin\theta \, [N]$$
즉, 전자력은 도선의 길이, 자계의 세기, 전류에 비례하며, 전류와 자계의 진행 방향에 대한 각도의 정현값에도 비례한다.

16 여러 가지 도체의 전하분포에 있어서 각 도체의 전하를 n배 할 경우, 중첩의 원리가 성립하기 위해서 그 전위는 어떻게 되는가?

① $\frac{1}{2}n$이 된다.
② n배가 된다.
③ $2n$배가 된다.
④ n^2배가 된다.

해설 | 전위계수
$$V_i = P_{i1}Q_1 + P_{i2}Q_2 + \cdots + P_{in}Q_n \, [V]$$
∴ 전하를 모두 n배 하게 되면 전위 또한 n배 증가함을 알 수 있다.

정답 12 ② 13 ① 14 ② 15 ① 16 ②

17 동일 용량 C [μF]의 커패시터 n개를 병렬로 연결하였다면 합성정전용량은 얼마인가?

① $\frac{1}{2}n$이 된다. ② n배가 된다.

③ $2n$배가 된다. ④ n^2배가 된다.

해설 | 용량이 동일한 n개의 콘덴서의 연결

- 직렬연결 : $C_0 = \frac{C}{n}$
- 병렬연결 : $C_0 = nC$

18 E = i + 2j + 3k [V/cm]로 표시되는 전계가 있다. 0.02 [μC]의 전하를 원점으로부터 r = 3i [m]로 움직이는 데 필요로 하는 일은 몇 [J]인가?

① 3×10^{-6} ② 6×10^{-6}
③ 3×10^{-8} ④ 6×10^{-8}

해설 | 전하가 이동하는 데 필요로 하는 일의 양

$$\vec{W} = \vec{F} \cdot \vec{r} = Q\vec{E} \cdot \vec{r}$$
$$= 0.02 \times 10^{-6}(i+2j+3k) \cdot 3i \times \frac{1}{10^{-2}}$$
$$= 6 \times 10^{-6} [J]$$

19 무한장 직선 도체에 선전하밀도 λ [C/m]의 전하가 분포되어 있는 경우, 이 직선 도체를 축으로 하는 반지름 r [m]의 원통면상의 전계는 몇 [V/m]인가?

① $\frac{\lambda}{2\pi\varepsilon_0 r^2}$ ② $\frac{\lambda}{2\pi\varepsilon_0 r}$

③ $\frac{\lambda}{4\pi\varepsilon_0 r^2}$ ④ $\frac{\lambda}{4\pi\varepsilon_0 r}$

해설 | 무한장 직선 도체의 전계의 세기

$$E = \frac{\lambda}{2\pi\varepsilon_0 r} [V/m]$$

20 전류 2π [A]가 흐르고 있는 무한직선도체로부터 2 [m]만큼 떨어진 자유공간 내 점 P의 자속밀도의 세기는 몇 [Wb/m²]인가?

① $\frac{\mu_0}{8}$ ② $\frac{\mu_0}{4}$

③ $\frac{\mu_0}{2}$ ④ μ_0

해설 | 무한장 직선전류의 자계의 세기

$$H = \frac{I}{2\pi r} = \frac{2\pi}{2\pi \times 2} = \frac{1}{2} [AT/m]$$
$$\therefore B = \mu_0 H = \frac{\mu_0}{2} [Wb/m^2]$$

2018년 1회

01 무한장 원주형 도체에 전류 I가 표면에만 흐른다면 원주 내부자계의 세기는 몇 [AT/m]인가? (단, r [m]는 원주의 반지름이고, N은 권선 수이다)

① 0
② $\dfrac{NI}{2\pi r}$
③ $\dfrac{I}{2r}$
④ $\dfrac{I}{2\pi r}$

해설 | 무한장 원주형 도체의 자기장

$H = \dfrac{I}{2\pi r} [AT/m]$ 이지만, 전류가 표면에만 흐르는 경우에는 내부에는 자기장이 생성이 안 된다. 따라서 내부의 자계의 세기는 0이다.

02 다음이 설명하고 있는 것은?

> 수정, 로셸염 등에 열을 가하면 분극을 일으켜 한쪽 끝에 양(+) 전기, 다른 쪽 끝에 음(-) 전기가 나타나며, 냉각할 때에는 역분극이 생긴다.

① 강유전성
② 압전기현상
③ 파이로(Pyro)전기
④ 톰슨(Thomson)효과

해설 | 파이로전기효과

압전현상이 나타나는 결정을 가열할 때 결정 양면에 분극현상이 일어나는 현상이다. 이때 분극현상을 일으키는 전기를 파이로전기라고 한다.

03 비유전율이 9인 유전체 중에 1 [cm]의 거리를 두고 1 [μC]과 2 [μC]의 두 점전하가 있을 때 서로 작용하는 힘은 약 몇 [N]인가?

① 18
② 20
③ 180
④ 200

해설 | 쿨롱의 법칙

두 전하 사이에 작용하는 힘

$F = \dfrac{Q_1 Q_2}{4\pi\varepsilon_0\varepsilon_s r^2}$

$= 9 \times 10^9 \times \dfrac{1 \times 10^{-6} \times 2 \times 10^{-6}}{9 \times 0.01^2}$

$= 20 [N]$

04 비투자율 μ_s, 자속밀도 B [Wb/m²]인 자계 중에 있는 m [Wb]의 자극이 받는 힘은 몇 [N]인가?

① $\dfrac{mB}{\mu_0\mu_s}$
② $\dfrac{mB}{\mu_0}$
③ $\dfrac{\mu_0\mu_s}{mB}$
④ $\dfrac{mB}{\mu_s}$

정답 01 ① 02 ③ 03 ② 04 ①

해설 | 자극이 받는 힘

$$F = mH = \frac{mB}{\mu} = \frac{mB}{\mu_0 \mu_s} [N]$$

05 반지름이 1 [m]인 도체구에 최고로 줄 수 있는 전위는 몇 [kV]인가? (단, 주위 공기의 절연내력은 3 × 10⁶ [V/m]이다)

① 30　　　② 300
③ 3000　　④ 30000

해설 | 전위와 전계의 세기의 관계

$$V = Er = 3000 \times 10^6 \times 1 = 3000 [kV]$$

06 그림과 같은 정전용량이 C_0 [F]가 되는 평행판 공기콘덴서가 있다. 이 콘덴서의 판면적의 2/3가 되는 공간에 비유전율 ε_s인 유전체를 채우면 공기콘덴서의 정전용량은 몇 [F]인가?

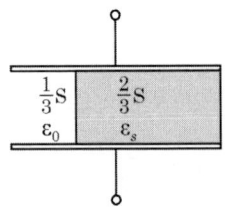

① $\dfrac{2\varepsilon_s}{3} C_0$　　② $\dfrac{3}{1+2\varepsilon_s} C_0$

③ $\dfrac{1+\varepsilon_s}{3} C_0$　　④ $\dfrac{1+2\varepsilon_s}{3} C_0$

해설 | 콘덴서의 병렬정전용량

두 콘덴서의 병렬 합성정전용량 값은

$$C = C_1 + C_2 = \varepsilon_0 \frac{\frac{1}{3}S}{d} + \varepsilon_0 \varepsilon_s \frac{\frac{2}{3}S}{d}$$

$$= \varepsilon_0 \frac{S}{d}\left(\frac{1}{3} + \frac{2}{3}\varepsilon_s\right) = \frac{1+2\varepsilon_s}{3} C_0 [F]$$

07 단면적 S [m²], 자로의 길이 l [m], 투자율 μ [H/m]의 환상철심에 1 [m]당 N회 코일을 균등하게 감았을 때 자기 인덕턴스는 몇 [H]인가?

① $\mu N l S$　　② $\mu N^2 l S$

③ $\dfrac{\mu N^2 l}{S}$　　④ $\dfrac{\mu N^2 S}{l}$

해설 | 코일의 자체 인덕턴스

$L = \dfrac{\mu S N^2}{l}$에서 N은 전체 길이의 권선수이다.

문제에선 1 [m]당 N회라고 나와 있으므로 $N \cdot l$을 해준다.

따라서 $L = \dfrac{\mu S (Nl)^2}{l} = \mu N^2 l S [H]$

08 반지름 a [m]인 접지 도체구의 중심에서 r [m] 되는 거리에 점전하 Q [C]를 놓았을 때 도체구에 유도된 총 전하는 몇 [C]인가?

① 0
② $-Q$
③ $-\dfrac{a}{r}Q$
④ $-\dfrac{r}{a}Q$

해설 | 영상전하법

도체구로부터 $r[m]$ 밖에 있는 영상전하 Q'은 $Q' = -\dfrac{a}{r}Q[C]$으로 표현된다.

09 각각 ±Q [C]로 대전된 두 개의 도체 간 전위차를 전위계수로 나타낸 것은? (단, $P_{12} = P_{21}$이다)

① $(P_{11} + P_{12} + P_{22})Q$
② $(P_{11} + P_{12} - P_{22})Q$
③ $(P_{11} - P_{12} + P_{22})Q$
④ $(P_{11} - 2P_{12} + P_{22})Q$

해설 | 전위계수

$V_1 = P_{11}Q - P_{12}Q$, $V_2 = P_{21}Q - P_{22}Q$
전위차는 $V = V_1 - V_2$이므로
$V = (P_{11}Q - P_{12}Q - P_{21}Q + P_{22}Q)$
$\quad = (P_{11} - 2P_{12} + P_{22})Q$
$\therefore P_{12} = P_{21}$

10 접지구도체와 점전하 간의 작용력으로 옳은 것은?

① 항상 반발력이다.
② 항상 흡인력이다.
③ 조건적 반발력이다.
④ 조건적 흡인력이다.

해설 | 구도체와 점전하 간 작용력

접지구도체는 점전하와 극성이 항상 반대가 되므로, 항상 흡인력이 작용한다.

11 공기 중에서 무한평면도체로부터 수직으로 10^{-10} [m] 떨어진 점에 한 개의 전자가 있다. 이 전자에 작용하는 힘은 약 몇 [N]인가? (단, 전자의 전하량 : -1.602×10^{-19} [C]이다)

① 5.77×10^{-9}
② 1.602×10^{-9}
③ 5.77×10^{-19}
④ 1.602×10^{-19}

해설 | 무한평면도체에 작용하는 힘(전기영상법)

$F = \dfrac{QQ'}{4\pi\varepsilon_0 (2r)^2}$ 이며 $Q' = -Q$이므로

$F = \dfrac{-(1.602 \times 10^{-19})^2}{4\pi\varepsilon_0 \times (2 \times 10^{-10})^2}$

$\quad = -5.77 \times 10^{-9} [N]$

TIP 이때 부호(-)는 힘의 방향을 나타낸다.

12 자속밀도 B [Wb/m²]가 도체 중에서 f [Hz]로 변화할 때 도체 중에 유기되는 기전력 e는 무엇에 비례하는가?

① $e \propto Bf$
② $e \propto \dfrac{B}{f}$
③ $e \propto \dfrac{B^2}{f}$
④ $e \propto \dfrac{f}{B}$

정답 08 ③ 09 ④ 10 ② 11 ① 12 ①

해설 | 도체에 유기되는 기전력

$$e = -N\frac{d\phi}{dt} = -N\frac{d}{dt}\phi_m \sin\omega t$$
$$= -N\frac{d}{dt}B_m S \sin\omega t$$
$$= -NB_m S\omega \cos\omega t$$
$$= -NB_m S(2\pi f)\cos\omega t \, [V]$$
$$\therefore e \propto Bf$$

13 유전체 중의 전계의 세기를 E, 유전율을 ε 이라 하면 전기변위는 얼마인가?

① εE ② εE^2
③ $\dfrac{\varepsilon}{E}$ ④ $\dfrac{E}{\varepsilon}$

해설 | 전기변위(=전속밀도)

$D = \varepsilon E$

14 맥스웰의 전자방정식으로 틀린 것은?

① $div\, B = \phi$ ② $div\, D = \rho$
③ $rot\, E = -\dfrac{\partial B}{\partial t}$ ④ $rot\, H = i + \dfrac{\partial D}{\partial t}$

해설 | 맥스웰 방정식의 미분형

- $div\, D = \rho$ (가우스법칙)
- $div\, B = 0$ (가우스법칙)
- $rot\, E = -\dfrac{\partial B}{\partial t}$ (패러데이법칙)
- $rot\, H = i_c + \dfrac{\partial D}{\partial t}$ (암페어 주회적분법칙)

15 유전율 ε, 투자율 μ인 매질 내에서 전자파의 전파속도는 얼마인가?

① $\sqrt{\varepsilon\mu}$ ② $\sqrt{\dfrac{\varepsilon}{\mu}}$
③ $\sqrt{\dfrac{1}{\varepsilon\mu}}$ ④ $\sqrt{\dfrac{\mu}{\varepsilon}}$

해설 | 전자파의 전파속도

$$v = \dfrac{1}{\sqrt{\varepsilon\mu}} = \dfrac{c}{\sqrt{\varepsilon_s \mu_s}} \, [m/s]$$
$(c = 3 \times 10^8 \, [m/s])$

16 평행판 콘덴서에서 전극 간에 V [V]의 전위차를 가할 때 전계의 세기가 공기의 절연내력 E [V/m]를 넘지 않도록 하기 위한 콘덴서의 단위면적당 최대용량은 몇 [F/m²]인가?

① $\dfrac{\varepsilon_0 V}{E}$ ② $\dfrac{\varepsilon_0 E}{V}$
③ $\dfrac{\varepsilon_0 V^2}{E}$ ④ $\dfrac{\varepsilon_0 E^2}{V}$

해설 | 단위면적당 최대용량

$C = \varepsilon_0 \dfrac{S}{d}$ 에서 면적을 나눠준 값이므로

$C = \dfrac{\varepsilon_0}{d} = \dfrac{\varepsilon_0}{\dfrac{V}{E}} = \dfrac{\varepsilon_0 E}{V}$ ($\because V = Ed$)

정답 13 ① 14 ① 15 ③ 16 ②

17 그림과 같이 권수가 1이고 반지름 a [m]인 원형 전류 I [A]가 만드는 자계의 세기는 몇 [AT/m]인가?

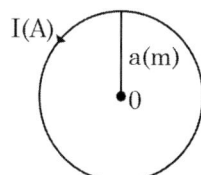

① $\dfrac{I}{a}$ ② $\dfrac{I}{2a}$

③ $\dfrac{I}{3a}$ ④ $\dfrac{I}{4a}$

해설 | 원형전류가 만드는 자기장의 세기

권수가 1이므로 $N=1$

$H = \dfrac{NI}{2r} = \dfrac{I}{2a}\,[AT/m]$

---

18 두 점전하 $q,\ \dfrac{1}{2}q$가 a만큼 떨어져 놓여 있다. 이 두 점전하를 연결하는 선상에서 전계의 세기가 영(0)이 되는 점은 q가 놓여 있는 점으로부터 얼마나 떨어진 곳인가?

① $\sqrt{2}\,a$ ② $(2-\sqrt{2})a$

③ $\dfrac{\sqrt{3}}{2}a$ ④ $\dfrac{(1+\sqrt{2})}{2}a$

해설 | 전계가 0이 되는 위치 찾기

P 지점에서 전계의 합력이 0이 된다고 할 때, $E_q = E_{\frac{1}{2}q}$ 이므로

$\dfrac{q}{4\pi\varepsilon_0 x^2} = \dfrac{\frac{1}{2}q}{4\pi\varepsilon_0 (a-x)^2}$ 이다.

$\dfrac{1}{x^2} = \dfrac{1}{2(a-x)^2}$

→ $2(a-x)^2 = x^2$

→ $2(a^2 - 2ax + x^2) = x^2$

→ $x^2 - 4ax + 2a^2 + 2a^2 = 0 + 2a^2$

→ $(x-2a)^2 = 2a^2$

양변에 제곱근을 취하면

→ $x - 2a = \pm a\sqrt{2}\ \therefore x = (2\pm\sqrt{2})a$

여기서 x라는 값은 a라는 길이에서 어느 길이만큼 뺀 값으로 적용할 수 있으므로

$\therefore x = (2-\sqrt{2})a$

19 균일한 자장 내에서 자장에 수직으로 놓여 있는 직선도선이 받는 힘에 대한 설명 중 옳은 것은?

① 힘은 자장의 세기에 비례한다.
② 힘은 전류의 세기에 반비례한다.
③ 힘은 도선 길이의 1/2승에 비례한다.
④ 자장의 방향에 상관없이 일정한 방향으로 힘을 받는다.

해설 | 전자력(플레밍의 왼손법칙)
$$F = BIl\sin\theta = \mu HIl\sin\theta \quad \therefore F \propto H$$

20 전류밀도 J, 전계 E, 입자의 이동도 μ, 도전율을 σ라 할 때 전류밀도 [A/m²]를 옳게 표현한 것은?

① J = 0
② J = E
③ J = σE
④ J = μE

해설 | 전류밀도
J = σ E [A/m²]으로 표현하며 이 식을 정상 전류계의 미분형이라고 한다.

정답 19 ① 20 ③

2018년 2회

01 유전체에 가한 전계 E [V/m]와 분극의 세기 P [C/m²]와의 관계로 옳은 것은?

① $P = \varepsilon_0(\varepsilon_s + 1)E$
② $P = \varepsilon_0(\varepsilon_s - 1)E$
③ $P = \varepsilon_s(\varepsilon_0 + 1)E$
④ $P = \varepsilon_s(\varepsilon_0 - 1)E$

해설 | 분극의 세기

전속밀도 $D = \varepsilon_0 E + P = \varepsilon_0 \varepsilon_s E$ 이므로
분극의 세기는 $P = \varepsilon_0 \varepsilon_s E - \varepsilon_0 E$
$= \varepsilon_0(\varepsilon_s - 1)E \, [C/m^2]$

02 자유공간(진공)에서의 고유 임피던스는 몇 [Ω]인가?

① 144   ② 277
③ 377   ④ 544

해설 | 자유공간에서의 고유 임피던스

$\eta_0 = \sqrt{\dfrac{\mu_0}{\varepsilon_0}} = 120\pi = 377 \, [\Omega]$

03 크기가 1 [C]인 두 개의 같은 점전하가 진공 중에서 일정한 거리가 떨어져 9×10^9 [N]의 힘으로 작용할 때 이들 사이의 거리는 몇 [m]인가?

① 1   ② 2
③ 4   ④ 10

해설 | 쿨롱의 법칙

$F = \dfrac{Q^2}{4\pi\varepsilon_0 r^2}$ 에서 r에 대해 정리하면

$r = \sqrt{\dfrac{Q^2}{4\pi\varepsilon_0 F}}$ 이므로

$\therefore r = \sqrt{9 \times 10^9 \times \dfrac{1}{9 \times 10^9}} = 1 \, [m]$

04 공극을 가진 환상 솔레노이드에서 총 권수 N, 철심의 비투자율 μ_r, 단면적 A, 길이 l이고 공극이 δ일 때, 공극부에 자속밀도 B를 얻기 위해서는 전류를 몇 [A] 흘려야 하는가?

① $\dfrac{10^7 B}{2\pi N}\left(\dfrac{l}{\mu_r} + \delta\right)$ ② $\dfrac{10^7 B}{2\pi N}\left(\dfrac{\delta}{\mu_r} + l\right)$

③ $\dfrac{10^7 B}{4\pi N}\left(\dfrac{l}{\mu_r} + \delta\right)$ ④ $\dfrac{10^7 B}{4\pi N}\left(\dfrac{\delta}{\mu_r} + l\right)$

해설 | 공극에서의 자속밀도

자기저항 $R_m = R_i + R_g$ 에서

$R_m = \dfrac{l}{\mu_0 \mu_r A} + \dfrac{\delta}{\mu_0 A} = \dfrac{1}{\mu_0 A}\left(\dfrac{l}{\mu_r} + \delta\right)$

여기서 자속 $\phi = \dfrac{F}{R_m} = \dfrac{NI}{R_m}$ 이므로 I에 대해 정리하면,

$\therefore I = \dfrac{R_m}{N}\phi = \dfrac{BA}{N}R_m$

$= \dfrac{BA}{N\mu_0 A}\left(\dfrac{l}{\mu_r} + \delta\right) = \dfrac{10^7 B}{4\pi N}\left(\dfrac{l}{\mu_r} + \delta\right)$

TIP $\mu_0 = 4\pi \times 10^{-7}$

정답 01 ② 02 ③ 03 ① 04 ③

05 자계의 세기가 H인 자계 중에 직각으로 속도 v로 발사된 전하 Q가 그리는 원의 반지름 r은 얼마인가?

① $\dfrac{mv}{QH}$ ② $\dfrac{mv^2}{QH}$

③ $\dfrac{mv}{\mu HQ}$ ④ $\dfrac{mv^2}{\mu HQ}$

해설 | 자계 내에서의 전자의 운동

자계 내에서 직각으로 전하가 입사 시 전하는 등속 원운동을 하므로 이 경우 구심력, 원심력이 같아야 한다.

따라서 $F = F'$이므로 $F = BvQ = \dfrac{mv^2}{r}$

$\therefore r = \dfrac{mv^2}{BvQ} = \dfrac{mv}{\mu HQ}\ [m]$

TIP 로렌츠힘 : $F = q(v \times B)\ [N]$
자속밀도와 자계의 관계 : $B = \mu H$

06 면전하밀도 σ [C/m²], 판간 거리 d [m]인 무한 평행판 대전체 간의 전위차는 몇 [V]인가?

① σd ② $\dfrac{\sigma}{\varepsilon_0}$

③ $\dfrac{\varepsilon_0 \sigma}{d}$ ④ $\dfrac{\sigma d}{\varepsilon_0}$

해설 | 평행판 대전체 사이의 전위차

면전하밀도 σ에서 나오는 전기력선 밀도는 가우스 정리에 의해서 $\dfrac{\sigma}{\varepsilon_0}$이며, 전기력선 밀도는 전계 세기와 같으므로 $E = \dfrac{\sigma}{\varepsilon_0}$

$\therefore V = Ed = \dfrac{\sigma d}{\varepsilon_0}\ [V]$

07 진공 중의 도체계에서 임의의 도체를 일정 전위의 도체로 완전 포위하면 내외 공간의 전계를 완전 차단시킬 수 있는데 이것을 무엇이라 하는가?

① 홀효과   ② 정전차폐
③ 핀치효과   ④ 전자차폐

해설 | 정전차폐

진공 중 도체계에 임의의 도체를 일정 전위의 도체로 완전히 포위함으로써 내외 공간의 전계를 완전히 차단시키는 방법

- 홀효과 : 도체가 자기장 속에 놓여 있고, 그 자기장에서 직각 방향으로 전류를 흘릴 때 전류와 자기장의 방향에 수직하게 전압차가 형성
- 핀치효과 : 직류전압 인가 시 전류가 도선 중심 쪽으로 집중되어 흐르는 현상
- 전자차폐 : 어떤 장치로 도체를 포위하여 외부자계나 전계가 도체 내부에 영향을 미치지 못하게 하는 것

08 평면 전자파의 전계 E와 자계 H와의 관계식으로 옳은 것은?

① $E = \sqrt{\dfrac{\varepsilon}{\mu}}\,H$ ② $E = \sqrt{\mu\varepsilon}\,H$

③ $E = \sqrt{\dfrac{\mu}{\varepsilon}}\,H$ ④ $E = \sqrt{\dfrac{1}{\mu\varepsilon}}\,H$

해설 | 평면 전자파에서 전계와 자계의 관계식

$\dfrac{E}{H} = \sqrt{\dfrac{\mu}{\epsilon}}$ 에서 $E = \sqrt{\dfrac{\mu}{\varepsilon}}\,H$

TIP 자주 출제되므로 관계식 자체를 외워주면 좋다.

정답 05 ③ 06 ④ 07 ② 08 ③

09 그림과 같은 반지름 a [m]인 원형 코일에 I [A]의 전류가 흐르고 있다. 이 도체 중심축상 x [m]인 점 P의 자위는 몇 [AT]인가?

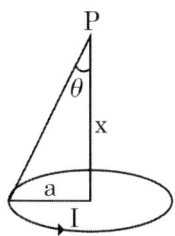

① $\dfrac{I}{2}\left(1 - \dfrac{x}{\sqrt{a^2 + x^2}}\right)$

② $\dfrac{I}{2}\left(1 - \dfrac{a}{\sqrt{a^2 + x^2}}\right)$

③ $\dfrac{I}{2}\left(1 - \dfrac{x^2}{(a^2 - x^2)^{\frac{3}{2}}}\right)$

④ $\dfrac{I}{2}\left(1 - \dfrac{a^2}{(a^2 + x^2)^{\frac{3}{2}}}\right)$

해설 | 원형 코일 중심축상 P 지점의 자위

입체각 $\omega = 2\pi(1 - \cos\theta)$이므로 자위는

$U = \dfrac{I}{4\pi}\omega = \dfrac{I}{4\pi} \times 2\pi(1 - \cos\theta)$

$= \dfrac{I}{2}(1 - \cos\theta)$

$= \dfrac{I}{2}\left(1 - \dfrac{x}{\sqrt{a^2 + x^2}}\right)[AT]$

10 자기 인덕턴스가 각각 L_1, L_2인 두 코일을 서로 간섭이 없도록 병렬로 연결했을 때 그 합성 인덕턴스는 얼마인가?

① $L_1 L_2$

② $\dfrac{L_1 + L_2}{L_1 L_2}$

③ $L_1 + L_2$

④ $\dfrac{L_1 L_2}{L_1 + L_2}$

해설 | 병렬합성 인덕턴스

- 가동결합인 경우 : $L_0 = \dfrac{L_1 L_2 - M^2}{L_1 + L_2 - 2M}$

- 차동결합인 경우 : $L_0 = \dfrac{L_1 L_2 - M^2}{L_1 + L_2 + 2M}$

코일 간 간섭이 없으므로 $M = 0$

따라서 합성은 $L_0 = \dfrac{L_1 L_2}{L_1 + L_2}[H]$

11 도체의 성질에 대한 설명으로 틀린 것은?

① 도체 내부의 전계는 0이다.
② 전하는 도체 표면에만 존재한다.
③ 도체의 표면 및 내부의 전위는 등전위이다.
④ 도체 표면의 전하밀도는 표면의 곡률이 큰 부분일수록 작다.

해설 | 도체의 성질

- 도체 내부의 전계는 0이다.
- 전하는 도체의 표면에만 존재한다.
- 도체 표면 및 내부전위는 등전위이다.
- <u>도체 표면 전하밀도는 표면의 곡률이 작은 부분일수록 작다.</u>

12 전류에 의한 자계의 방향을 결정하는 법칙은 어느 것인가?

① 렌츠의 법칙
② 플레밍의 왼손법칙
③ 플레밍의 오른손법칙
④ 암페어의 오른나사법칙

해설 | 암페어(앙페르)의 오른나사법칙
자계의 방향은 전류의 진행 방향의 오른나사 진행 방향과 같다는 법칙으로 전류가 만드는 자기장의 방향을 알아내는 법칙이다.

13 금속도체의 전기저항은 일반적으로 온도와 어떤 관계인가?

① 전기저항은 온도의 변화에 무관하다.
② 전기저항은 온도의 변화에 대해 정특성을 갖는다.
③ 전기저항은 온도의 변화에 대해 부특성을 갖는다.
④ 금속도체의 종류에 따라 전기저항의 온도 특성은 일관성이 없다.

해설 | 저항과 온도의 관계
$R_T = R_0(1 + \alpha(T - T_0))$에서 온도계수 α는 도체에는 정(+)특성을, 반도체는 부(-)특성을 가지며 전기저항은 대표적인 도체이다.

14 반지름 a [m]인 두 개의 무한장 도선이 d [m]의 간격으로 평행하게 놓여 있을 때 a ≪ d인 경우, 단위길이당 정전용량은 몇 [F/m]인가?

① $\dfrac{2\pi\varepsilon_0}{\ln\dfrac{d}{a}}$ ② $\dfrac{\pi\varepsilon_0}{\ln\dfrac{d}{a}}$

③ $\dfrac{4\pi\varepsilon_0}{\dfrac{1}{a} - \dfrac{1}{b}}$ ④ $\dfrac{2\pi\varepsilon_0}{\dfrac{1}{a} - \dfrac{1}{b}}$

해설 | 평행도선 사이의 정전용량
$C_{AB} = \dfrac{\pi\varepsilon_0}{\ln\dfrac{d-a}{a}} [F/m]$에서 $d \gg a$이므로

$\therefore C_{AB} = \dfrac{\pi\varepsilon_0}{\ln\dfrac{d}{a}} [F/m]$ ($\because d - a \fallingdotseq d$)

15 두 개의 코일이 있다. 각각의 자기 인덕턴스가 0.4 [H], 0.9 [H]이고, 상호 인덕턴스가 0.36 [H]일 때 결합계수는 얼마인가?

① 0.5   ② 0.6
③ 0.7   ④ 0.8

해설 | 상호 인덕턴스와 결합계수
$M = k\sqrt{L_1 L_2}$에서 $k = \dfrac{M}{\sqrt{L_1 L_2}}$이므로

$\therefore k = \dfrac{0.36}{\sqrt{0.4 \times 0.9}} = 0.6$

정답 12 ④ 13 ② 14 ② 15 ②

16 비유전율이 2.4인 유전체 내의 전계의 세기가 100 [mV/m]이다. 유전체에 축적되는 단위체적당 정전에너지는 몇 [J/m³]인가?

① 1.06×10^{-13} ② 1.77×10^{-13}
③ 2.32×10^{-13} ④ 2.32×10^{-11}

해설 | 단위체적당 정전에너지

$$w = \frac{1}{2}ED = \frac{1}{2}\varepsilon E^2 = \frac{1}{2}\varepsilon_0 \varepsilon_s E^2$$

$$= \frac{2.4(100 \times 10^{-3})^2 \varepsilon_0}{2}$$

$$= 1.06 \times 10^{-13} \, [J/m^3]$$

TIP $\varepsilon_0 = 8.85 \times 10^{-12} [F/m]$

17 동심구 사이의 공극에 절연내력이 50 [kV/mm]이며 비유전율이 3인 절연유를 넣으면, 공기인 경우의 몇 배의 전하를 축적할 수 있는가? (단, 공기의 절연내력은 3 [kV/mm]라 한다)

① 3   ② 50/3
③ 50   ④ 150

해설 | 동심도체구의 전하량

(1) 공기 중에서의 전하량

$$Q = CV = \frac{4\pi\varepsilon_0}{\frac{1}{a} - \frac{1}{b}} E_0 d$$

$$\rightarrow \frac{4\pi\varepsilon_0}{\frac{1}{a} - \frac{1}{b}} d = \frac{Q}{E_0}$$

(2) 절연유인 경우의 전하량

$$Q' = C'V' = \frac{4\pi\varepsilon_0\varepsilon_s}{\frac{1}{a} - \frac{1}{b}} Ed = \frac{Q}{E_0}\varepsilon_s E$$

$$= \frac{E}{E_0}\varepsilon_s Q = \frac{50 \times 3}{3} Q = 50Q \, [C]$$

즉, 공기 중보다 50배의 전하를 모을 수 있다.

18 자계의 벡터포텐셜을 A라 할 때, A와 자계의 변화에 의해 생기는 전계 E 사이에 성립하는 관계식은 어느 것인가?

① $A = \dfrac{\partial E}{\partial t}$ ② $E = \dfrac{\partial A}{\partial t}$

③ $A = -\dfrac{\partial E}{\partial t}$ ④ $E = -\dfrac{\partial A}{\partial t}$

해설 | 벡터포텐셜과 전계의 관계

$\nabla \times E = -\dfrac{\partial B}{\partial t}$ 이고 $B = \nabla \times A$ 이므로

$\nabla \times E = -\dfrac{\partial}{\partial t}(\nabla \times A)$

$\therefore E = -\dfrac{\partial A}{\partial t}$

19 그림과 같이 유전체 경계면에서 $\varepsilon_1 < \varepsilon_2$ 이었을 때 E_1과 E_2의 관계식 중 옳은 것은?

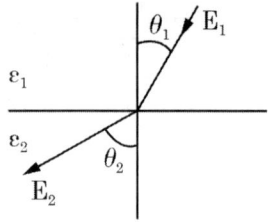

① $E_1 > E_2$
② $E_1 < E_2$
③ $E_1 = E_2$
④ $E_1 \cos\theta_1 = E_2 \cos\theta_2$

해설 | 유전체의 경계 조건

유전율과 각도는 비례 관계이므로 $\varepsilon_1 < \varepsilon_2$ 이면 $\theta_1 < \theta_2$이다. 또한 전계는 접선성분이 같으므로 $E_1\sin\theta_1 = E_2\sin\theta_2$, $\sin\theta_1 < \sin\theta_2$, 따라서 전계는 반대로 $E_1 > E_2$여야 한다.

20 균등하게 자화된 구(球) 자성체가 자화될 때의 감자율은 얼마인가?

① 1/2 ② 1/3
③ 2/3 ④ 3/4

해설 | 구 자성체의 감자율

균등하게 자화된 구 자성체의 감자율은 $\dfrac{1}{3}$ 이다.

TIP 암기법 : 구삼환영
환상 솔레노이드 감자율은 0
구 자성체와 환상 솔레노이드의 감자율은 꼭 기억하자.

2018년 3회

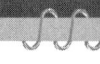

01 자화율을 x, 자속밀도 B, 자계의 세기를 H, 자화의 세기를 J라 할 때, 다음 중 성립될 수 없는 식은?

① $B = \mu H$
② $J = \chi B$
③ $\mu = \mu_0 + \chi$
④ $\mu_s = 1 + \dfrac{\chi}{\mu_0}$

해설 | 전류밀도와 자계의 관계
$B = \mu_0 H + J = \mu_0 \mu_s H$ 이므로
$J = \mu_0 (\mu_s - 1) H = \chi H$
$(\because \chi = \mu_0 (\mu_s - 1))$

02 두 유전체의 경계면에서 정전계가 만족하는 것은?

① 전계의 법선성분이 같다.
② 전계의 접선성분이 같다.
③ 전속밀도의 접선성분이 같다.
④ 분극 세기의 접선성분이 같다.

해설 | 유전체의 경계 조건
- 전속밀도는 법선성분이 같다.
  $(D_1 \cos\theta_1 = D_2 \cos\theta_2)$
- 전계는 접선성분이 같다.
  $(E_1 \sin\theta_1 = E_2 \sin\theta_2)$
- 경계면에 수직으로 입사한 전속은 굴절하지 않는다.
- 입사각과 굴절각은 유전율에 비례한다.
  $\left(\dfrac{\tan\theta_1}{\tan\theta_2} = \dfrac{\varepsilon_1}{\varepsilon_2} \right)$

03 자기쌍극자의 중심축으로부터 r [m]인 점의 자계의 세기에 관한 설명으로 옳은 것은?

① r에 비례한다.
② r^2에 비례한다.
③ r^2에 반비례한다.
④ r^3에 반비례한다.

해설 | 자기쌍극자의 자계의 세기
$H = \dfrac{M\sqrt{1+3\cos^2\theta}}{4\pi\mu_0 r^3} [AT/m]$
$\therefore H \propto \dfrac{1}{r^3}$

04 진공 중의 전계강도 E = ix + jy + kz로 표시될 때 반지름 10 [m]의 구면을 통해 나오는 전체 전속은 약 몇 [C]인가?

① 1.1×10^{-7}
② 2.1×10^{-7}
③ 3.2×10^{-7}
④ 5.1×10^{-7}

정답 01 ② 02 ② 03 ④ 04 ①

해설 | 가우스법칙

구면을 통해 나오는 전체 전속은 전하량과 동일하므로 전하량을 구하면 된다.

$\nabla \cdot E = \dfrac{\rho}{\varepsilon_0}$ 의 관계에서

$\rho = \varepsilon_0(\nabla \cdot E)$ 이므로

$\rho = \varepsilon_0\left(\dfrac{\partial}{\partial x}i + \dfrac{\partial}{\partial y}j + \dfrac{\partial}{\partial z}k\right) \cdot (ix + jy + kz)$

$= \varepsilon_0(1+1+1) = 3\varepsilon_0 \, [C/m^3]$

전하량은 $Q = \rho V$이므로

$\therefore Q = \rho V = 3\varepsilon_0\left(\dfrac{4}{3}\pi(10^3)\right)$

$= 1.1 \times 10^{-7} \, [C]$

TIP V : 구의 체적 = $\dfrac{4}{3}\pi r^3$

$\varepsilon_0 = 8.85 \times 10^{-12} \, [F/m]$

---

05 물의 유전율을 ε, 투자율을 μ라 할 때 물 속에서의 전파속도는 몇 [m/s]인가?

① $\dfrac{1}{\sqrt{\varepsilon\mu}}$ ② $\sqrt{\varepsilon\mu}$

③ $\sqrt{\dfrac{\mu}{\varepsilon}}$ ④ $\sqrt{\dfrac{\varepsilon}{\mu}}$

해설 | 전자파의 속도

$v = \dfrac{1}{\sqrt{\varepsilon\mu}} \, [m/s]$

---

06 반지름 a [m]인 원주 도체의 단위길이당 내부 인덕턴스는 몇 [H/m]인가?

① $\dfrac{\mu}{4\pi}$ ② $\dfrac{\mu}{8\pi}$

③ $4\pi\mu$ ④ $8\pi\mu$

해설 | 원주 도체의 단위길이당 인덕턴스

$W = \dfrac{\mu}{16\pi}I^2 = \dfrac{1}{2}LI^2 \, [J]$ 이므로

$\therefore L = \dfrac{\mu}{8\pi} \, [H/m]$

---

07 [Ω · sec]와 같은 단위는 어느 것인가?

① [F]   ② [H]
③ [F/m]   ④ [H/m]

해설 | 유도기전력

유도기전력 $e = -L\dfrac{di}{dt}$ 에서

$[V] = [H] \times [A/\sec]$ 이다.

또 $V = IR$에서 $[V/A] = [\Omega]$이므로 인덕턴스 L에 대하여 단위를 정리하면
$H = [\Omega \cdot \sec]$가 된다.

또는 시정수를 통해 구할 수도 있다.
 R - L, R - C 회로의 시정수
• R - L 회로
$\tau = \dfrac{L}{R} \rightarrow L = \tau R \, [\Omega \cdot s] = [H]$

• R - C 회로
$\tau = RC \rightarrow C = \dfrac{\tau}{R} \, [\mho \cdot s] = [F]$

08 그림과 같이 일정한 권선이 감겨진 권회수 N회, 단면적 S [m²], 평균자로의 길이 l [m]인 환상 솔레노이드에 전류 I [A]를 흘렸을 때 이 환상 솔레노이드의 자기 인덕턴스는 몇 [H]인가? (단, 환상철심의 투자율은 μ이다)

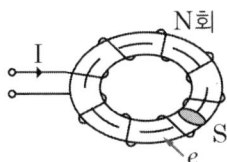

① $\dfrac{\mu^2 N}{l}$ 　② $\dfrac{\mu SN}{l}$

③ $\dfrac{\mu^2 SN}{l}$ 　④ $\dfrac{\mu SN^2}{l}$

해설 | 환상 솔레노이드의 자기 인덕턴스

$$L = \dfrac{N^2}{R_m} = \dfrac{N^2}{\dfrac{l}{\mu S}} = \dfrac{\mu SN^2}{l} \ [H]$$

09 콘덴서의 성질에 관한 설명으로 틀린 것은?

① 정전용량이란 도체의 전위를 1 [V]로 하는 데 필요한 전하량을 말한다.
② 용량이 같은 콘덴서를 n개 직렬연결하면 내압은 n배, 용량은 1/n로 된다.
③ 용량이 같은 콘덴서를 n개 병렬연결하면 내압은 같고, 용량은 n배로 된다.
④ 콘덴서를 직렬연결할 때 각 콘덴서에 분포되는 전하량은 콘덴서 크기에 비례한다.

해설 | 콘덴서의 성질

① 정전용량 $Q = CV$ 이므로 맞다.
② 직렬연결 시 전압을 나눠 가지므로 콘덴서가 견딜 수 있는 전압은 n배가 된다. 용량은 $\dfrac{1}{n}C$ 가 된다.
③ 병렬연결 시 각 콘덴서에 걸리는 전압은 같다. 용량은 nC 가 된다.
④ 콘덴서를 직렬연결할 시 각 콘덴서에 분포되는 전하량은 동일하다.

10 두 도체 사이에 100 [V]의 전위를 가하는 순간 700 [μC]의 전하가 축적되었을 때 이 두 도체 사이의 정전용량은 몇 [μF]인가?

① 4　　② 5
③ 6　　④ 7

해설 | 두 도체 사이의 정전용량

$$C = \dfrac{Q}{V} = \dfrac{700 \times 10^{-6}}{100} = 7 \times 10^{-6} \ [F]$$
$$= 7 \ [\mu F]$$

11 무한평면도체로부터 거리 a [m]인 곳에 점전하 2π [C]가 있을 때 도체 표면에 유도되는 최대 전하밀도는 몇 $[C/m^2]$인가?

① $-\dfrac{1}{a^2}$ ② $-\dfrac{1}{2a^2}$

③ $-\dfrac{1}{2\pi a}$ ④ $-\dfrac{1}{4\pi a}$

해설 | 무한평면도체 표면에 유도되는 최대 전하밀도

$\sigma = D = \varepsilon_0 E$

$= -\dfrac{Q}{2\pi}\dfrac{a}{\sqrt{(a^2+x^2)^3}} [C/m^2]$에서,

전하밀도가 최대가 되는 경우는 평면에 전하가 붙어있는 경우이므로 $x = 0$이 된다.

$\therefore \sigma_{\max} = -\dfrac{Q}{2\pi a^2} = -\dfrac{2\pi}{2\pi a^2}$

$= -\dfrac{1}{a^2}[C/m^2]$

12 강자성체가 아닌 것은?

① 철(Fe) ② 니켈(Ni)
③ 백금(Pt) ④ 코발트(Co)

해설 | 자성체의 종류
- 강자성체 : 니켈, 코발트, 철, 망간
- 상자성체 : 백금, 알루미늄, 산소, 공기, 텅스텐
- 반자성체 : 비스무트, 아연, 구리, 납, 은

13 온도 0 [℃]에서 저항이 R_1 [Ω], R_2 [Ω], 저항 온도계수가 α_1, α_2 [1/℃]인 두 개의 저항선을 직렬로 접속하는 경우, 그 합성 저항 온도계수는 몇 [1/℃]인가?

① $\dfrac{\alpha_1 R_2}{R_1 + R_2}$ ② $\dfrac{\alpha_1 R_1 + \alpha_2 R_2}{R_1 + R_2}$

③ $\dfrac{\alpha_1 R_1 - \alpha_2 R_2}{R_1 + R_2}$ ④ $\dfrac{\alpha_1 R_2 + \alpha_2 R_1}{R_1 + R_2}$

해설 | 직렬연결 시 저항과 온도의 관계

$\alpha_1 R_1 + \alpha_2 R_2 = \alpha_t (R_1 + R_2)$이므로

$\therefore \alpha_t = \dfrac{\alpha_1 R_1 + \alpha_2 R_2}{R_1 + R_2} [1/℃]$

14 평행판 콘덴서에서 전극 간에 V [V]의 전위차를 가할 때, 전계의 강도가 공기의 절연내력 E [V/m]를 넘지 않도록 하기 위한 콘덴서의 단위면적당 최대 용량은 몇 $[F/m^2]$인가?

① $\varepsilon_0 EV$ ② $\dfrac{\varepsilon_0 E}{V}$

③ $\dfrac{\varepsilon_0 V}{E}$ ④ $\dfrac{EV}{\varepsilon_0}$

해설 | 단위면적당 최대용량

$C = \varepsilon_0 \dfrac{S}{d}$에서 면적을 나눠준 값이므로

$\dfrac{C}{S} = \dfrac{\varepsilon_0}{d} = \dfrac{\varepsilon_0}{\dfrac{V}{E}} = \dfrac{\varepsilon_0 E}{V}$ $(\because V = Ed)$

15 그림과 같이 반지름 a [m], 중심간격 d [m], A에 +λ [C/m], B에 -λ [C/m]의 평행원통도체가 있다. d ≫ a라 할 때의 단위길이당 정전용량은 약 몇 [F/m]인가?

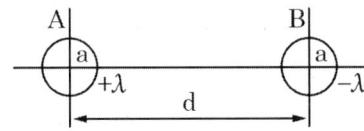

① $\dfrac{2\pi\varepsilon_0}{\ln\dfrac{a}{d}}$ ② $\dfrac{\pi\varepsilon_0}{\ln\dfrac{a}{d}}$

③ $\dfrac{2\pi\varepsilon_0}{\ln\dfrac{d}{a}}$ ④ $\dfrac{\pi\varepsilon_0}{\ln\dfrac{d}{a}}$

해설 | 평행원통도체 사이의 정전용량

$C_{AB} = \dfrac{\pi\varepsilon_0}{\ln\dfrac{d-a}{a}}[F/m]$ 에서 $d \gg a$ 이므로

$\therefore C_{AB} = \dfrac{\pi\varepsilon_0}{\ln\dfrac{d}{a}}[F/m]$ ($\because d-a ≒ d$)

16 벡터 A = 5r sinø a_z가 원기둥 좌표계로 주어졌다. 점(2,π,0)에서의 ▽ × A를 구한 값은 얼마인가?

① 5a_r ② -5a_r
③ 5$a_ø$ ④ -5$a_ø$

해설 | 원통좌표계에서의 벡터의 외적

z성분만 있기 때문에 이 벡터의 외적은

$\nabla \times A = \dfrac{1}{r}\dfrac{\partial}{\partial \phi}(5r\sin\phi)a_r$
$\qquad - \dfrac{\partial}{\partial r}(5r\sin\phi)a_\phi$
$= 5\cos\phi a_r - 5\sin\phi a_\phi |_{(2,\pi,0)}$
$= -5a_r$

17 두 종류의 금속으로 된 폐회로에 전류를 흘리면 양 접속점에서 한쪽은 온도가 올라가고 다른 쪽은 온도가 내려가는 현상을 무엇이라 하는가?

① 볼타(Volta)효과
② 지벡(Seebeck)효과
③ 펠티에(Peltier)효과
④ 톰슨(Thomson)효과

해설 | 펠티에효과

서로 다른 두 금속의 접합점에 전류를 가하면 접속점에서 온도차가 나타나는 현상
① 볼타효과 : 서로 다른 2종류의 금속을 접촉시킨 후 떼어 내면 각각 정, 부로 대전하는 현상
② 제벡효과 : 서로 다른 두 금속 접속점에 온도차를 주게 되면 열기전력이 생성되는 현상
④ 톰슨효과 : 같은 금속의 두 접속점에 온도차를 주고 전류를 주면, 열의 흡수 또는 발열이 일어나는 현상

18 전자유도작용에서 벡터퍼텐셜을 A [Wb/m]라 할 때 유도되는 전계 E는 몇 [V/m]인가?

① $\dfrac{\partial A}{\partial t}$ ② $\int A\,dt$

③ $-\dfrac{\partial A}{\partial t}$ ④ $-\int A\,dt$

해설 | 벡터포텐셜과 전계의 관계

$\nabla \times E = -\dfrac{\partial B}{\partial t}$ 이고 $B = \nabla \times A$ 이므로

$\nabla \times E = -\dfrac{\partial}{\partial t}(\nabla \times A)$

$\therefore E = -\dfrac{\partial A}{\partial t}\ [V/m]$

19 비투자율 μ_s, 자속밀도 B [Wb/m²]인 자계 중에 있는 m [Wb]의 점자극이 받는 힘은 몇 [N]인가?

① $\dfrac{mB}{\mu_0}$ ② $\dfrac{mB}{\mu_0 \mu_s}$

③ $\dfrac{mB}{\mu_s}$ ④ $\dfrac{\mu_0 \mu_s}{mB}$

해설 | 자계에서 자극이 받는 힘

$F = mH = \dfrac{mB}{\mu} = \dfrac{mB}{\mu_0 \mu_s}\ [N]$

20 모든 전기장치를 접지시키는 근본적 이유는 무엇인가?

① 영상전하를 이용하기 때문에
② 지구는 전류가 잘 통하기 때문에
③ 편의상 지면의 전위를 무한대로 보기 때문에
④ 지구의 용량이 커서 전위가 거의 일정하기 때문에

해설 | 지구의 정전용량

지구는 하나의 거대한 콘덴서라고 봐도 무방할 정도로 정전용량이 매우 크며 $V = \dfrac{Q}{C}$에서 C가 매우 크기 때문에 대지에 접지함으로써 전위를 0으로 만들어줌에 목적이 있다.

정답 18 ③ 19 ② 20 ④

2017년 1회

01 자화의 세기 J_m [Wb/m²]을 자속밀도 B [Wb/m²]와 비투자율 μ_r로 나타내면 어떻게 되는가?

① $J_m = (1-\mu_r)B$
② $J_m = (\mu_r-1)B$
③ $J_m = \left(1-\dfrac{1}{\mu_r}\right)B$
④ $J_m = \left(\dfrac{1}{\mu_r}-1\right)B$

해설 | 자화의 세기(자화력)

$B = \mu_0 H + J_m$ 에서 $H = \dfrac{B}{\mu_0 \mu_r}$ 이므로

$B = \mu_0 \dfrac{B}{\mu_0 \mu_r} + J_m = \dfrac{B}{\mu_r} + J_m$

즉, $J_m = B - \dfrac{B}{\mu_r} = B\left(1-\dfrac{1}{\mu_r}\right)$ [Wb/m²]

02 평행판 콘덴서의 양극판 면적을 3배로 하고 간격을 1/3로 줄이면 정전용량은 처음의 몇 배가 되는가?

① 1   ② 3
③ 6   ④ 9

해설 | 콘덴서의 정전용량

$C = \varepsilon \dfrac{S}{d}$ 에서 면적이 3배, 간격을 $\dfrac{1}{3}$로 줄이면

$C' = \varepsilon \dfrac{S'}{d'} = \varepsilon \dfrac{3S}{\frac{1}{3}d} = 9\varepsilon \dfrac{S}{d} = 9C$

03 임의의 절연체에 대한 유전율의 단위로 옳은 것은?

① [F/m]   ② [V/m]
③ [N/m]   ④ [C/m²]

해설 | 유전율의 단위

유전율(ε)의 단위는 [F/m]이다.

TIP 기타 단위
전계의 세기(E) : [V/m]
단위길이당 작용하는 힘(F) : [N/m]
전속밀도(D) : [C/m²]

04 비유전율이 4이고, 전계의 세기가 20 [kV/m]인 유전체 내의 전속밀도는 약 몇 [μC/m²]인가?

① 0.71   ② 1.42
③ 2.83   ④ 5.28

해설 | 전속밀도

전속밀도를 전계로 표현하면 다음과 같다.
$D = \varepsilon E = \varepsilon_0 \varepsilon_r E$
$= 4\varepsilon_0 \times 20 \times 10^3 = 7.08 \times 10^{-7}$ [C/m²]
$= 7.1 \times 0.1 \times 10^{-6}$ [C/m²]
$= 0.71$ [μC/m²]

정답 01 ③ 02 ④ 03 ① 04 ①

05 저항 24 [Ω]의 코일을 지나는 자속이 0.6cos800t [Wb]일 때 코일에 흐르는 전류의 최댓값은 몇 [A]인가?

① 10 ② 20
③ 30 ④ 40

해설 | 코일에 흐르는 전류의 최댓값

유도기전력을 먼저 계산한다.

$e = -N\dfrac{d\phi}{dt}$ 이므로

$e = -N\dfrac{d}{dt}(0.6\cos800t)$
$\quad = 0.6N \times 800\sin800t$
$\quad = 480\sin800t\,[V]$ 에서

$E_m = 480\,[V]$

$\therefore I_m = \dfrac{E_m}{R} = \dfrac{480}{24} = 20\,[A]$

TIP 권수에 대한 언급이 없다면 N = 1로 둔다.

06 -1.2 [C]의 점전하가 $5a_x + 2a_y - 3a_z$ [m/s]인 속도로 운동한다. 이 전하가 B = $-4a_x + 4a_y + 3a_z$ [Wb/m²]인 자계에서 운동하고 있을 때 이 전하에 작용하는 힘은 약 몇 [N]인가? (단, a_x, a_y, a_z는 단위벡터이다)

① 10 ② 20
③ 30 ④ 40

해설 | 전하에 작용하는 힘(벡터의 외적)

$F = BIl\sin\theta = \dfrac{l}{t}Bq\sin\theta = vBq\sin\theta$

에서 v와 B는 벡터량이므로 외적을 생각하면

$\vec{F} = qvB\sin\theta = q(v \times B)$

$= -1.2\begin{vmatrix} a_x & a_y & a_z \\ 5 & 2 & -3 \\ -4 & 4 & 3 \end{vmatrix}$

$= -1.2(a_x(6+12) - a_y(15-12) + a_z(20+8))$

$= -21.6a_x + 3.6a_y - 33.6a_z\,[N]$

크기는

$|\vec{F}| = \sqrt{21.6^2 + 3.6^2 + 33.6^2} = 40\,[N]$

07 유도기전력의 크기는 폐회로에 쇄교하는 자속의 시간적 변화율에 비례한다는 법칙은?

① 쿨롱의 법칙
② 패러데이법칙
③ 플레밍의 오른손법칙
④ 암페어의 주회적분법칙

해설 | 패러데이의 법칙

코일에 유도되는 기전력은 폐회로에 쇄교하는 자속의 시간적 변화율과 권수의 곱에 비례하며, 방향은 반대로 생성이 된다.

정답 05 ② 06 ④ 07 ②

08 평행판 공기콘덴서 극판 간에 비유전율 6인 유리판을 일부만 삽입한 경우, 유리판과 공기 간의 경계면에서 발생하는 힘은 약 몇 [N/m²]인가? (단, 극판 간의 전위경도는 30 [kV/cm]이고 유리판의 두께는 평행판 간 거리와 같다)

① 199　　　　② 223
③ 247　　　　④ 269

해설 | 경계면에서 발생하는 힘

$f = \frac{1}{2}\varepsilon E^2$ 에서

유전체 일부가 달라졌으므로

$f = \frac{1}{2}(\varepsilon_{r2} - \varepsilon_{r1})\varepsilon_0 E^2 = \frac{1}{2}(6-1)\varepsilon_0 E^2$

$= \frac{5}{2}\varepsilon_0 E^2 = \frac{5}{2}\varepsilon_0 \times \left(30 \times \frac{10^3}{10^{-2}}\right)^2$

$= 199\,[N/m^2]$

09 극판면적 10 [cm²], 간격 1 [mm]인 평행판 콘덴서에 비유전율이 3인 유전체를 채웠을 때 전압 100 [V]를 가하면 축적되는 에너지는 약 몇 [J]인가?

① 1.32×10^{-7}　　② 1.32×10^{-9}
③ 2.64×10^{-7}　　④ 2.64×10^{-9}

해설 | 콘덴서에 축적되는 에너지

$C = \varepsilon\frac{S}{d} = 3\varepsilon_0\frac{10 \times (10^{-2})^2}{1 \times 10^{-3}}$

$= 2.656 \times 10^{-11}\,[F]$

$W = \frac{1}{2}CV^2 = \frac{1}{2} \times 2.656 \times 10^{-11} \times 100^2$

$= 1.32 \times 10^{-7}\,[J]$

10 0.2 [Wb/m²]의 평등자계 속에 자계와 직각 방향으로 놓인 길이 30 [cm]의 도선을 자계와 30°의 방향으로 30 [m/s]의 속도로 이동시킬 때 도체 양단에 유기되는 기전력은 몇 [V]인가?

① 0.45　　　② 0.9
③ 1.8　　　　④ 90

해설 | 도체에 유기되는 기전력

플레밍의 오른손법칙에 의해 유기되는 기전력은

$e = vBl\sin\theta = 30 \times 0.2 \times 0.3 \times \sin30°$
$= 0.9\,[V]$

11 전기 쌍극자에서 전계의 세기(E)와 거리(r)의 관계는 어떻게 되는가?

① E는 r^2에 반비례
② E는 r^3에 반비례
③ E는 $r^{\frac{3}{2}}$에 반비례
④ E는 $r^{\frac{5}{2}}$에 반비례

해설 | 전기쌍극자의 전계의 세기

$E = \frac{M\sqrt{1+3\cos^2\theta}}{4\pi\varepsilon_0 r^3}$ 　　∴ $E \propto \frac{1}{r^3}$

정답　08 ①　09 ①　10 ②　11 ②

12 대전도체 표면의 전하밀도를 σ [C/m²]이라 할 때, 대전도체 표면의 단위면적이 받는 정전응력은 전하밀도 σ와 어떤 관계에 있는가?

① $\sigma^{\frac{1}{2}}$에 비례   ② $\sigma^{\frac{3}{2}}$에 비례
③ σ에 비례   ④ σ^2에 비례

해설 | 정전응력과 전하밀도

정전응력 $F = -\dfrac{\partial W}{\partial d}$

정전에너지

$$W = \dfrac{1}{2}CV^2 = \dfrac{Q^2}{2C} = \dfrac{Q^2}{2(\dfrac{\varepsilon_0 S}{d})} = \dfrac{Q^2 d}{2\varepsilon_0 S}\,[J]$$

$Q = \sigma \times S$ 이므로

$$W = \dfrac{(\sigma S)^2 d}{2\varepsilon_0 S} = \dfrac{\sigma^2 S}{2\varepsilon_0}d\,[J]$$

$$\therefore F = -\dfrac{\partial W}{\partial d} = \dfrac{\sigma^2 S}{2\varepsilon_0}\,[N]$$

13 단면적이 같은 자기회로가 있다. 철심의 투자율을 μ라 하고 철심회로의 길이를 l이라 한다. 지금 그 일부에 미소공극 l_0을 만들었을 때 자기회로의 자기저항은 공극이 없을 때의 약 몇 배인가? (단, $l \gg l_0$이다)

① $1 + \dfrac{\mu l}{\mu_0 l_0}$ ② $1 + \dfrac{\mu l_0}{\mu_0 l}$
③ $1 + \dfrac{\mu_0 l}{\mu l_0}$ ④ $1 + \dfrac{\mu_0 l_0}{\mu l}$

해설 | 자기회로의 자기저항

$R_m = \dfrac{l}{\mu A}$에서 미소공극을 만들게 되면, 공극이 포함된 자기저항은 아래와 같다.

$$R_m' = \dfrac{(l-l_0)}{\mu A} + \dfrac{l_0}{\mu_0 A} \fallingdotseq \dfrac{l}{\mu A} + \dfrac{l_0}{\mu_0 A}$$

$$= R_m + \dfrac{l_0}{\mu_0 A} \;(\because l - l_0 \fallingdotseq l)$$

양변을 R_m으로 나눠주면

$$\therefore \dfrac{R_m'}{R_m} = 1 + \dfrac{\dfrac{l_0}{\mu_0 A}}{R_m} = 1 + \dfrac{\dfrac{l_0}{\mu_0 A}}{\dfrac{l}{\mu A}}$$

$$= 1 + \dfrac{\mu l_0}{\mu_0 l}$$

14 그림과 같이 도체구 내부 공동의 중심에 점전하 Q [C]가 있을 때 이 도체구의 외부로 발산되어 나오는 전기력선의 수는? (단, 도체 내외의 공간은 진공이라 한다)

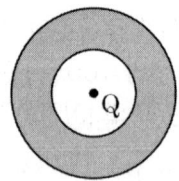

① 4π ② $\dfrac{Q}{\varepsilon_0}$
③ Q ④ $\varepsilon_0 Q$

해설 | 가우스의 법칙

• 폐곡면을 관통하는 전기력선의 총 수 :
$\dfrac{Q}{\varepsilon_0}$ [개]

15 E=xi - yj [V/m]일 때 점(3,4) [m]를 통과하는 전기력선의 방정식은 어느 것인가?

① $y = 12x$ ② $y = \dfrac{x}{12}$

③ $y = \dfrac{12}{x}$ ④ $y = \dfrac{3}{4}x$

해설 | 전기력선 방정식

$\dfrac{dx}{E_x} = \dfrac{dy}{E_y}$ 이고 $E_x = x$, $E_y = -y$이므로 양변에 적분을 취함으로써 풀이한다.

$\displaystyle\int \dfrac{1}{x}dx = \int -\dfrac{1}{y}dy \rightarrow \ln x = -\ln y + C$

$\ln x + \ln y = \ln xy = C = \ln e^C |_{x=3, y=4}$

$\ln xy = \ln e^C = \ln 12$

$\rightarrow \therefore xy = 12, \; y = \dfrac{12}{x}$

16 전자파 파동 임피던스 관계식으로 옳은 것은?

① $\sqrt{\varepsilon}H = \sqrt{\mu}E$ ② $\sqrt{\varepsilon\mu} = EH$

③ $\sqrt{\varepsilon}E = \sqrt{\mu}H$ ④ $\varepsilon\mu = EH$

해설 | 파동 임피던스

$H = \sqrt{\dfrac{\varepsilon}{\mu}}\,E$ 에서, $\sqrt{\varepsilon}\,E = \sqrt{\mu}\,H$

17 1000 [AT/m]의 자계 중에 어떤 자극을 놓았을 때 3×10^2 [N]의 힘을 받았다고 한다. 자극의 세기(Wb)는 얼마인가?

① 0.03 ② 0.3
③ 3 ④ 30

해설 | 자계의 세기와 자극의 세기

$F = mH$에서

$m = \dfrac{F}{H} = \dfrac{3 \times 10^2}{1000} = 0.3\,[Wb]$

18 자위(Magnetic Potential)의 단위로 옳은 것은?

① [C/m] ② [N · m]
③ [AT] ④ [J]

해설 | 자기적 위치에너지(자위)의 단위

자위의 기호는 U를 쓰며 단위는 [AT]이다.

TIP 전기회로의 기전력과 상응하는 것으로 기억해 놓자.

정답 15 ③ 16 ③ 17 ② 18 ③

19 매초마다 S면을 통과하는 전자에너지를 $W = \int_S P \cdot n dS \, [W]$로 표시하는데 이 중 틀린 설명은?

① 벡터 P를 포인팅 벡터라 한다.
② n이 내향일 때는 S면 내에 공급되는 총 전력이다.
③ n이 외향일 때에는 S면에서 나오는 총 전력이 된다.
④ P의 방향은 전자계의 에너지 흐름의 진행 방향과 다르다.

해설 | 포인팅 벡터
포인팅 벡터는 전자계에서 에너지의 흐름을 나타내는 값으로써 P의 방향이 곧 전자계의 에너지 흐름의 진행 방향이 된다.

20 자기 인덕턴스 L [H]의 코일에 I [A]의 전류가 흐를 때 저장되는 자기에너지는 몇 [J]인가?

① LI
② $\frac{1}{2}LI$
③ LI^2
④ $\frac{1}{2}LI^2$

해설 | 코일에 저장되는 자기에너지
$W = \frac{1}{2}LI^2 [J]$

정답 19 ④ 20 ④

2017년 2회

01 전기력선의 기본 성질에 관한 설명으로 틀린 것은?

① 전기력선의 방향은 그 점의 전계의 방향과 일치한다.
② 전기력선은 전위가 높은 점에서 낮은 점으로 향한다.
③ 전기력선은 그 자신만으로도 폐곡선을 만든다.
④ 전계가 0이 아닌 곳에서는 전기력선은 도체표면에 수직으로 만난다.

해설 | 전기력선의 기본 성질

- (+)에서 (-)방향으로 진행한다.
- 전하가 없는 곳에서 발생, 소멸이 없다.
- 전하가 없는 곳에서 전기력선은 연속적이다.
- 고전위에서 저전위로 향한다.
- 전계의 방향이 곧 전기력선의 방향이다.
- 서로 교차하지 않으며 등전위면과 직교한다.
- 전기력선 자신만으로 폐곡면을 만들 수 없다.

02 동일용량 C [μF]의 콘덴서 n개를 병렬로 연결하였다면 합성용량은 얼마인가?

① $n^2 C$ ② nC
③ $\dfrac{C}{n}$ ④ C

해설 | 크기가 동일한 콘덴서들의 합성용량

- 직렬 : $C_0 = \dfrac{C}{n}$
- 병렬 : $C_0 = nC$

03 반지름 $r = 1 \,[m]$인 도체구의 표면 전하밀도가 $\dfrac{10^{-8}}{9\pi} \,[C/m^2]$이 되도록 하는 도체구의 전위는 몇 $[V]$인가?

① 10   ② 20
③ 40   ④ 80

해설 | 도체구의 전위

$V = \dfrac{Q}{4\pi\varepsilon_0 r}$ 에서 $Q = \sigma \times S$이므로

$V = \dfrac{\sigma S}{4\pi\varepsilon_0 r} = \dfrac{\sigma(4\pi r^2)}{4\pi\varepsilon_0 r} = \dfrac{\sigma r}{\varepsilon_0}$

$= \dfrac{\dfrac{10^{-8}}{9\pi} \times 1}{8.85 \times 10^{-12}} = 39.94 ≒ 40\,[V]$

정답 01 ③ 02 ② 03 ③

04 도전율의 단위로 옳은 것은?

① $[m/\Omega]$　　② $[\Omega/m^2]$
③ $[1/\mho \cdot m]$　　④ $[\mho/m]$

해설 | 도전율의 단위
도전율은 고유저항의 역수이므로 고유저항은
$R = \rho \dfrac{l}{S} \rightarrow \rho = R \dfrac{S}{l} [\Omega \cdot m]$이다.
즉, $\sigma = \dfrac{1}{\rho} [1/(\Omega \cdot m)]$
$= [(1/\Omega) \cdot (1/m)] = [\mho/m]$

05 여러 가지 도체의 전하 분포에 있어서 각 도체의 전하를 n배할 경우 중첩의 원리가 성립하기 위해서는 그 전위는 어떻게 되는가?

① $\dfrac{1}{2}n$ 배가 된다.
② n 배가 된다.
③ $2n$ 배가 된다.
④ n^2 배가 된다.

해설 | 중첩의 정리에서의 전위계수
$V_i = \sum_{j=1}^{n} P_{ij} Q_j$
$= P_{i1}Q_1 + P_{i2}Q_2 + \cdots + P_{in}Q_n$
여기서 전하를 n배하면 Q가 nQ가 되므로, 전위는 n배가 된다.

06 A = i + 4j + 3k, B = 4i + 2j − 4k의 두 벡터는 서로 어떤 관계에 있는가?

① 평행　　② 면적
③ 접근　　④ 수직

해설 | 벡터의 내적
$\vec{A} \cdot \vec{B} = |A||B|\cos\theta$
$= (1, 4, 3) \cdot (4, 2, -4) = 0$
벡터의 내적 값이 0이 나오면 $\cos\theta = 0$
즉, $\theta = 90°$이므로 두 벡터는 수직관계이다.

07 전류가 흐르는 도선을 자계 내에 놓으면 이 도선에 힘이 작용한다. 평등자계의 진공 중에 놓여 있는 직선전류 도선이 받는 힘에 대한 설명으로 옳은 것은?

① 도선의 길이에 비례한다.
② 전류의 세기에 반비례한다.
③ 자계의 세기에 반비례한다.
④ 전류와 자계 사이의 각에 대한 정현(Sine)에 반비례한다.

해설 | 전자력
$F = BIl\sin\theta$이므로 $F \propto l$

08 영역 1의 유전체 $\varepsilon_{r1} = 4$, $\mu_{r1} = 1$, $\sigma_1 = 0$과 영역 2의 유전체 $\varepsilon_{r2} = 9$, $\mu_{r2} = 1$, $\sigma_2 = 0$일 때 영역 1에서 영역 2로 입사된 전자파에 대한 반사계수는 얼마인가?

① -0.2　　② -5.0
③ 0.2　　④ 0.8

해설 | 반사계수

$R = \dfrac{\eta_2 - \eta_1}{\eta_2 + \eta_1}$ 이므로 η_1, η_2를 구하면,

$\eta_1 = \dfrac{E_1}{H_1} = \sqrt{\dfrac{\mu_1}{\varepsilon_1}} = \sqrt{\dfrac{\mu_0 \mu_{r1}}{\varepsilon_0 \varepsilon_{r1}}}$

$= 377\sqrt{\dfrac{\mu_{r1}}{\varepsilon_{r1}}} = 377\sqrt{\dfrac{1}{4}} = 188.5\,[\Omega]$

$\eta_2 = \dfrac{E_2}{H_2} = \sqrt{\dfrac{\mu_2}{\varepsilon_2}} = \sqrt{\dfrac{\mu_0 \mu_{r2}}{\varepsilon_0 \varepsilon_{r2}}}$

$= 377\sqrt{\dfrac{\mu_{r2}}{\varepsilon_{r2}}} = 377\sqrt{\dfrac{1}{9}} = 125.7\,[\Omega]$

$\therefore R = \dfrac{\eta_2 - \eta_1}{\eta_2 + \eta_1} = \dfrac{125.7 - 188.5}{125.7 + 188.5} = -0.2$

09 정전용량이 0.5 [μF], 1 [μF]인 콘덴서에 각각 2×10^{-4} [C] 및 3×10^{-4} [C]의 전하를 주고 극성을 같게 하여 병렬로 접속할 때 콘덴서에 축적된 에너지는 약 몇 [J] 인가?

① 0.042　　② 0.063
③ 0.083　　④ 0.126

해설 | 콘덴서의 병렬축적에너지

$W = \dfrac{1}{2}CV^2 = \dfrac{Q^2}{2C}$ 이므로

합성값 Q_0와 C_0는

$Q_0 = Q_1 + Q_2 = (2+3)10^{-4}$
$= 5 \times 10^{-4}\,[C]$

$C_0 = C_1 + C_2 = (1+0.5)10^{-6}$
$= 1.5\,[\mu F]$

$\therefore W = \dfrac{Q_0^2}{2C_0} = \dfrac{(5\times 10^{-4})^2}{2 \times 1.5 \times 10^{-6}}$
$= 0.083\,[J]$

10 정전용량 및 내압이 3 [μF]/1000 [V], 5 [μF]/500 [V], 12 [μF]/250 [V]인 3개의 콘덴서를 직렬로 연결하고 양단에 가한 전압을 서서히 증가시킬 경우 가장 먼저 파괴되는 콘덴서는 어느 것인가?

① 3 [μF]　　② 5 [μF]
③ 12 [μF]　　④ 3개 동시에 파괴

해설 | 직렬연결 시 가장 먼저 파괴되는 콘덴서

콘덴서의 전하량이 가장 적은 콘덴서가 제일 먼저 파괴되므로 각 콘덴서의 전하량을 구하면

$Q_1 = C_1 V_1 = 3 \times 10^{-6} \times 1000$
$= 3 \times 10^{-3}\,[C]$

$Q_2 = C_2 V_2 = 5 \times 10^{-6} \times 500$
$= 2.5 \times 10^{-3}\,[C]$

$Q_3 = C_3 V_3 = 12 \times 10^{-6} \times 250$
$= 3 \times 10^{-3}\,[C]$

따라서 5 [μF] 콘덴서가 가장 먼저 파괴된다.

11 정전용량 10 [μF]인 콘덴서의 양단에 100 [V]의 일정 전압을 인가하고 있다. 이 콘덴서의 극판 간의 거리를 1/10로 변화시키면 콘덴서에 충전되는 전하량은 거리를 변화시키기 이전의 전하량에 비해 어떻게 되는가?

① 1/10로 감소
② 1/100로 감소
③ 10배로 증가
④ 100배로 증가

해설 | 콘덴서의 전하량

$$Q = CV = \varepsilon \frac{S}{d} V$$

$\therefore Q \propto \dfrac{1}{d}$ 이므로 거리가 $\dfrac{1}{10}$로 변하면 전하량은 10배만큼 증가하게 된다.

12 접지구도체와 점전하 간의 작용력은 어떻게 되는가?

① 항상 반발력이다.
② 항상 흡인력이다.
③ 조건적 반발력이다.
④ 조건적 흡인력이다.

해설 | 구도체와 점전하 간 작용력
접지구도체는 점전하와 극성이 항상 반대가 되므로, 항상 흡인력이 작용한다.

13 전계의 세기가 1500 [V/m]인 전장에 5 [μC]의 전하를 놓았을 때 이 전하에 작용하는 힘은 몇 [N]인가?

① 4.5×10^{-3}
② 5.5×10^{-3}
③ 6.5×10^{-3}
④ 7.5×10^{-3}

해설 | 전하에 작용하는 힘

$$F = QE = 5 \times 10^{-6} \times 1500 = 7.5 \times 10^{-3} [N]$$

14 500 [AT/m]의 자계 중에 어떤 자극을 놓았을 때 4×10^3 [N]의 힘이 작용했다면 이때 자극의 세기는 몇 [Wb]인가?

① 2
② 4
③ 6
④ 8

해설 | 자하에 작용하는 힘

$F = mH$ 에서

$$m = \frac{F}{H} = \frac{4 \times 10^3}{500} = 8 [Wb]$$

15 도전성을 가진 매질 내의 평면파에서 전송계수 γ를 표현한 것으로 알맞은 것은? (단, α는 감쇠정수, β는 위상정수이다)

① $\gamma = \alpha + j\beta$
② $\gamma = \alpha - j\beta$
③ $\gamma = j\alpha + \beta$
④ $\gamma = j\alpha - \beta$

해설 | 전달계수(전송계수)

$\gamma = \alpha + j\beta$

16 자극의 세기가 8×10^{-6} [Wb]이고, 길이가 30 [cm]인 막대자석을 120 [AT/m] 평등자계 내에 자력선과 30°의 각도로 놓았다면 자석이 받는 회전력은 몇 [N·m]인가?

① 1.44×10^{-4} ② 1.44×10^{-5}
③ 2.88×10^{-4} ④ 2.88×10^{-5}

해설 | 자석이 받는 회전력(토크)
$$T = MH\sin\theta = mlH\sin\theta$$
$$= 8 \times 10^{-6} \times 30 \times 10^{-2} \times 120\sin 30°$$
$$= 1.44 \times 10^{-4} [N \cdot m]$$

17 자기회로의 퍼미언스(Permeance)에 대응하는 전기회로의 요소는 무엇인가?

① 서셉턴스(Susceptance)
② 컨덕턴스(Conductance)
③ 엘라스턴스(Elastance)
④ 정전용량(Electrostatic Capacity)

해설 | 전기회로와 자기회로의 대응 요소
퍼미언스는 자기저항의 역수이다. 전기회로와 대응관계인 것은 전기저항의 역수인 컨덕턴스이다.
① 서셉턴스 : 어드미턴스의 허수부분
③ 엘라스턴스 : 정전용량의 역수
④ 정전용량 : 콘덴서에 전하를 얼마나 축정할 수 있는가를 나타내는 양

TIP 어드미턴스 : 임피던스의 역수

18 전류가 흐르고 있는 도체에 자계를 가하면 도체 측면에 정·부(+, −)의 전하가 나타나 두 면 간에 전위차가 발생하는 현상은?

① 홀효과   ② 핀치효과
③ 톰슨효과   ④ 지벡효과

해설 | 홀효과
① 홀효과 : 전류가 흐르고 있는 도체에 자계를 가하면 도체 측면에 분극현상이 일어나며 두 면 간에 전위차가 발생하는 현상이다.
② 핀치효과 : 기체 속을 흐르는 전류가 같은 방향의 평행전류의 흡인력에 의해 중심으로 수축하는 효과
③ 톰슨효과 : 같은 금속의 두 접속점에 온도차를 주고 전류를 주면, 열의 흡수 또는 발열이 일어나는 현상
④ 제벡효과 : 서로 다른 두 금속 접속점에 온도차를 주게 되면 열기전력이 생성되는 현상

19 그림과 같이 직렬로 접속된 두 개의 코일이 있을 때 $L_1 = 20$ [mH], $L_2 = 80$ [mH], 결합계수 $k = 0.8$이다. 여기에 0.5 [A]의 전류를 흘릴 때 이 합성코일에 저축되는 에너지는 약 몇 [J]인가?

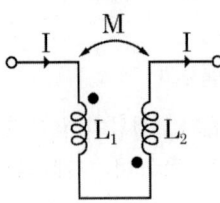

① 1.13×10^{-3}
② 2.05×10^{-2}
③ 6.63×10^{-2}
④ 8.25×10^{-2}

해설 | 코일에 축적되는 에너지

코일을 감기 시작한 방향이 L_1, L_2 모두 동일하므로 가동접속이며, 합성 자체 인덕턴스는
$$L_0 = L_1 + L_2 + 2M$$
$$= L_1 + L_2 + 2k\sqrt{L_1 L_2}$$
$$= 20 + 80 + (2 \times 0.8 \sqrt{20 \times 80})$$
$$= 164 [mH]$$

따라서 코일에 축적되는 에너지는
$$W = \frac{1}{2}L_0 I^2 = \frac{164 \times 10^{-3} \times 0.5^2}{2}$$
$$= 2.05 \times 10^{-2} [J]$$

20 도체 1을 Q가 되도록 대전시키고, 여기에 도체 2를 접촉했을 때 도체 2가 얻는 전하를 전위계수로 표시하면 얼마인가?
(단, P_{11}, P_{12}, P_{21}, P_{22}는 전위계수이다)

① $\dfrac{Q}{P_{11} - 2P_{12} + P_{22}}$

② $\dfrac{(P_{11} - P_{12})Q}{P_{11} - 2P_{12} + P_{22}}$

③ $\dfrac{(P_{11}P_{12} + P_{22})Q}{P_{11} + 2P_{12} + P_{22}}$

④ $\dfrac{(P_{11} - P_{12})Q}{P_{11} + 2P_{12} + P_{22}}$

해설 | 전위계수

$V_i = P_{i1}Q_1 + P_{i2}Q_2 + \cdots + P_{in}Q_n$ 에서
$V_1 = P_{11}Q_1 + P_{12}Q_2$,
$V_2 = P_{21}Q_1 + P_{22}Q_2$

도체 1, 도체 2가 접촉했을 시 $P_{12} = P_{21}$
전하량은 $Q_1 = Q - Q_2$이 된다.
또한 V_1, V_2는 등전위가 되므로, Q, Q_2에 대한 식으로 정리하면,
$V_1 = P_{11}(Q - Q_2) + P_{12}Q_2$
$V_2 = P_{21}(Q - Q_2) + P_{22}Q_2$
따라서
$(P_{12} - P_{11})Q_2 + P_{11}Q$
$= (P_{22} - P_{21})Q_2 + P_{21}Q$
→ $Q_2(P_{11} - P_{12} - P_{21} + P_{22})$
$= Q(P_{11} - P_{21})$
→ $Q_2(P_{11} - 2P_{12} + P_{22})$
$= Q(P_{11} - P_{12})$
∴ $Q_2 = \dfrac{(P_{11} - P_{12})Q}{P_{11} - 2P_{12} + P_{22}}$

2017년 3회

01 100 [kV]로 충전된 8×10^3 [pF]의 콘덴서가 축적할 수 있는 에너지는 몇 [W] 전구가 2초 동안 한 일에 해당하는가?

① 10
② 20
③ 30
④ 40

해설 | 콘덴서에 축적되는 에너지

$$W = \frac{1}{2}CV^2$$
$$= \frac{8 \times 10^3 \times 10^{-12} \times (100 \times 10^3)^2}{2}$$
$$= 40[J] = 40[W \cdot s] = 20[W \cdot 2s]$$

02 제벡(Seebeck)효과를 이용한 것은?

① 광전지
② 열전대
③ 전자냉동
④ 수정 발진기

해설 | 제벡효과
서로 다른 두 금속 접속점에 온도차를 주게 되면 열기전력이 생성되는 현상이다. 열전대가 대표적인 사용 예이다.
① 광전지 : 빛 에너지를 전기에너지로 변환하여 사용하는 전지 → 광전효과
② 열전대 : 서로 다른 두 금속 접합부의 기전력을 측정하여 온도를 측정하는 방법 → 제벡효과
③ 전자냉동 : 소자에 전압을 걸어주면 한쪽에서는 발열, 다른쪽에서는 흡열이 일어나는 모듈 → 펠티에효과
④ 수정 발진기 : 수정 표면에 인가된 교류 전압으로 진동을 일으키는 발전기 → 역압전효과

03 마찰전기는 두 물체의 마찰열에 의해 무엇이 이동하는 것인가?

① 양자
② 자하
③ 중성자
④ 자유전자

해설 | 마찰전기
두 물체가 마찰되며 자유전자가 이동하는 과정에서 생성되는 전기이다.

정답 01 ② 02 ② 03 ④

04 두 벡터 A = -7i - j, B = -3i - 4j가 이루는 각은?

① 30° ② 45°
③ 60° ④ 90°

해설 | 벡터의 내적

$A \cdot B = |A||B|\cos\theta$ 에서

$$\cos\theta = \frac{A \cdot B}{|A||B|}$$

$$= \frac{21+4}{\sqrt{7^2+1^2} \times \sqrt{3^2+4^2}}$$

$$= \frac{\sqrt{2}}{2}$$

$\therefore \theta = \cos^{-1}\frac{\sqrt{2}}{2} = 45°$

05 그림과 같이 반지름 a [m], 중심 간격 d [m]인 평행원통도체가 공기 중에 있다. 원통도체의 선전하밀도가 각각 ±ρ_L [C/m]일 때 두 원통도체 사이의 단위길이당 정전용량은 약 몇 [F/m]인가? (단, d ≫ a이다)

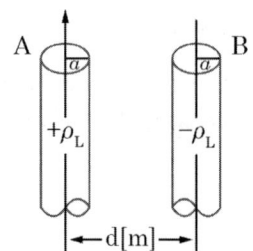

① $\dfrac{\pi\varepsilon_0}{\ln\dfrac{d}{a}}$ ② $\dfrac{\pi\varepsilon_0}{\ln\dfrac{a}{d}}$

③ $\dfrac{4\pi\varepsilon_0}{\ln\dfrac{d}{a}}$ ④ $\dfrac{4\pi\varepsilon_0}{\ln\dfrac{a}{d}}$

해설 | 평행원통도체 사이의 정전용량

$C_{AB} = \dfrac{\pi\varepsilon_0}{\ln\dfrac{d-a}{a}}[F/m]$ 에서 $d \gg a$ 이므로

$\therefore C_{AB} = \dfrac{\pi\varepsilon_0}{\ln\dfrac{d}{a}}[F/m]$ ($\because d-a \fallingdotseq d$)

06 횡전자파(TEM)의 특성으로 옳은 것은?

① 진행 방향의 E, H성분이 모두 존재한다.
② 진행 방향의 E, H성분이 모두 존재하지 않는다.
③ 진행 방향의 E성분만 존재하고, H성분은 존재하지 않는다.
④ 진행 방향의 H성분만 존재하고, E성분은 존재하지 않는다.

해설 | 횡전자파

전자파 진행 방향에 수직으로 생성되는 성분으로 전자파 진행 방향의 성분이 존재하지 않는다.

07 반자성체가 아닌 것은?

① 은(Ag)   ② 구리(Cu)
③ 니켈(Ni)   ④ 비스무스(Bi)

해설 | 자성체의 종류

- 강자성체 : 니켈, 코발트, 철, 망간
- 상자성체 : 백금, 알루미늄, 산소, 공기, 텅스텐
- 반자성체 : 비스무트, 아연, 구리, 납, 은

정답 04 ② 05 ① 06 ② 07 ③

8 맥스웰 전자계의 기초 방정식으로 틀린 것은?

① $rot\, H = i_c + \dfrac{\partial D}{\partial t}$

② $rot\, E = -\dfrac{\partial B}{\partial t}$

③ $div\, D = \rho$

④ $div\, B = -\dfrac{\partial D}{\partial t}$

해설 | 맥스웰 방정식의 미분형
- $div\, D = \rho$ (가우스법칙)
- $div\, B = 0$ (가우스법칙)
- $rot\, E = -\dfrac{\partial B}{\partial t}$ (패러데이법칙)
- $rot\, H = i_c + \dfrac{\partial D}{\partial t}$ (암페어 주회적분법칙)

9 무한히 긴 두 평행도선이 2 [cm]의 간격으로 가설되어 100 [A]의 전류가 흐르고 있다. 두 도선의 단위길이당 작용력은 몇 [N/m]인가?

① 0.1   ② 0.5
③ 1   ④ 1.5

해설 | 두 평행도선 사이 작용하는 힘
$F = \dfrac{I_1 I_2}{r} \times 2 \times 10^{-7}$
$= \dfrac{100 \times 100}{0.02} \times 2 \times 10^{-7} = 0.1\,[N/m]$

10 -1.2 [C]의 점전하가 $5a_x + 2a_y - 3a_z$ [m/s]인 속도로 운동한다. 이 전하가 $E = -18a_x + 5a_y - 10a_z$ [V/m] 전계에서 운동하고 있을 때 이 전하에 작용하는 힘은 약 몇 [N]인가?

① 21.1   ② 23.5
③ 25.4   ④ 27.3

해설 | 전계 내의 전하에 작용하는 힘
$F = QE$
$= (-1.2)(-18a_x + 5a_y - 10a_z)$
$= 21.6a_x - 4a_y + 12a_z$ 이므로
$|\vec{F}| = \sqrt{21.6^2 + 4^2 + 12^2} = 25.4\,[N]$

11 전계 $E = \sqrt{2}\, E_e \sin\omega\left(t - \dfrac{z}{v}\right)[V/m]$의 평면 전자파가 있다. 진공 중에서의 자계의 실효값은 약 몇 [AT/m] 인가?

① $2.65 \times 10^{-4} E_e$ ② $2.65 \times 10^{-3} E_e$
③ $3.77 \times 10^{-2} E_e$ ④ $3.77 \times 10^{-1} E_e$

해설 | 특성 임피던스에 따른 전계와 자계의 관계
$\dfrac{E_e}{H_e} = \sqrt{\dfrac{\mu_0}{\varepsilon_0}} = 377$ 이므로

자계는 $H_e = \sqrt{\dfrac{\varepsilon_0}{\mu_0}}\, E_e = \dfrac{1}{377} E_e$
$= 2.65 \times 10^{-3} E_e\,[AT/m]$

12 전자석의 재료로 가장 적당한 것은?

① 잔류자기와 보자력이 모두 커야 한다.
② 잔류자기는 작고, 보자력은 커야 한다.
③ 잔류자기와 보자력이 모두 작아야 한다.
④ 잔류자기는 크고, 보자력은 작아야 한다.

해설 | 전자석의 구비 조건
- 전자석 : 잔류자기가 크고 보자력은 작아야 한다.
- 영구자석 : 잔류자기, 보자력 모두 커야 한다.

13 유전체 내 전계의 세기가 E, 분극의 세기가 P, 유전율이 $\varepsilon = \varepsilon_0 \varepsilon_s$인 유전체 내의 변위전류밀도는 얼마인가?

① $\varepsilon \dfrac{\partial E}{\partial t} + \dfrac{\partial P}{\partial t}$ ② $\varepsilon_0 \dfrac{\partial E}{\partial t} + \dfrac{\partial P}{\partial t}$

③ $\varepsilon_0 \left(\dfrac{\partial E}{\partial t} + \dfrac{\partial P}{\partial t} \right)$ ④ $\varepsilon \left(\dfrac{\partial E}{\partial t} + \dfrac{\partial P}{\partial t} \right)$

해설 | 유전체 내의 변위전류밀도

$i_d = \dfrac{\partial D}{\partial t}$이고 $D = \varepsilon E = \varepsilon_0 E + P$이므로

$\therefore i_d = \dfrac{\partial}{\partial t}(\varepsilon_0 E + P) = \varepsilon_0 \dfrac{\partial E}{\partial t} + \dfrac{\partial P}{\partial t}$

14 점전하 +Q [C]의 무한평면도체에 대한 영상전하는 얼마인가?

① Q [C]와 같다.
② -Q [C]와 같다.
③ Q [C]보다 작다.
④ Q [C]보다 크다.

해설 | 전기영상법
무한평면도체에 대한 영상전하는 극성이 반대이며 점전하의 크기와 같다.

15 두 코일 A, B의 자기 인덕턴스가 각각 3 [mH], 5 [mH]라 한다. 두 코일을 직렬연결 시 자속이 서로 상쇄되도록 했을 때의 합성 인덕턴스는 서로 증가하도록 연결했을 때의 60 [%]이었다. 두 코일의 상호 인덕턴스는 몇 [mH]인가?

① 0.5   ② 1
③ 5   ④ 10

해설 | 합성 인덕턴스와 상호 인덕턴스

$L_{가동} = L_1 + L_2 + 2M = 8 + 2M$

$L_{차동} = L_1 + L_2 - 2M = 8 - 2M$

$= 0.6 L_{가동}$

$= 0.6(8 + 2M) = 4.8 + 1.2M$

→ $8 - 2M = 4.8 + 1.2M$

→ $3.2M = 3.2$

$\therefore M = 1 \, [mH]$

16 고립 도체구의 정전용량이 50 [pF]일 때 이 도체구의 반지름은 약 몇 [cm]인가?

① 5
② 25
③ 45
④ 85

해설 | 도체구의 정전용량

$C = 4\pi\varepsilon_0 r$에서 $r = \dfrac{C}{4\pi\varepsilon_0}$ 이므로

$\therefore r = 50 \times 10^{-12} \times 9 \times 10^9$
$= 0.45 \,[m] = 45 \,[cm]$

17 N회 감긴 환상 솔레노이드의 단면적이 S [m²]이고 평균길이가 l [m]이다. 이 코일의 권수를 반으로 줄이고 인덕턴스를 일정하게 하려면 어떻게 해야 하는가?

① 길이를 $\dfrac{1}{2}$로 줄인다.
② 길이를 $\dfrac{1}{4}$로 줄인다.
③ 길이를 $\dfrac{1}{8}$로 줄인다.
④ 길이를 $\dfrac{1}{16}$로 줄인다.

해설 | 코일의 자체 인덕턴스

$L = \dfrac{\mu S N^2}{l}$에서 $L \propto N^2$이므로 권수를 반으로 줄이면 인덕턴스는 $\dfrac{1}{4}$배 줄어들게 된다.

18 고유저항이 ρ [Ω·m], 한 변의 길이가 r [m]인 정육면체의 저항은 몇 [Ω]인가?

① $\dfrac{\rho}{\pi r}$
② $\dfrac{r}{\rho}$
③ $\dfrac{\pi r}{\rho}$
④ $\dfrac{\rho}{r}$

해설 | 도체의 저항

$R = \rho \dfrac{l}{S} = \rho \dfrac{r}{r^2} = \dfrac{\rho}{r} [\Omega]$

19 내외 반지름이 각각 a, b이고 길이가 l인 동축원통도체 사이에 도전율 σ, 유전율 ε인 손실유전체를 넣고, 내원통과 외원통 간에 전압 V를 가했을 때 방사상으로 흐르는 전류 I는 얼마인가? (단, RC = ρε이다)

① $\dfrac{2\pi l V}{\sigma \ln \dfrac{b}{a}}$
② $\dfrac{\pi \sigma l V}{\ln \dfrac{b}{a}}$
③ $\dfrac{2\pi \sigma l V}{\ln \dfrac{b}{a}}$
④ $\dfrac{4\pi \sigma l V}{\ln \dfrac{b}{a}}$

해설 | 동축케이블의 정전용량

$C = \dfrac{2\pi \varepsilon l}{\ln \dfrac{b}{a}} [F]$이며 $RC = \rho\varepsilon = \dfrac{\varepsilon}{\sigma}$이므로

$R = \dfrac{\varepsilon}{C\sigma} = \dfrac{\varepsilon}{\dfrac{2\pi \varepsilon l}{\ln \dfrac{b}{a}} \sigma} = \dfrac{\ln \dfrac{b}{a}}{2\pi \sigma l} [\Omega]$

따라서 전류 $I = \dfrac{V}{R} = \dfrac{2\pi \sigma l V}{\ln \dfrac{b}{a}} [A]$

20 콘덴서를 그림과 같이 접속했을 때 C_x의 정전용량은 몇 $[\mu F]$인가? (단, $C_1 = C_2 = C_3 = 3\,[\mu F]$이고, a-b 사이의 합성정전용량은 $5\,[\mu F]$이다)

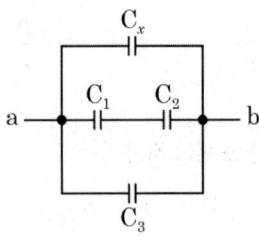

① 0.5 ② 1
③ 2   ④ 4

해설 | 콘덴서의 합성 정전용량

$C_0 = C_x + C_3 + \left(\dfrac{C_1 C_2}{C_1 + C_2}\right)$ 이므로

$5 = C_x + 3 + \left(\dfrac{3 \times 3}{3 + 3}\right) = C_x + 3 + \dfrac{9}{6}$

$\therefore C_x = 5 - 3 - \dfrac{9}{6} = 2 - \dfrac{3}{2} = \dfrac{1}{2}$
$\quad\quad\quad = 0.5\,[\mu F]$

정답 20 ①

[모아] 전기산업기사 전기자기학 필기 이론+과년도 7개년

발행일	2024년 2월 1일 개정1판 1쇄
지은이	천은지
발행인	황모아
발행처	(주)모아교육그룹
주 소	서울특별시 영등포구 영신로 32길 29 세화빌딩 2층
전 화	02-2068-2852(출판), 010-3766-5656(주문)
팩 스	0504-337-0149(주문)
등 록	제2015-000006호 (2015.1.16.)
이메일	moate2068@hanmail.net
누리집	www.moate.co.kr
ISBN	979-11-6804-222-3 (13560)

이 책의 가격은 뒤표지에 있습니다.

Copyright ⓒ (주)모아교육그룹 Co., Ltd. All Rights Reserved.

이 책은 저작권법에 의해 보호를 받는 저작물이므로 저자와 출판사의 서면 허락 없이 내용의 전부 또는 일부를 이용하는 것을 금합니다.

전기산업기사 합격!
여러분의 합격은 모아의 보람입니다.

끊임없이 변화를
추구하는 교육기업
모아교육그룹

모아를 선택해주신 여러분께 감사드립니다.

✔ 모아는 혁신적인 교육을 통해 인간의 사고(思考)를
  확장 및 변화시킬 수 있다고 믿고 있습니다.
✔ 모아는 미래를 교육으로 변화시킬 수 있다고 믿고 있습니다.
✔ 모아는 청년부터 장년, 중년, 노년까지의
  성인교육에 중점을 두고 사업을 진행하고 있습니다.

초고령화, 불확실성의 시대
모아는 당신의 미래를 함께 하는 혁신적인 교육 플랫폼이 되겠습니다.